NF文庫
ノンフィクション

液冷戦闘機「飛燕」 完全版

日独融合の動力と火力

渡辺洋二

潮書房光人新社

はじめに

人生と同様に、軍用機の一生にも幸運と不運がある。つき詰めれば、戦勝国の飛行機は幸運で、敗戦国のものは不運と言えるが、もう少し細かく見てみよう。

軍用機の運命を左右する最大の要因は、用兵者の意向と設計者の判断だ。まず、用兵者が二〜三年先を見こして、望ましい性能を備えた機材を発注する。これを受けた設計者は、要求にできるだけ沿うよう、持てる才能と技術を傾注して構想をまとめ、図面を引く。

この両者間で大きなミスが出ると、飛行機にとっての致命傷をもたらす。用兵者が読みを誤れば、いかに要求性能に合致した機材でも役には立たない。設計者が駄作を作れば採用されないから、これは運不運以前の問題だ。

続いて試作に入り、試作機を飛ばしてみて各部を改修し、採用か否かの通達を待つ。この間、テストパイロットの腕まえや設計陣の改修への対応能力も、飛行機の運命を少なからず左右する。

ここで用兵者の審査をパスすると、量産に移行する。念入りに作った試作機に、どこまで近い性能を出す量産機を作れるかは、生産者（工場の設備と管理者、作業者）の能力しだいだ。せっかくいい素質を持って生まれた飛行機でも、量産能力が充分でない所で作られては、性能は予定値を下まわる。

量産機が流れ始めると、部隊へ配備される。ここでは、その飛行機の特質をいち早くつかんで、それに合った戦闘法を考案し、隊員に教育しうる運用者の腕が影響してくる。一撃離脱の重戦闘機を使って、格闘戦ばかり訓練していたのでは、飛行機が死んでしまう。この段階が、部隊がいちおうの練度に達すると、いよいよ戦場へ出ていく命令を受ける。飛行機の運命の大きな分かれ道なのだ。

部隊の隊員（操縦者も整備兵も）の技倆の程度によって、活躍の度合が異なってくるのは言うまでもない。凡作機でも、敏腕の隊員が扱えば相当な奮戦が可能だ。そしてもう一つ、戦況が味方に有利か不利かが、強く影響してくる。押せ押せムードの波に乗っていれば、敵はどうしても逃げ腰におちいり、楽な追撃戦を展開できる。

戦況の有利、不利は、補給への影響も大きい。いかに優秀機でも、戦場で手荒く使うなら消耗する。必要な数量を保持するためのスムーズな補給は、近代戦に欠かせない。

進出した戦場がどのような風土か、また本国とどのくらい離れているかも、補給とあいまって飛行機の活動を左右する。酷寒、酷暑の地域より、温暖な方が故障が少ないのは当然だし、仮に手にあまる重大な故障があいついでも、本国に近ければ、すぐ技術者を派遣してもらえるからだ。

軍用機の運を決めるこうした要因を、太平洋戦争に投入された日本の単座戦闘機に当てはめてみたらどうなのか。順調にスタートを切り、比較的幸運な〝生涯〟を送れたのは、陸軍では九七式戦闘機、海軍では九六式艦上戦闘機と零式艦上戦闘機、それに局地戦闘機「紫電改」あたりがあげられよう。

零戦は後半で悲惨な目にあったが、これは、敵が態勢を整えなおし高性能機を送り出したための、いわば他動的な原因によるものだ。日華事変の末期から太平洋戦争の前期までは、有利な要因がそろっていて、実力以上と言えるほど存分に活躍できた。

そのほかの機を見てみよう。陸軍では、一式戦闘機「隼」と二式戦闘機「鍾馗」は、軽戦思想にこり固まった用兵者のために一時つぶされかかり、四式戦闘機「疾風」は量産エンジンの不良が災いし〝大東亜決戦機〟の期待に応えられなかった。

海軍では局地戦闘機「雷電」と「紫電」が設計の不備などから故障機の烙印を押され、艦上戦闘機「烈風」はやはり用兵者のミスで登場が遅れてしまった。

だが、これら不運を嘆いた各機はどれも、戦局の推移によって用兵者が考えを改めた（改めざるを得なかった）り、故障箇所の改修で性能が向上するといったぐあいに、不運の要素を取り除いて、たとえ短時間でも運をつかめるときが巡ってきた。

ところが、本書で取り上げた三式戦闘機「飛燕」は、すこぶる不運な戦闘機だった。設計者には恵まれ、素質のいい機体に仕上がったにもかかわらず、心臓であるエンジンの複雑さと扱い方の不なれに評価を下げた。日本の工業技術の水準と装備部隊の取り扱い能力をわきまえない、用兵者側の選定ミスである。

四式戦や「雷電」「紫電」もエンジン不調に悩まされたが、その度合がまったく違う。技術者なら修理できるが、速成教育を受けただけの整備兵には対応しきれなかった。これに材質の低下が加わり、改良型エンジンの生産が遅延して、ついに見放されてしまったような戦闘機は「飛燕」をおいてほかにない。

部隊配置ののち、最初に出た戦場がまた悪かった。本土からはるかに離れたラバウルと東部ニューギニアでは、補給も修理も思うに任せない。そのうえ米軍がぐいぐい巻き返して、日本軍を押していた地域だから、数の不足、可動率の低さはいっそうめだつ。故障機が続出し、「欠陥機」と呼ぶ隊員もつらかったろうし、呼ばれる三式戦も立つ瀬がなかった。

本機の最大の悲劇は、逆説めくが、空冷エンジンに換装した五式戦闘機が敗戦まぎわに登場した状況の逆転だろう。液冷機のまま生涯を終われば「マイナス一」ですんだのに、エンジンの信頼性が格段に向上したばかりか性能まで上まわった五式戦と、どうしても比較され、「初めから、こうしておけばよかった」と、「マイナス二」の感を持たれるに至った。

五式戦のエンジンは三菱製だ。液冷と空冷の差が顕著に現われ、川崎航空機のマイナスイメージが浮き彫りにされてしまった。実際には川崎の実力は、二大メーカーの三菱、中島に決して引けを取らなかったにもかかわらずである。

三式戦の〝弟〟と称しうる五式戦も、やはり不運な戦闘機だった。本来なら二年は早く登場してしかるべき機材であり、隊員たちから「せめて一年前にできていたら！」と嘆かれたのが第一。第二は本機が戦列に加わるころには、本土決戦を控えての温存態勢に移行し、例外を除いて、ほとんど出撃できなかったからだ。

このように不運な三式戦ではあったが、しかし、ハンディを背負ってよく戦い抜いたとは断言できる。マイナス面だけがクローズアップされがちだが、その戦果は他の陸軍制式戦闘機に後(おく)れをとらない。

日本戦闘機のうちで、ひときわ美しいスタイルを誇る液冷戦闘機は、幾多の人士の努力によって航空史に不滅の名を残したのである。

日本軍の航空部隊の用語は、陸軍と海軍とで異なるものが少なくない。

飛行機に取り付ける射撃兵装すなわち自動火器については、海軍が口径四〇ミリまでを「機銃」と呼んだのに対し、陸軍では七・七ミリおよび七・九二ミリを「機関銃(マシンガン)」、一二・七ミリ以上を「機関砲」と称した。連合軍は一二・七ミリまでが機関銃、二〇ミリ以上が機関砲(キャノン)、ドイツ軍は二〇ミリまでが機関銃(マシーネンゲベーア)、それを超えると機関砲(マシーネンカノーネ)だ。本書では、いずれもそれぞれの制式呼称にしたがった。

飛行機のクルーは陸軍では空中勤務者、海軍では搭乗員、パイロットは陸軍が操縦者、海軍が操縦員である。また、整備兵を主体とする地上員を、陸軍では地上勤務者と総称する。これらの用語についても、できるだけ制式のものを用いた。

分かりにくい語句については適宜、短い説明を付けてある。そうした文言や注釈などは（　）内に、また会話中で省略された言葉は〔　〕内に入れて、それぞれを区別した。

『液冷戦闘機「飛燕」』完全版　目次

液冷戦闘機「飛燕」

完全版

日独融合の動力と火力

第一章　液冷戦闘機のあゆみ

液冷か、空冷か

浮き上がったかと思うとたちまち着陸する、ライト兄弟の一号機などは別にして、飛行機がまがりなりにも〝飛ぶための機械〟に成長し始めると、エンジンの冷却は切実な問題として表われてきた。冷却不足のまま長時間エンジンを回していれば過熱し、焼けて用をなさなくなるからだ。

そこで、二つの冷却方式が考えられた。一つは、エンジンの気筒を飛行時の高速の外気(プロペラ後流をふくむ)に当てて冷やす、空冷方式。もう一つは、気筒を機内の液体で冷やし、過熱によって蒸気化したその液体を、ふたたび外気で冷やすために、別に冷却器(ラジエイター)を設ける、という手順をふむ液冷方式である。

つまり、空冷式は外気による直接冷却、液冷式は間接冷却と言える。

液冷式のエンジンにはふつう、七割ほどの水に三割ほどのエチレン・グリコールを混ぜた冷却液を用いる。本来なら、摂氏一〇〇度での蒸発潜熱（蒸気化するときに奪う熱）が五三九カロリーと高い水だけですます方が有利なのだが、水は零度で凍るから、冬場や寒冷地では使えない。そこで、不凍液としてエチレン・グリコールを混用するわけだ。

ただし、春から秋にかけての期間や熱帯地方での使用時は、当然ながら不凍液は不要で、水だけを用いればいい。この場合、冷却用の液体が水だから水冷式とも称するが、もちろん広義には液冷式と呼んで差し支えない。

液冷と空冷にはそれぞれ一長一短があり、数多（あまた）の細かな差異はさておき、液冷の最大の長所は、抗力、すなわち空気抵抗を減らしやすい点にある。エンジンに空気を直接当てる必要がないので、気筒を縦にならべて正面面積を減らし（したがってエンジン本体は直方体にまとまる）たうえ、機首の中に包みこんでしまえる。

これに対し空冷エンジンは、冷却の効率上どうしても、ピストンを放射状に配置した星型が普遍的な形に用いられ（空冷倒立の列型もあるが、大出力用には不向き）、これを覆（おお）うカウリングは太短い円筒を成して正面面積が増える。液冷には冷却器の開口部が空気抵抗に加わるけれども、それでも空冷星型エンジンよりも、かなり少なくてすむ。

飛行機が高速化するほど、高出力で大型のエンジンが必要であり、空気抵抗の問題はいっそう切実になる。ここで、正面面積の少ない液冷式の存在が際立（きわだ）ってくるのだ。

反面、液冷式のマイナス点は、同一出力の空冷エンジンとくらべた場合、重量が大きいところである。エンジン本体の重量は液冷の方が軽くても、必要不可欠の冷却器が加わるから、合計で空冷より重くなる。

また液冷は、冷却器が付いている分だけ被弾に弱い。被弾時に致命傷にいたる面積が空冷の倍に増えるうえ、飛んでいるかぎり無制限に冷却用空気を取り入れられる空冷と違って、

上：1940年(昭和15年)ごろの米陸軍の第一線戦闘機、カーチスP－36A。プラット＆ホイットニーR－1800－17空冷エンジンを装備したため機首が太短い。下：カーチスP－40初期量産型。機体外形と構造はP－36とほぼ同じで、エンジンを液冷のアリソンV－1710－33に換装。機首が長く伸びて、印象が一変する。

液冷は冷却液が漏れて循環が止まれば、一巻の終わりだからだ。

　生産面や整備、維持の面では、やはり冷却器や冷却液タンク、送水管などのため機構が複雑化する液冷が、やや不利と言える。

　同一出力の液冷と空冷を飛行性能のうえで見れば、水平速度と降下加速性は空気抵抗の少ない液冷が勝り、上昇力は軽い空冷がまさる傾向にある。もっとも、このあたりは機体の設計によって、逆転しうる余地は充分に残されている。

　このように、液冷と空冷はともに長所と欠点を合わせ持ち、一方が確実に優れているとは断言できない。どちらを採用するかは、用兵者（発注主）や設計者の意向で決まってくる。

また、エンジンメーカーは当然ながらどちらかに主力を置き、それぞれ得意な方式のエンジンの開発に力を注ぐ。

　列強と呼ばれる国には、少なくとも二社以上のエンジンメーカーが存在した。言うまでもなく、それらの各社には、機体メーカーの場合と同様に、開発力、生産力の差による力関係があり、これがその国の使用エンジンの傾向を決定づける。

　第二次世界大戦を戦った主要国に戦闘機用エンジンの傾向は、ほぼ次のようになる。
▽アメリカ――陸軍は液冷が主で空冷が従。海軍は空冷だけ。全体としては五分五分。液冷はアリソン、空冷はプラット・アンド・ホイットニーと、一社ずつ強力なメーカーがあった（のちにパッカードがロールス・ロイスの液冷「マーリン」を生産）。
▽イギリス――空軍、海軍とも基本的に同一機を使用しており、圧倒的に液冷が多い。メー

カーはもちろんロールス・ロイス。一部の機にだけ使われた空冷はブリストル社製だが、しょせん格が違った。
▽ドイツ――液冷が主で、空冷が従。液冷メーカーはダイムラー・ベンツが主力で、ユンカースが補助の立場にあった。空冷はＢＭＷ。
▽イタリア――初期は液冷、空冷とも良好なエンジンがなく互角だったが、ドイツからダイムラー・ベンツのＤＢ601～605が入ると、液冷一色に変わった。フィアットやピアッジョは液冷と空冷の両方を開発、生産した。
▽フランス――液冷が主で、空冷が従。前者はイスパノ、後者はグノーム・ローヌが生産し、ルノーも空冷列型を少数作った。
▽ソ連――液冷が主で、空冷が従。前者はクリモフ、後者はシュベツォフと、それぞれ一社ずつ。

こうして眺めてみると、アメリカを除いて、いずれも液冷が主力であり、さらに空冷優位は一国もない。また、イギリスのブリストル、ドイツのユンカースとイタリアの二社を除いては、いずれも機体は作らないエンジン専門メーカーだった。

日本の航空エンジンは空冷偏重

日本の航空機用エンジンメーカーは、三菱重工業、中島飛行機、川崎航空機、愛知時計電機（昭和十八年二月に愛知航空機と改称）、石川島航空工業、日立航空機（昭和十四年に東京瓦斯（ガス）電気を改称）、日本国際航空工業の七社があった。ほかに陸海軍航空廠や満州飛行機、日産自動車なども作っているが、国内他社エンジンの転換生産を担当しただけだ。

これら七社のうち、第一線軍用機用エンジンを自力で開発したり、外国の戦闘機用エンジンのライセンス生産ができたのは、三菱、中島、川崎、愛知の四社で、これらが日本の主要エンジンメーカーと言える。

四社とも液冷（水冷）エンジンの生産経験があるが、中島は昭和に入ってまもなく、三菱も昭和七〜八年（一九三二〜三三年）には空冷星型エンジンへ全面的に移行した。また、石川島も空冷星型を、日立と日本国際は空冷列型エンジンを生産した。

昭和十六年（一九四一年）一月から二十年八月までに日本で作られたエンジン（満州飛行機製をふくむ）は一一万六〇〇〇台以上にのぼる。そのうち三菱と中島の空冷星型だけで七万八〇〇〇台、石川島、満州、日立、日本国際の空冷星型と空冷列型を加えると、九万七〇〇〇台に達する。さらに川崎と愛知も他社の空冷星型の転換生産を受け負っており、これらを合計すると空冷は、国内生産エンジンの実に九〇パーセント以上におよぶ。列強空軍のうち日本のみが、それもずば抜けた比率で、空冷偏重を保っていたのだ。

三菱、中島、川崎、愛知の四大エンジンメーカーが、そろって機体も開発していたのも、エンジンと機体を別々の会社で作る傾向が強い欧米には、見られない点である。ただイタリアだけは、前出のフィアットとピアッジョが機体とエンジンの両方を作っているが、同国の戦闘機の総生産数はわずかに五〇〇〇機、各種軍用機を総計しても一万一五〇〇機にすぎない。大戦中に六万五〇〇〇機以上の軍用機を作った米、英、独、ソ、日（生産機数順。ソ連は推定）の五ヵ国のなかでは、日本に限っての特異なケースだった。

クリモフKV－105PA液冷エンジンが動力の、ヤコヴレフYak－1が工場で量産される。Yak－3、Yak－7、Yak－9と続くソ連主力戦闘機の母体と言える。

機体とエンジンを同一系列の会社で作っている方式には、利点もあれば欠点もある。

日本では新型機の装備エンジンは、使用者である軍から提示されるが、一種指定のときもあれば、出力（馬力）だけを定めて、何種類かのうちから会社側、すなわち機体の設計チームに選択させる場合もあった。もちろん、後者の場合でも最終決定権は軍がもっていた。

後者のとき、軍が示した出力のエンジンが自社にもあり、それが他社製品よりやや劣る場合に、機体設計者は本音（ほんね）と建前の板ばさみを味わう。反面、自社エンジンが優れていれば、これは問題がないばかりか、部分的な改修も容易で、設計作業がスムーズに運ぶのは述べるまでもない。

それでは、前者の一種指定なら難点がないかと言えば、決してそうではない。指定されたエンジンが自社製であろうが他社製であろうが、優秀で確実なものなら問題はない。困るのは、適合エンジンが本当に一種しかなく、それが量産に入ったのち充分な性能を発揮し得なかったり、故障が頻発して直りきらないときだ。そもそも、いったん制式に装備が決まったエンジンはかんたんに変えるわけにはいかない。手ごろな代替候補がなければなおさらで、なんとか直そうと努力するうちに生産が進んで、不良機続出の苦しい事態におちいる。

この間、エンジン製作側では故障完治をめざし、必死の作業を続けている。そこへ機体設計側が、出力や種類（液冷と空冷）の異なるエンジンでも高性能を引き出しうる策を見出したとき、不良エンジンが他社製なら堂々と論陣を張って換装を要求できるが、自社製品ではどうしても遠慮が出てしまうのは当然だろう。

エンジンこそ工業力の指標

話がずれたが、もう一つ。

各種戦闘機の能力を端的に示すのに、よく引用されるのが最大速度と武装である。この二点は数字上での比較が容易にできるからで、もちろん高速のほうが有利であり、武装は強力な方がいい。そして、この二点を水準以上に備え、さらに上昇力や旋回能力が優れていて、さらに乗りこなしやすければ、いわゆる「名機」の評価が与えられる。

技術と勘に秀でた機体設計者がひきいる設計チームは名機を生み出しうるが、名機ができ上がるための必須の条件のなかに、彼らの手ではいかんともなしがたい項目がある。それはエンジンだ。

機体設計陣がいかにがんばっても、六〇〇馬力のエンジンから一〇〇〇馬力は絞り出せない。高速で飛び、重武装を持つ機体は、それに見合う出力のエンジンがあって初めて誕生する。逆に、大出力の優秀なエンジン（小直径ならなお可）さえあれば、機体の設計は多少不出来でも、水準以上の性能を備えさせられるとすら言えるのだ。

まさしく、飛行機の性能の三割はエンジンで決まる。とりわけ、わずかでも速度、上昇力の向上を追い求め、それが採用に大きく影響する戦闘機には、エンジンの優劣が顕著にひびく。

戦闘機を生み出す場合、極端な言い方をすれば、機体は設計チームと整った設備さえあれば一応のものはできる。また、名機と呼ばれるほどの機体でも、優れた設計者と設計チームがあれば実現は不可能ではない。そして、量産に移行しても、生産従事者が一定の工作レベルを保っていれば、大問題が起こる恐れは少なく、また、手間をかけて作った試作機と流れ作業の量産機の性能に、それほどの差を生じない。機体は体積こそ大きいが、構造的にはさほど複雑微妙なものではないからだ。

これにくらべてエンジンは、内部構造が精密なうえに、耐耗、耐熱のため鍛造部品や特殊金属が多量に用いられる。各部品への要求精度は、機体のそれとは比較にならない。機体はリベットの間隔や外板の大きさ、フレームの位置が一〜二ミリずれてもさして影響は出ないが、エンジンのピストン径が一ミリ狂えば存在価値がなくなってしまう。また、設計から実用に至るまでには少なくとも五年前後と、機体のそれに勝るとも劣らない。

エンジンの設計の難しさは、機体以上に時間がかかる。エンジンの設計チームが綿密な設計図を描き、これに合わせてベテランの工員が細心の注意を払って、試作エンジンを作るところまでは行ったとしても、問題は量産に移行したのち、その品質を保てるかどうかだ。精巧な部品を、同一品質で多数作るには、機体の量産以上に確固たる工業力を必要とする。

明治以後、急速に工業化を進めた日本ではあったが、時間不足による土台のもろさ、底の浅さは消しきれなかった。前述のように、とびきり高度な生産技術を要しない機体の方は、設計チームや生産従事者たちの努力によって、世界水準を抜くまでのものを生み出せたけれども、基礎工業力のふところの深さが大きくひびくエンジンについては、ついに欧米に勝る製品を量産できなかった。

日本のエンジンの三分の二を生産した、空冷の代表メーカーが三菱と中島だ。それぞれアメリカのプラット・アンド・ホイットニー社およびライト社の技術をベースに、逐次改良を続け、やや遅れながらも一〇〇〇馬力級エンジンまでは水準作を作ったが、二〇〇〇馬力級では大きく水をあけられた。

中島は「奇蹟のエンジン」とさえ呼ばれた、一〇〇〇馬力級の直径で離昇出力二〇〇〇馬力に達する「誉」を量産したが、これとて実際には一六〇〇馬力級（中高度で）である。しかも、一四気筒を一八気筒化した複雑な構造のため、量産が進むにしたがって故障が続出し、また部品や構造の精度を維持できず、中高度での出力は一三〇〇馬力にまで落ちた。三菱は直径が大きくても確実に動く一八気筒二〇〇〇馬力級（中高度で一八〇〇馬力）の八四三を完成させたが、時期が遅く、実用機に取り付けられなかった。

太平洋戦争における日本の国力、工業力は、しょせん〝一〇〇〇馬力級〟のレベルであった。そしてエンジンこそは、その国の力を端的に示す指標だったのだ。

ついでに言えば、日本陸海軍はプロペラや戦闘機用の機関銃、機関砲（地上用火器の転用を除く）についても、自国開発品を使えずに終わる。

プロペラは調速器と連係する可変ピッチ機構を独自に作れず、アメリカのハミルトン式定回転を主用し、ドイツのＶＤＭ式定回転とフランスのラチエ式定回転で補った。昭和十二年から住友金属がライセンス生産したハミルトン式は、空中でのエンジン停止時に、羽根を飛行方向に平行にして空転を防ぐフルフェザリングが不可能。敗戦後、日本機があいかわらずハミルトン式の古いタイプのプロペラを付けているのを見た米軍の技術将校は、その開発力の乏しさに驚いたという。

固定装備の自動火器のうち、陸軍では七・七ミリはイギリスのビッカーズのライセンス生産、一二・七ミリはアメリカのブローニングの模倣、二〇ミリには同じくブローニングの機構を応用した。海軍では七・七ミリはビッカーズのライセンス生産、一三・二ミリはブローニングの模倣、二〇ミリはスイスのエリコンのライセンス生産（のちに国内で改良）したも

メッサーシュミットBf110C駆逐戦闘機の機首上部に4梃積まれたラインメタルMG17 7.92ミリ機関銃と、弾帯をチェックする兵器員。MG17はドイツ機の基本的射撃兵装であった。

のが採用された。戦闘機に積んで実戦に用いた純国産の自動火器としては唯一、海軍の五式三〇ミリ機銃があるが、敗戦の年に試用された程度にすぎない。

プロペラも機関銃砲もエンジンと同様、短時間で開発できる代物ではない。地道に培われた基礎工業力の集大成の産物である。鍛造部品ひとつにしても、付け焼き刃の生産技術では満足には仕上がらない。

一例を示そう。陸軍は昭和十五年にドイツのラインメタルMG17七・九二ミリ機関銃の国産化をはかり、本来なら九八式固定機関銃の名称が用意されていたのに、実現しなかった。発射の反動で後退した銃身をもどす、復座バネ用のピアノ線を、同一品質で作れなかったのがその理由だ。世界一大きな戦艦「大和」は建造できても、高品質とはいえバネ一本作れない日本の工業力は、水田の上に建てた家と似たところがあった。

脇道にそれてしまったけれども、日本の開発・生産能力の底の浅さを、事前に把握していただきたかったからだ。ともすれば精神力を強調する日本陸軍首脳部の命令のもとで、機材を作る技術者や生産者、そして現場で使う飛行部隊の隊員たちの苦労が、どれほど大変であったかを知るための、前置きとしたわけである。

液冷を追求する川崎航空機

ここで液冷エンジンに話をもどす。

大正のころには、ライセンス生産のために導入した機が液冷エンジン装備である場合が多く、三菱、中島も液冷エンジンを生産した。この間に自社開発で空冷エンジンへの模索を続け、前述のように昭和に入ってまず三菱、ついで中島が液冷を放棄する。

二大メーカーが液冷から離れたのには、日本の基礎工業力と費用対効果が大きく影響していたと思われる。すでに述べた性能上の長所、短所とは異なり、製造面の観点からは、空冷は液冷よりも工程が少なくて、技術的にも作りやすく、値段は液冷の方が五〜六割高い。貧乏国であり、技術的蓄積の少ない日本が、空冷偏重に流れたのは自然のなりゆきだったと言えよう。

こんな環境のなかで、液冷主軸を変えずに進んだのが川崎と愛知だった。川崎が飛行機の生産準備に着手したのは大正七年（一九一八年）、愛知は同九年とあまり差がないが、エンジンについては川崎が機体と同時に製作をスタートさせたのに対し、愛知は昭和二年（一九二七年）からでやや遅れた。

陸軍と海軍双方の機体とエンジンを作った三菱、中島とは違って、川崎は陸軍のみ、愛知は海軍のみの、いわば〝軍御用達（ごようたし）〟のメーカーだった。川崎は昭和初期に海軍から研究用偵察機を受注、試作して採用にいたらず、その後は陸軍一本槍である。

両社のエンジン部門は液冷を軸にし、最終的にはどちらもドイツのダイムラー・ベンツDB601を生産し改良するけれども、その内容にはかなりの差があった。

川崎はほとんどとぎれなく液冷エンジンを作り続け、機体部門も自社の生産エンジンに合わせた液冷機の設計と生産を続けた。これは、空冷の二大メーカーである三菱と中島に対し、異なった分野で好成績を発揮して、存在価値を高める必要があったためと思われる。社内では「液冷」と「水冷」の両方の名称を用いた。

一方、愛知は一時期、空冷エンジンの開発・試作に力を入れ、三菱、中島への追随をはかったが果たせず、海軍からDB601の国産化を提示されて、また液冷にもどっている。同社の機体部門にしても、自社で設計・開発した液冷機は試作および改造を含めて一〇種に及んでいながら、それらの生産機数はごく少ない。

会社の規模にも、相当な開きがあった。昭和十六〜二十年の総計で、川崎は愛知に対し、機体生産で二・三倍、エンジン生産数で五・九倍の実績を残す、名実ともに日本第三位の航空機メーカーだった。

また、設計機種の面から見ても、両社のランクは違っていた。制式戦闘機を設計しうる会社は一流と言える（ボーイングのような大型機専門メーカーは別格）。陸軍の制式戦闘機を送り出したのは中島と川崎、海軍のそれは三菱、中島、川西航空機で、合わせて四社にすぎない。さらに、太平洋戦争の海軍戦闘機の大半が三菱製機（ほとんどは零戦）で占められているのにくらべ、陸軍戦闘機の三分の一近くは川崎製だから、その存在価値は大きい。

BMW－6を装備した八八式二型偵察機は、小改造型の八八式軽爆撃機とともに、陸軍の航空部隊で10年以上にわたって広く使用された。多摩川を眼下に飛行中。

液冷戦闘機、成功から頓挫（とんざ）へ

液冷機メーカー・川崎航空機の基盤を固めたのは、ドイツのドルニエ航空機社から招いたリヒャルト・フォークト技師である。大正十三年（一九二四年）九月に来日した当時三十歳の俊秀は、同行してきた六名の技師団の長を務め、川崎造船飛行機工場（川崎航空機の旧称）の設計・製作の指揮をとり、まず昭和二年（一九二七年）に八七式重爆撃機を、ついで翌三年に八八式偵察機を作り上げた。

両機のエンジンは、ドイツのＢＭＷ－６液冷Ｖ型（気筒を二列にならべ、正面から見て一対がＶ字型をなすように配置する）一二気筒のライセンス生産品で、出力は離昇六〇〇馬力、公称四五〇

上：片側6個ずつの気筒をV字形に配置したBMW－6U液冷エンジン。改造による出力向上がくり返され、15年間にわたって第一線機に取り付けられた。下：液冷複葉の九二式戦闘機と空冷単葉(パラソル翼)の九一式戦闘機は、陸軍で同時期に運用された。このため操縦学生を九二班と九一班に分ける2つの訓練コースが設けられた。

〜五〇〇馬力だった。川崎では八七式重爆の設計をドルニエに依頼した大正十三年に、BMW（バイエルン発動機会社の略）に対してエンジンを国内生産する契約を結んでいた。のちにドイツの空冷エンジンの主力メーカーの座を占めるBMWも、このころは液冷メーカーだった。BMW－6の構造は単純で故障も少なく、信頼性が高かった。

フォークト技師はついで戦闘機の設計に取り組む。まず昭和三年三月に、やはりBMW－6を装備した高翼単葉（パラソル翼）のKDA－3を仕上げ、陸軍の戦闘機競作に応じたが、中島製機（のちの九一式戦闘機）に敗れた。

ついで、雪辱を期して昭和五年七月に完成させた複葉機ＫＤＡ－５は、ＫＤＡ－３と同一エンジンながら上昇力と速度に優れ、運動性も抜群で、満州事変の勃発とあいまって翌六年十月、陸軍に制式採用されて九二式戦闘機の名称を得た。太平洋戦争開戦以前の比較的おだやかな時期に、九一戦、九二戦とたて続けに同じ用途の戦闘機を制式化するのは異例であり、両戦闘機がほぼ同時に実戦部隊へ配備される珍しいケースにいたった結果が、ＫＤＡ－５の高性能ぶりをよく示している。

フォークト技師が主務で設計した三機目の戦闘機は、昭和九年二月に完成した片持式（支柱がない）低翼単葉という斬新なキ五だ。エンジンには、ＢＭＷ－６に過給機を付けたＢＭＷ－９を改良した、川崎製のハ九－Ｉが選ばれた。過給機とは、高度が増して空気が薄くなっても、変わらぬ密度の空気をエンジンに送るための圧縮装置をさす。ハ九－Ｉの性能は、離昇出力八五〇馬力、海面上（超低空）での公称出力七二〇馬力、高度三五〇〇メートルで過給機を用いて八〇〇馬力を出した。

ちなみにキ五とかハ九は、昭和八年に陸軍航空本部が制定した機体とエンジンの一貫符号で、「キ」は機体、「ハ」は発動機のそれぞれ頭文字から採っている。数字を試作番号、または略号と呼んだ。

しかし、キ五を開発中の昭和八年九月にフォークト技師は、新たに樹立されたナチス政権の軍事力強化に必要な人物とされ、本国へ呼びもどされてしまった。ここで設計主務を引き

上：昭和5年4月、入社から3年後の土井武夫技師。下：低翼単葉で斬新な設計のキ五は「曲芸師の玉乗り」と評されたほど横方向の安定性を欠いたが、斬新な内容は川崎の機体設計レベルを高める捨て石と見なせた。

継いだのが、彼を補佐してきた土井武夫技師である。

昭和二年に東大航空学科を卒業した土井技師は、フォークト技師のもとでKDA－3以来、六年間にわたって設計のノウハウを学び取り、恩師の離日時には充分にひとり立ちできるだけの能力をそなえていた。

キ五は昭和九年二月から四機が試作され、その三号機と四号機は最大速度四一〇キロ／時を記録した。しかし、水平飛行にも支障をきたす横安定の不良や、エンジンの振動が完治せず、運動性が軍の要求より劣るなどの理由で不採用と判定された。

昭和十年代前半にピークに達する運動性重視、すなわち小まわりを利かして相手後方に食いつく「格闘戦に秀でざるもの戦闘機にあらず」の思想は、すでにこのころ陸軍航空を支配し始めていた。その思想の定着に大きな影響を与えたのは、皮肉にも前作九二戦のすばらしい運動性だったのだ。

キ五を不採用にすると同時に、陸軍は九二戦の後継機を得るべく、川崎にキ一〇、中島にキ一一の名を与えて、競争試作に応じさせた。川崎では土井技師が設計主務を務め、キ五の失敗をふまえて、進歩的な低翼単葉をやめてふたたび複葉型式の、できるだけ軽い戦闘機を作る方針を決めた。複葉とはいっても、速度と運動性を兼備させるために、上翼にくらべて下翼の幅がずっと狭い一葉半（いちようはん）という型式を採った。

キ一〇は昭和十年三月に一号機が完成。低翼単葉型式の中島キ一一を破って、九月に九五式一型戦闘機として制式採用された。九五戦一型の側面形と大きさは九二戦に似ていたが、エンジン出力の向上および空力的洗練によって、最大速度は四〇〇キロ／時に達し、八〇キロ／時もの増加をみた。ついで、翼幅と全長を増した二型が作られ、「不安定で危なっかしい」と評された一型の欠点が改められた。

昭和十二年（一九三七年）七月に日華事変が始まると、九五戦はただちに戦場の中国大陸へ進出し、九月十九日には陸軍戦闘機で初の敵機撃墜を記録している。以後、中国空軍機を相手に、軽快な運動性を生かしてよく戦果をかさね、昭和十四年五月からのソ連との紛争、ノモンハン事件にも参加した。試作機を含む総生産数は、九五戦の三八五機より二〇〇機余も多い五八八機。太平洋戦争前の川崎製機のうちでは最高傑作に違いなく、初めて設計スタート時から主務を務めた土井技師の、面目を保って余りあった。

ほとんどが空冷エンジン装備機だった国産戦闘機史を通じて、液冷戦闘機の黄金時代を探すとすれば、この九五戦が陸軍戦闘機の主力の座を占めた、昭和十一年から十三年までの三年間だけだったと言えよう。

低翼単葉戦闘機の競争試作

九五戦に装備されたエンジンは川崎製のハ九－Ⅱ甲で、出力はハ九－Ⅰとほぼ同じだ。基本型であるBMW－6の長所をベースに、改造に改造をかさねて一〇年間でここまで持ってきたわけだが、もはや性能の向上は限界に来ていた。

BMW－6の離昇出力を六〇〇馬力から七五〇馬力に上げ、続いてこれに過給機を付けたBMW－9を改造したハ九では、八五〇馬力へと向上させた。エンジンの大きさは同一のまで、四〇パーセント以上も出力を上げられたのは、BMW－6の気筒容積に余裕があったからとはいえ、これ以上の改造は改悪につながる恐れがある。

打つべき手はただ一つ、まったく新設計の液冷エンジンを作る方策だ。けれども当時の川崎は、それだけの時間的余裕も技術も持ち合わせていなかった。

こうした状態のなかで川崎はハ九－Ⅱ甲を用いて、さらに新しい機体の設計に入った。すでに世界の戦闘機は低翼単葉時代に移りつつあり、陸軍でも昭和十年十二月、九五戦のあとを継ぐべき低翼単葉戦闘機の競争試作を、川崎、三菱、中島の三社に命じたからである。川崎の設計主務者はもちろん土井武夫技師で、キ二八の試作番号が割り当てられた。三菱はキ三三を与えられ、主務は土井技師と東大で同級の堀越二郎技師、中島はキ二七で小山悌（やすし）技師が担当した。

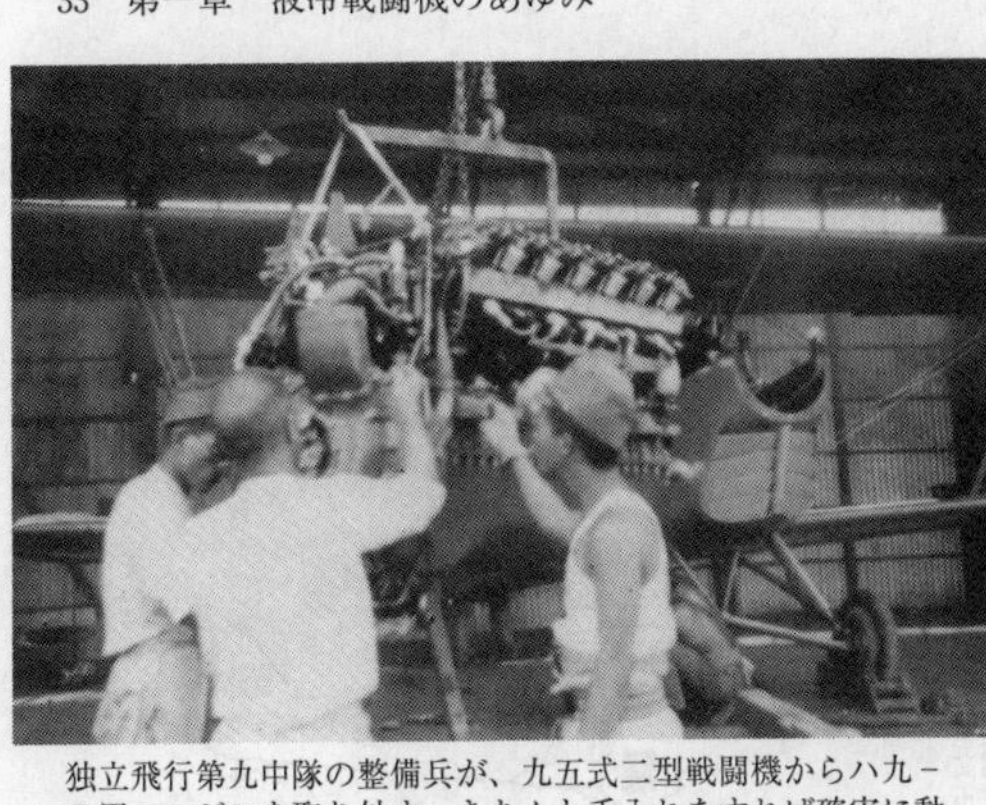

独立飛行第九中隊の整備兵が、九五式二型戦闘機からハ九－Ⅱ甲エンジンを取り外す。きちんと手入れをすれば確実に動いた。日華事変中の昭和12年末、天津・特三区飛行場で。

ちなみに、この競作を手がけた三名の主任設計者はつぎのように、太平洋戦争の日本軍戦闘機のほとんどを作り出していく。

▽土井チーム―二式複座戦闘機「屠龍」、三式戦闘機「飛燕」、五式戦闘機、キ一〇二甲高高度複座戦闘機

▽小山チーム―一式戦闘機「隼」、二式戦闘機「鍾馗」、四式戦闘機「疾風」

▽堀越チーム―零式艦上戦闘機、局地戦闘機「雷電」、艦上戦闘機「烈風」

じつに陸軍の制式戦闘機の全機が土井、小山両技師の設計チームから、海軍でも川西の「紫電」

「紫電改」を除くすべてが堀越技師のチームから生み出されるのだ。すなわち、今回の競作を野球に例えれば、三チームによる日本シリーズと表現できる闘いだった。

川崎の土井チームにとっては、もう一つの命題が課せられた。キ二七とキ三三は当然、空冷エンジンを装備する。液冷ひとすじの川崎にとって、空冷との雌雄を決する正念場を迎え

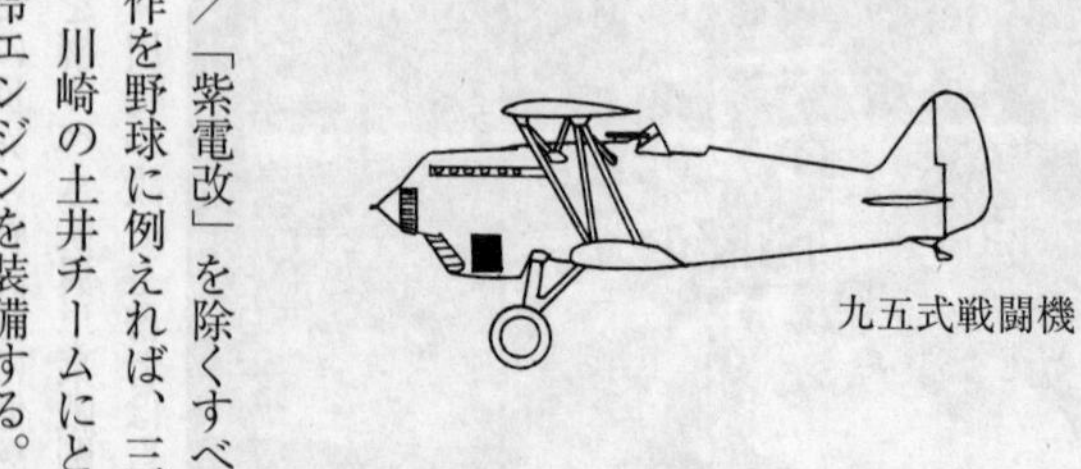
九五式戦闘機

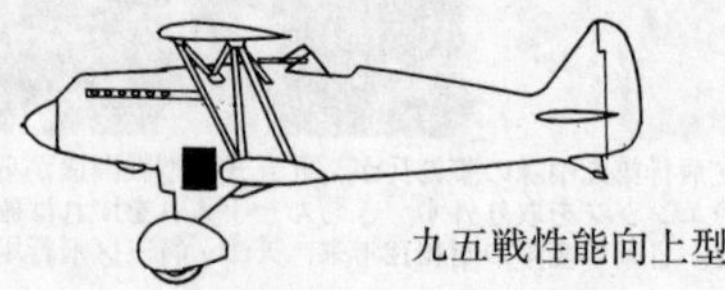
九五戦性能向上型

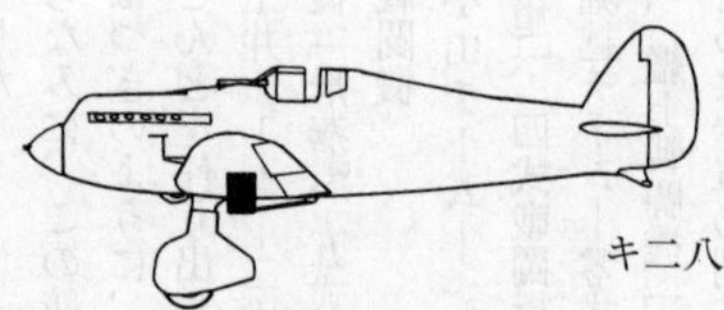
キ二八

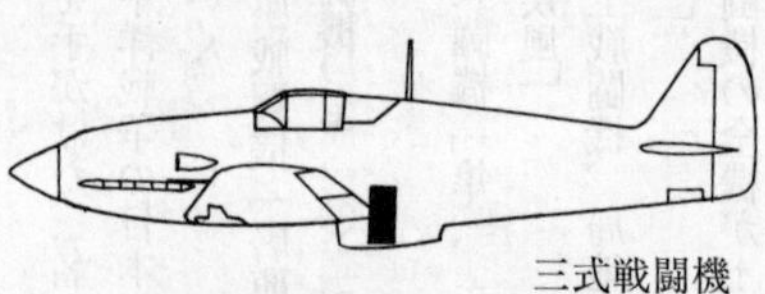
三式戦闘機

川崎製戦闘機の冷却器（黒ベタ部分）の位置は、新型機ほど後退している。

るのだ。

航空本部は最大速度四六〇キロ／時以上を要求していた。使えるエンジンは九五戦に用いた公称八〇〇馬力のハ九－Ⅱ甲しかない。そこで土井技師は空気抵抗の減少をめざして、エンジンの冷却器の位置を主翼中央部の下方とし、さらに非使用時は胴体内に引き込ませる方式を採用した。この冷却器の装備はのちの三式戦「飛燕」で、さらに後方へ下がって絶妙なポジションに落ち着く。九五戦→その性能向上型→キ二八→三式戦と、正解を追って次第に後退していくところに、設計者の一貫した思想がうかがえる。

主翼は旋回性能（格闘戦能力）と上昇力をともに向上させるため、全幅一二メートル、アスペクト比（翼幅を翼弦の平均値で割った数値）七・六という細長い形状にまとめられた。ここにものちの三式戦への基盤が表われている。

キ二八の一号機は昭和十一年十一月に、ついで二号機が翌十二月に完成、翌年春までの三社機による比較テストが始まった。キ二八は高度四〇〇〇メートルで四八五キロ／時の最高速度、高度五〇〇〇メートルまで五分一〇秒の上昇力で、中島、三菱機を断然引き離したものの、旋回能力とハ九－Ⅱ甲エンジンの信頼性不足を理由に不採用と判断されて、旋回性能でまさった中島のキ二七が次期戦闘機（九七式戦闘機）に決まった。

旋回半径が大きいのは高速機ならば当然で、逆にその高速により旋回時間は短く、縦の機動空戦にもちこめばキ二七を圧倒できた。しかし、日本人の性格にぴったり合った一対一の格闘戦に固執する、陸軍の戦闘機思想からすれば、くるりとまわって敵機の後方に食いつき

速度と運動性の調和を実現させながら、競作に敗れたキ二八。高アスペクト比の主翼で求めた性能から、きたるべきキ六一の直接的な先駆であるのは間違いない。胴体／中央翼の下面に冷却器と出入用の横桿が見える。

うるキ二七の軽快さには、大きな魅力があった。このころ世界の大勢は、高速・重武装を利用し一連射を加えてそのまま離れる、一撃離脱戦法への移行が始まりつつあったが、日本は職人芸的個人戦闘をいっそう追求してやまなかった。

キ二八が敗れたもう一つの原因が、九五戦を装備する実戦部隊からも聞こえていたエンジンの信頼性不足である。キ二八自体もテスト中に、しばしばエンジンや冷却器の故障にみまわれた。

川崎では、昭和十三年から生産した九八式軽爆撃機（キ三二）にもハ九（ハ-II乙）を装備して、BMW-6以来のこの液冷エンジン・シリーズの、一五年間におよぶ使用にピリオドを打った。陸軍ではハ九に見切りをつけ、代わるべき新エンジンもないところから、十二年に川崎へ試作を提示したキ四五（のちに全面的に改設計され二式複戦「屠龍」が作られる）およびキ四八（のちの九九式双軽爆撃機）のエンジンには、中島製の空冷を指定してきた。

三菱、中島にくらべて、決して見劣りのしない設計技術力を持つ川崎の機体部門としては、ここで伝統の液冷機を捨て、空冷一本で進む方針を立てるべきだったと思われる。しかし、液冷を作り続けてきたエンジン部門の存在と、陸軍の一部に根づよく残る液冷機への執着が、それを許さなかった。

ヨーロッパ、とりわけドイツに傾倒していた陸軍が、ハ九をあきらめてからしばらくのちに目をつけたのは、同国の新型液冷エンジンＤＢ601だった。

第二章 〝混血児〟キ六一誕生

新機構を駆使したDB601A

すでに述べたように、ヨーロッパでは液冷エンジンが圧倒的に多用され、イギリスのロールス・ロイス、ドイツのダイムラー・ベンツおよびユンカース、フランスのイスパノなどが、より高い性能をめざして鎬(しのぎ)を削っていた。こうしたなかで、ダイムラー・ベンツが第二次世界大戦前に送り出したのが、傑作エンジンDB601であった。

DB600をへて、一九三六年(昭和十一年)に生産に入ったDB601Aは、一対の気筒を逆V字型に配置する倒立V型、一二気筒の一〇〇〇馬力級の液冷エンジンで、離昇出力一一七五馬力は当時、小型機用動力として最強力の部類だった。最大の特徴は流体接手(つぎて)(トルク・コンバーター)と燃料噴射装置にあった。

高度が上がるにつれて空気の密度は薄まって、エンジンの出力が低下していく。これを防ぐため、薄い空気を圧縮して密度を高めるのに用いられるのが過給機(スーパーチャージャ

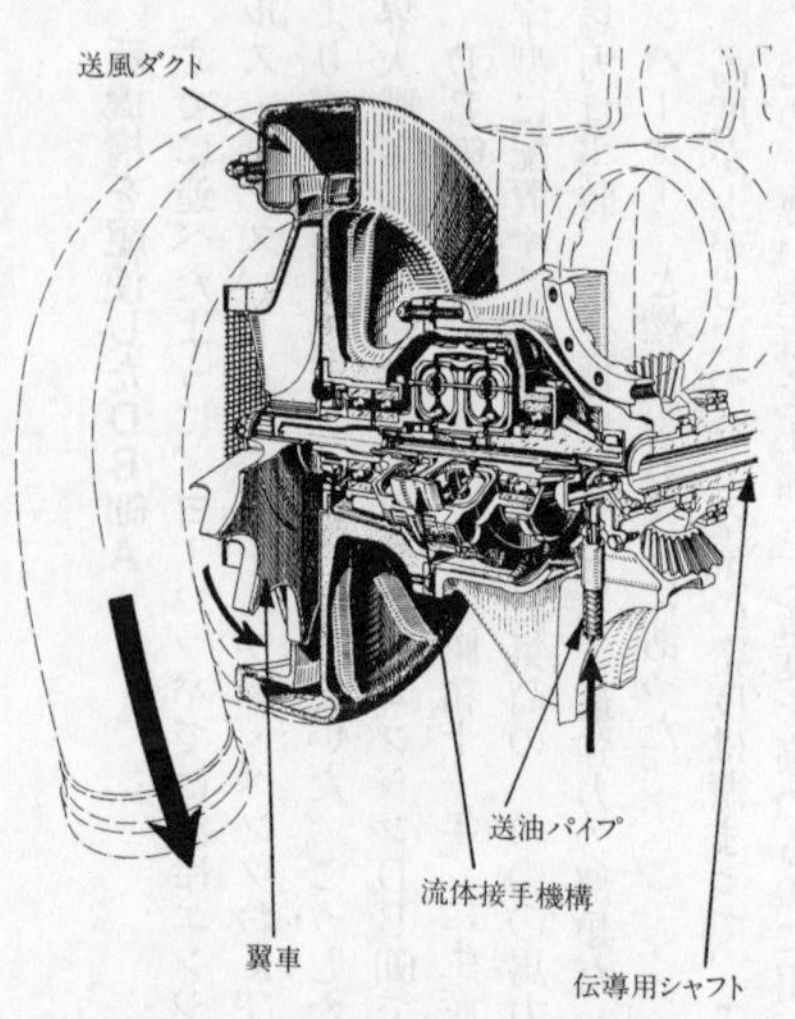

DB601Aの過給機の構造を示す。クランク・シャフトの回転により右の伝導用シャフトとそのベベル・ギアが回り、さらにポンプローターが回転する。翼車の回転によって得られた圧縮空気は、送風ダクトを通って各気筒へ送られる。

ー）である。過給機による空気の圧縮は、エンジン・クランク軸の回転力の一部で翼車（インペラ）を回して生じる、遠心力を用いて実行される。

初期に作られた過給機では、翼車は単一の速度で回転したが、空気密度は高度を増すにしたがって減少するから、できれば上空へ昇るほど翼車の回転数が高まるのが望ましい。そこで一九三〇年代後半には、ギア比によって二種の回転速度を出せる二速過給機が実用化され、一九四〇年代に入ると、さらに、効率を高めた三段階変速の二段二速過給機が登場する。

だが二速過給機にしても、たとえば第一速から第二速に切り替えるあたりは、第一速では密度が不足だが第二速では濃すぎる、中間の状態になる。これを解決するためにＤＢ601で採用されたのが、流体接手による翼車回転速度の無段階変速だった。

流体接手は、翼車に結合したタービン・ローターと、クランク軸の回転を伝えるポンプ・ローター、それに両ローターのまわりに充填される潤滑油とで構成される。潤滑油は二個のポンプから供給され、油量が増すにつれて、油圧が高まって両ローターの接合度が増し、翼車の回転がしだいに高速化していく。

第一ポンプからの油量のみで回転する場合が第一速で、自動車でいえば半クラッチ状態。第二ポンプからの油量が加わって第二速に移り、最高圧時にはポンプ・ローターとほぼ等しい回転数で、タービン・ローター、すなわち翼車が回る。この間、翼車の回転数は徐々に変化していくわけである。ただし、今日(こんにち)の自動車のノークラッチ・自動変速のスムーズさはなく、機械駆動一段二速的な〝段差〟感は残った

もう一つの特徴である燃料噴射装置（ふつう燃料噴射ポンプと呼んだ）は、通常のエンジンが気化器(キャブレター)で燃料と空気をまぜて混合気を作り、気筒内に送るのに対し、燃料を霧状にしてそのまま気筒内に吹きつける方式だった。

石炭からの人造石油をさかんに生産せねばならない、燃料事情が劣るドイツでは、低質の軽油を使える航空用ディーゼル・エンジン（代表メーカーはユンカース）が発達した。ディーゼルには欠かせない燃料噴射装置を、高出力のガソリン・エンジンに応用したのだ。

燃料噴射装置を使って直接噴射式にすると、当然ながら気化器氷結の心配がないし、急上昇や急降下、反転、背面飛行など変則にGまたはマイナスGがかかる飛行姿勢をとっても、

DB601Aエンジンの内部構造を見せるカットモデル。前方である右端に配置の大きな減速歯車や片側6個のピストン、クランク軸に付いたバランスウェイト、上部左端の始動用マグネットなどを認識できる。過給機は反対側なので見えない。

燃料の供給量に過不足がない。寒冷地での始動も容易で、長時間の暖機運転を要さない。また温度圧力により、気筒内に噴射する燃料を管制するため、つねに最適の量が消費され、経済性が高かった。

こうした利点を得られるかわりに、もちろんマイナス面もあった。その最大のものは、エンジンの構造が複雑化し、生産はもとより、整備保守の難度が増すことだった。高い工業力を持ち、液冷エンジンに手なれた整備員が多いドイツでなら、量産し実用しうるけれども、万人向きのエンジンとは言えなかった。

川崎が国産化を担当

ハ九の性能向上が限界に来たのを悟って、いったん液冷エンジンに見切りをつけた日本陸軍だったが、DB601Aの高性能を耳にするや、俄然(がぜん)興味を示し、昭和十三年(一九三八年)に入って商社の大倉商事にライセンス生産権の獲得にあたらせた。

ところが、海軍がひと足さきにこの新エンジンに注目しており、陸軍が大倉商事を通じて得た情報は、海軍から出されたものだった。海軍では初め、DB601の国内生産を川崎に担当させると言っていたが、その後、海軍系の愛知時計電機に鞍替えしたことから話がこじれ、結局まず愛知が、ついで十四年一月に川崎が、それぞれライセンス生産の契約を結んだ。両社のバックは、陸軍と海軍それぞれの航空本部である。製造権を日本政府が購入する方式をとれば、ライセンス料は五〇万円（およそ八〇～一〇〇億円）ですむところを、両者は各々で交渉し、どちらも五〇万円ずつを払ったのだ。

それまでに陸海両軍が、機器材およびそのパテントを共同購入した事例はない。この時期の類似例で、米ハミルトン社の油圧可変ピッチプロペラは、日本楽器が陸軍の、住友金属が海軍の生産会社として製造権を取得した。また、独ビュッカー社製Bü131「ユングマン」複座軽飛行機の製造権を、日本国際航空が陸軍用に、渡辺鉄工所（のちの九州飛行機）が海軍用に買って、大戦中にそれぞれ四式練習機、二式陸上初歩練習機の名で量産、実用された。

航空本部の指示（命令）と支援を受けて交渉する以上、取得した製造権は陸軍あるいは海軍のために使われるのが、日本では当然のルールと定まっていた。ドイツ空軍省の担当官は、陸軍と海軍が別々に製造権を買うのをいぶかり、ヒトラー総統も「日本の陸軍と海軍は仇同士か？」と笑ったともいわれる。

実際に日本の陸軍と海軍は、建軍以来の反目がしだいにエスカレートし、ある意味では互いに仇以上の存在だった。予算や資材の獲得合戦は言うにおよばず、飛行機や補助機器材まですべて独自に生産会社に発注し、ビス一本にいたるまで同じ製品の使用をきらった。後述するが、航空用火器ですら同一口径でありながら異なったものを作り、陸軍機の二〇ミリ機関砲弾は海軍機の二〇ミリ機銃に使えなかったのだ。欧米列強をながめわたしても、こんな馬鹿げた方針の国は日本以外にない。

ライセンス生産の見本エンジンは、DB601シリーズの最初の量産型で、離昇出力一一七五馬力、公称出力（最大）一〇二〇馬力／高度四五〇〇メートルのDB601Aaだった。

乗り合わせた大角岑生海軍大将は噴射装置の確保にひと役買った。

ダイムラー・ベンツ社に派遣された川崎の技師団一〇名は、昭和十四年九月一日の第二次世界大戦の勃発直後にドイツを出発。貴重品の燃料噴射装置を、同じ船に乗り合わせた大角岑生海軍大将のベッドの下に隠してもらい、マルセイユ寄港時にフランス側の検閲をのがれるなど、苦労の末に帰国した。

当時、川崎航空機（昭和十二年に川崎造船から独立）では岐阜県各務原の岐阜工場で機体の生産を、兵庫県に新設の明石工場でエンジンの生産を担当する区分けがなされていた。ダイムラー・ベンツ社からはDB601Aaエンジンと製作用図面が明石工場に届き、さらに同社から生産指導にあたるためハウク技師、ツェンガー技師も到着した。

京大で機械工学を専攻し、昭和八年に川崎にエンジン技師として入社した平岡欽吾係長は、明石工場に搬入されたＤＢ601を図面と見くらべながら、「これなら国産できる」と考えた。平岡技師はのちにエンジン設計課長のポストにつき、ＤＢ601を国産化するハ四〇とその改造型ハ一四〇の主担当技術者を務める。

ＤＢ601はすでに述べたように、非常に複雑な機構のエンジンで、流体接手や燃料噴射装置のほかに、高度な製造技術を要する部分が多かった。たとえば、気筒の頭部、胴部をすべて一体鋳造（ちゅうぞう）とし、気筒胴部の内側に鋼製の円筒ライナーをはめこむ乾式ライナー方式（冷却液がライナーの外周に触れない）だったが、この難しい一体鋳造も川崎の技術でこなして再現できた。

係長・平岡欣吾技師

ピストンなどの鍛造（たんぞう）部品は住友金属が製作し、ドイツのオリジナルに劣らない品質のものを作り上げたし、補機のうちの軽量な点火発電機（ボッシュ製）も、国産電機が同性能の製品を完成した。一見、難物と思える流体接手の国産化は意外に容易であり、川崎製のほうがオリジナルよりも性能がよかったという。軸受け類に多量に用いられているローラーおよびボール両タイプのベアリングについても、試行ののちに精度保持への自信と配置のコツをつかんだ。

通常のエンジンは過給機を本体の後ろに付けるが、

DB601取扱説明書に掲載されたボッシュ社製の燃料噴射装置（噴射ポンプ）。底部から出ているのが噴射孔で12個ある。

DB601ではエンジンの奥行きを短くし、点検・整備を楽にする目的に加え、プロペラ軸を通して機関砲を撃てるように、過給機が左側面の後方に設けられている。

軸内機関砲の長所は、翼内砲に欠かせない弾道の左右角度の修正が不要なので、命中精度を最も高く保持できる点である。輸入されたDB601には、軸内砲を使えるように中央部を空洞にした、VDMの電気式可変ピッチ定回転プロペラが付いてきた。VDMプロペラの生産権は住友金属が得ており、作れなくはないが、ギヤの数が多すぎて製造に手間がかかる。また国産の機関砲を組みこんで生じる振動処理の懸念もあって、やはり住友がライセンス生産していたハミルトンの油圧式定回転プロペラとの組み合わせが決まり、軸内砲の装備は放棄された。

DB601の国産化で唯一の問題になったのは、その最大の特徴の一つである燃料噴射装置についてだった。製造元のボッシュ社がライセンス生産を認めず、完成品としてでしか売らない、と言うのだ。今日でいうブラックボックスである。川崎の派遣団がドイツを引き揚げたのちも、大倉商事が引き続きダイムラー・ベンツなどとの仲介にあたっており、ドイツは日本への技術供与に総じて好意的だったが、ボッシュだけは首を縦に振らない。すでに第二次大戦の幕が開き、ドイツ軍は破竹の進撃を続けてはいるけれども、大量の噴射装置を日本まで、長期にわたって運び続けるのはまず不可能である。DB601を海軍向けに国内生産する愛知では、燃料噴射装置のかわりに気化器を装着したが、うまくいかず、結局ボッシュの装置を分解し、日立航空機が無断で同じものを作って取り付けた。

これに対して陸軍は、三菱が自社の空冷エンジン（のちのハ一一二。海軍呼称は「金星」五〇型系列）用に開発していた燃料噴射装置の装備を川崎に指示した。本来は吸入管に低圧噴射する方針の三菱の装置でも、気筒内への直接噴射が可能だ。ただし、ボッシュの装置は噴射孔が縦一列に並んでいるのに対し、三菱製は星型エンジンに合わせたバレル型で、噴射孔は一四個あった。これをDB601の気筒数に合わせて一二個に改めた試作品を装着したところ、当初は故障も見受けられたが、三菱側の努力で改良され、やがて不具合はなくなった。

平岡技師らを嘆かせたのは、国産のバネ材の弱さだった。スウェーデン製の鋼から作れば充分な耐久力が得られるのに、国産品は屑鉄からの再製鋼を主原料にしたため、どうしても折れやすかった。

国産版DB601の試作第一号エンジンは昭和十五年十二月に完成し、ハ四〇の陸軍呼称が付与された（制式名称は二式一一〇〇馬力発動機）。燃料噴射装置については、以後すべて三菱製品を取り付けた。

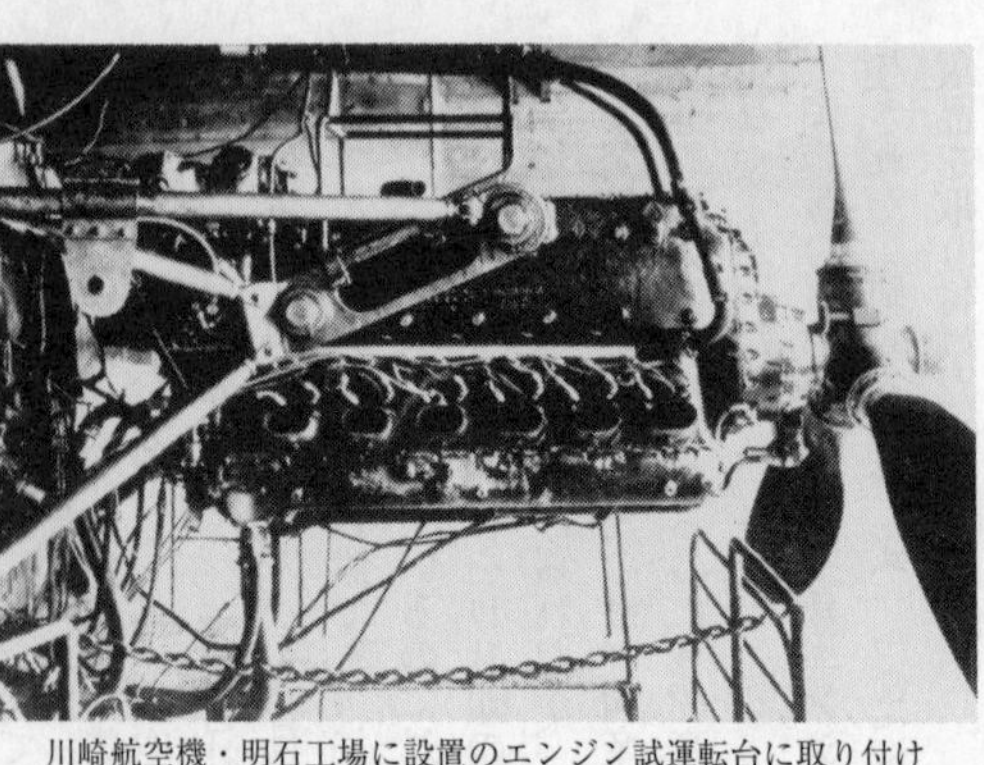
川崎航空機・明石工場に設置のエンジン試運転台に取り付けられた、DB601AaとVDM定速3翅プロペラ。

液冷の重戦闘機キ六〇

優秀なエンジンを確保できれば、当然これを装備した戦闘機が要求される。ＤＢ601の国産版が昭和十六年なかばまでには完成できると予定されたのを受けて、陸軍は十五年二月に、オリジナルのＤＢ601Ａａ装備のキ六〇と国産版装備のキ六一の両試作を、川崎に提示した。

それまで川崎には三つの設計課があり、第一設計課長が土井武夫技師、第二が井町勇技師、第三が太田四郎技師だった。しかし、十四年十一月に井町技師は研究課長（のち研究部次長）、太田技師は新設の生産技術課長の辞令を受けて異動し、設計課が一つにまとまったため、その後の川崎での機体設計は、すべて土井技師をトップに進められる方針が定まった。したがって、キ六〇もキ六一も設計主務は土井技師であった。

陸軍はキ六〇を重戦闘機、キ六一を軽戦闘機の仕様で作るよう指示してきた。重戦闘機は高速と重武装による一撃離脱を戦法とし、軽戦闘機は軽快な運動性を用いて格闘戦を主体に使われる。

重戦と軽戦は昭和十三年ごろから日本陸軍が用いた言葉で、機体重量や大きさではなく、翼面荷重（全備重量を主翼面積で割った数値）で分類した。これを一定の数字では区切らず概念的にとらえ、大なら重戦、小なら軽戦と呼ばれる。後者が日本戦闘機の伝統であり、お家芸の使われ方に適していた。

同一のエンジンを用いて、性格がまったく異なる戦闘機を作れ、というわけだが、陸軍が期待するのは軽戦の方なのは明白だった。

重戦仕様は、やはりＤＢ601Ａａを積んだドイツの新鋭機、メッサーシュミットＢｆ109の高性能に刺激されて、試作指示を出したにすぎないと思われる。ただし、いきなり本格重戦を作るのは設計の点でも容易でなく、また使用者側にとっても使いこなしにくい、との航空技術研究所の考えにもとづいて、陸軍では、キ六〇を本格重戦へ移行するための中間機（準重戦）として設計するよう要望した。

陸軍からはキ六〇とキ六一の試作順序の指示がなかったので、土井技師は初めての経験である重戦、すなわちキ六〇から設計を始める気持ちを固めた。使用エンジンの点から言っても、キ六〇用のＤＢ601はすでに現物があるから、順当な決定である。キ六〇の設計補佐は清田堅吉技師が担当した。

昭和十一年末にキ二八を完成したのち、土井技師は十三年初めから十四年なかばまで、キ四八（九九式双軽爆撃機）の設計、製作に携わったため、戦闘機の設計からは三年以上遠ざかっていた。だが、キ二八で近代的戦闘機のなんたるかを把握しており、ＤＢ601Ａa装備のＢf109Ｅにくらべて遜色がない機体を作る自信はあった。

陸軍がキ六〇に要求した最大速度は五五〇キロ／時以上、武装は陸軍機としては初めての航空機用二〇ミリ機関砲を二門と、一二・七ミリ機関砲二門の合計四門という、この時点では陸軍戦闘機中で最も強力な装備だった。

ただし、二〇ミリ機関砲の種類が問題である。すでに川崎のキ四五双発複座戦闘機が胴体に二〇ミリ一門を内蔵しているが、これは地上用の対空機関砲を改造した低性能のホ三であり、大がらで重く、発射弾数も少ないから装備は無理だ。キ六〇に装備を予定されていたのが、どんな機関砲だったのかは確然としない。のちに陸軍の主力二〇ミリ砲になるホ五の開発スタートは昭和十五年末からで、この時点では構想すらできていなかったのだ。

可能性が高いのは、スイス・エリコン社製の二〇ミリＦＦ型機関砲である。小型、軽量のエリコン二〇ミリはＢf109Ｅにも装備され、また海軍がライセンス生産の契約を結んで昭和

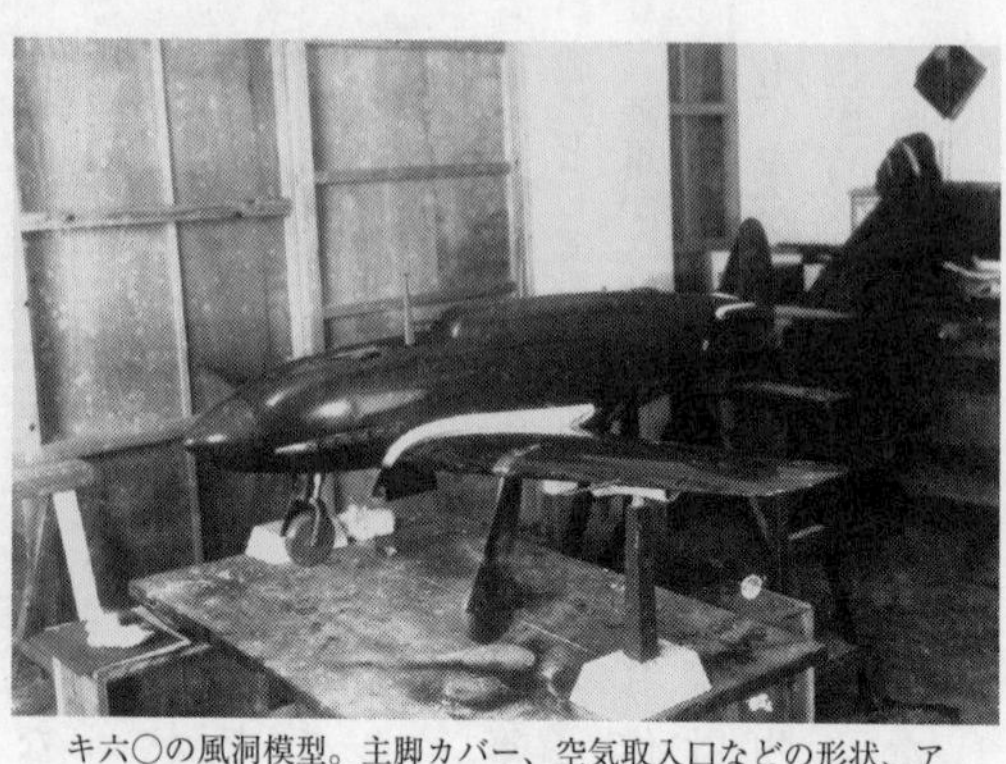

キ六〇の風洞模型。主脚カバー、空気取入口などの形状、アンテナ柱やピトー管の位置がのちの実機とは異なっている。

十三年六月に国産版を完成、十二試艦上戦闘機（零戦）への採用が決まっていた。当時、陸軍が入手可能な戦闘機用の実用二〇ミリは、エリコン以外に考えにくい。これを採用するならば、先行海軍とは別立てで契約を結んだのは、エンジンの例からしても間違いない。

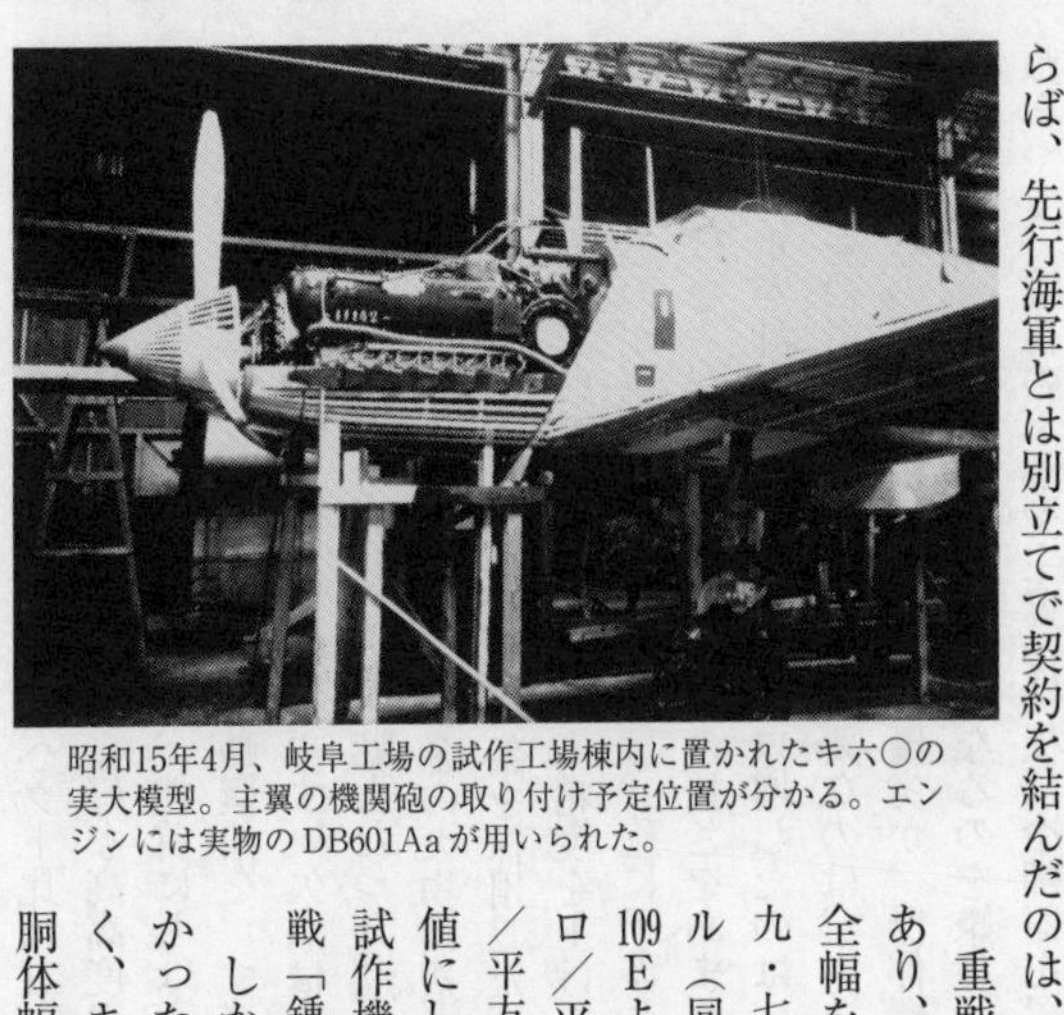

昭和15年4月、岐阜工場の試作工場棟内に置かれたキ六〇の実大模型。主翼の機関砲の取り付け予定位置が分かる。エンジンには実物のDB601Aaが用いられた。

重戦的なキ六〇にとって運動性は二義的要素であり、高速性能が第一なので、土井技師は主翼の全幅を九・八メートル（計画時データ。実機では九・七八メートル）、主翼面積を一六平方メートル（同。実機では一六・二平方メートル）とBf109Eより小さくまとめ、翼面荷重を一六二・五キロ／平方メートル（同。実機では一六九・八キロ／平方メートル）という日本機では異例の高い数値にした。これほどの高翼面荷重の機は、中島が試作機を作りつつあった重戦キ四四（のちの二式戦「鍾馗」）だけだった。

しかし土井技師は、空戦性能を無視してはいなかった。全幅を縮めた分だけアスペクト比は小さく、キ二八の七・六に対し五・九五に減ったが、胴体幅を実用上さしつかえない範囲で八四センチとぎりぎりに細くして、有効アスペクト比は五・〇まで高められた。この処置により、主翼のアスペクト比は小さいながら、良好な高高度飛行性能と運動性を確保できた。DB601エンジンの幅は七三・九センチだから、機首にちょうどうまく納まった。

Bf109ではエンジンを支える発動機架を、マグネシウム合金の鍛造で作っている。マグネシウム合金は耐蝕性に劣り、燃えやすい欠点はあるが、アルミ合金にくらべて約三〇パーセントも軽く、抗張力も充分なのが魅力だった。キ六〇でもこれを用いるつもりでいたが、昭和十五年の時点でマグネシウム合金の大物鍛造をこなせるだけの技術はなく（二年後には可能の域に達した）、鋼管熔接の支持架を採用した。

翼内装備の二〇ミリ機関砲の命中精度を上げるには、できるだけ内側（胴体側）に寄せて取り付けるのが望ましい。それには、砲に干渉しないように、主脚の取り付け部をより内側に設けねばならないが、反面、脚の長さをあまり短くできないので、二段引き込み式を採用した。自重が計画値より一五〇キロ増したのは、発動機架とこの主脚のためと考えられる。

液冷機を設計するうえで最も重要なのは、エンジン冷却液用の冷却器をどこに置くかである。冷却器の形状抵抗への対策の優劣が、傑作機と凡作機の分かれ目になるのだ。多くの液冷機では、冷却液の移送管が長くなるのを嫌い、またプロペラ後流による吸気効果の増大をねらって、機首の下部や主翼付け根に冷却器を置いた。

しかし、九五戦の性能向上機やキ二八をへて土井技師は、胴体下部が本命と見ぬき、キ六〇ではキ二八よりさらに後方に下げて、胴体中央下部に場所を定めた。理想的な配置へ、また一歩近づいた処置である。

Bf109Eとの模擬空戦

設計開始から一年たった昭和十六年三月、陸軍の予定期日から三ヵ月遅れで、キ六〇の試作第一号機は完成した。ところが、地上試運転で冷却器の水温が上がりすぎ、試飛行ではエンジンを全開状態まで持っていけなかった。

原因は、機首下に設けた滑油冷却器用の空気吸入口にあった。設計時に、滑油冷却器空気吸入口による気流の乱れは一応検討されてはいたけれども、水冷却器（滑油冷却器とまぎらわしいので、以下、エンジン冷却液用冷却器をこう呼ぶ）の位置とは、二・九メートルのへだたりがあるから、さほど懸念されなかった。しかし実際には、滑油冷却器吸入口のために水冷却器の手前で乱流境界層を生じ、水冷却器への空気流入量が二〇～三〇パーセントも減ってしまっていたのだ。

そこで流入空気の必要量を確保するため、水冷却器のカバーを前方に九〇センチせり出し（乱流になる前の空気を吸入する）、カバー前縁部の絞りをやめたうえ開口部の高さを五センチ増やした。

こうして冷却力不足は解消されたけれども、水冷却器のカバーが大型化した分だけ形状抵抗も増加し、飛行性能の低下を余儀なくされた。それでもキ六〇は陸軍の飛行テストで、四五〇〇メートルの高度において五六〇キロ／時の最大速度、高度五〇〇〇メートルまで六分

完成後のキ六〇1号機と2号機。胴体下の水冷却器のカバーは延長されている。16年8月5日、岐阜工場の駐機場で撮影。

の上昇力を発揮し、武装未装備ではあったが軍の要求をクリアーできた。

試作一号機に続いて二号機、三号機もほぼ同一仕様で製作され、昭和十六年七月には、前月に神戸に海路到着した陸軍購入のBf109E－7と、岐阜工場に隣接する各務原飛行場で性能比較の模擬空戦を試行した。同じ一撃離脱の重戦という観点から、陸軍からはキ六〇が二機と中島キ四四が参加し、川崎からは土井技師、北野純技師らの技術陣とテストパイロットの片岡載三郎（さいざぶろう）操縦士らが立ち合った。

七月二十二日から始まった模擬空戦でBf109に乗ったのは、ドイツ空軍のフリッツ・ロージヒカイト大尉。彼は一九三九年（昭和十四年）二月、スペイン上空で撃墜されて捕虜になったあと、ドイツにもどって第26戦闘航空団の中隊長を務め、第二次大戦初期の「フランスの戦い」で数機を撃墜した。帰国後は第51戦闘航空団の飛行隊長、ついで航空団司令に昇進して対ソ連の東部戦線で戦い、総計六八機を撃墜。ドイツ崩壊直前の一九四五年（昭和二十年）四月には、ドイツ軍人のあこがれの的である騎士鉄十字章を授与されている。

対する日本側も、試作機の審査を担当する陸軍飛行実験部実験隊（十七年十月に航空審査部飛行実験部と改称）から、石川正少佐、荒蒔義次大尉、坂川敏雄大尉、岩橋譲三大尉など、そうそうたる名手を送りこんだ。

まず荒蒔大尉の乗るキ四四が、ロージヒカイト大尉のBf109と対戦した。

陸軍士官学校四十二期卒業の荒蒔大尉は、戦闘分科の出身ながら航法能力を買われ、九七式司令部偵察機を装備した独立飛行第十八中隊長として大陸の空を飛んだ。昭和十五年末に飛行実験部に転属後は大型機、小型機を問わず、乗らない陸軍機と米英軍の捕獲機はほとんどなく、海軍機も戦闘機のほか、艦上爆撃機や飛行艇にいたるまでしばしば操縦。キ四三、キ四四、キ四五の審査を受け持ったのち、キ六一の審査主任を担当し、三式戦闘機「飛燕」の実用化に大きく貢献する。

日本陸軍の戦技演習は、一方が高位（優位）、他方が低位（劣位）で戦い、ついで高位と低位が入れかわって再び実施するのが常道だった。事前に両パイロットはこれを打ち合わせて、まずキ四四が高位に占位し、Bf109が低空で入ってくるように取り決めていた。

ところが、この演習法がドイツ人にはなじめなかったのか、あるいはフランスでの実戦の余韻のためか、ロージヒカイト大尉は取り決めをほとんど無視し、キ四四に対していきなり奇襲をかけて雲中に逃げこむ、ドイツ流の一撃離脱に終始した。これでは、技倆抜群の荒蒔大尉も性能比較のやりようがない。そこで翌日、Bf109にも日本人操縦者が乗って、速度や

ドイツに帰国して進級後のフリッツ・ロージヒカイト少佐。

格闘戦の競技を進める方式に切り替えた。

三日間の性能比較で結局、キ四四はＢｆ109Ｅに対し、速度、加速性能、上昇力とも遜色なく、荒蒔少佐は蝶型空戦フラップを半開にして、岩橋大尉の乗るＢｆ109を格闘戦で抑えこんだ。一方、キ六〇はこのとき、本格的な空戦比較はなされずに終わった。

キ六〇の比較テストが本腰を入れて進められたのは、九月から十月にかけてで、新たにキ四三とキ四五改も参加した。八月一日付で進級した荒蒔少佐は、おりからキ四四の耐熱試験のために台湾の屏東へ出かけており、代わってキ六〇に搭乗したのは、航空士官学校の教官から飛行実験部付に移ったばかりの黒江保彦大尉である。

黒江大尉が実験部への転属を命じられた理由は、キ四四による実用実験隊を編成するためだった。速度は出るが格闘戦に劣るキ四四は、不採用の色が濃かったが、中島の改良とＢｆ109との模擬空戦の結果がものを言い、制式採用が内定したのだ。荒蒔少佐

輸入機Bf109E－7を追うキ六〇3号機。両機の感覚は20メートルあまり。飛行実験部が撮った写真だから、どちらにも高レベルの操縦者が乗っている。

への耐熱テスト下命も、このためである。

黒江大尉操縦のキ六〇は、速度、上昇力がBｆ109Eとほとんど同じで、空戦能力でも対等以上の成績を示した。キ四四との性能比較も試行され、空戦フラップの付いたキ四四が格闘戦でやや勝り、速度もいくらか上まわっていた。

だが、格闘戦に敗れたとはいえ、フラップを使わなければむしろキ六〇のほうが上であり、横転以外の操縦性や着陸特性についてもより優れていた。「舵にねばりがあり、キ六一にはない独特の操縦感覚を備えた、キ四四に勝るとも劣らない良い飛行機であった」と、黒江大尉はキ六〇を回想している。

ただし、空中でならBｆ109Eと互角以上にわたり合えたキ六〇も、地上ではブレーキの利きに大差をつけられた。航空技術研究所がBｆ109の合金製ブレーキをブレーキ・メーカーに貸し、同じものを作るように研究させたが、一年がかりでも実現できず返却されたそうだ。基礎工業力の差を示す顕著な例だろう。

陸軍に見直されたキ四四の実用実験隊は、開戦を間近にひかえたこの昭和十六年の十一月に制式編成されて、独立飛行第四十七中隊と称した。このとき、キ四四の増加試作機の不足から、キ六〇が三機（うち一機は故障で壊れた）用意されたが、結局、独飛四十七中隊はキ四四だけでマレー方面へ進出し、キ六〇は実戦参加の機会を永久に逃した。装備予定の二〇ミリ機関砲は形すらなく、キ六〇は三機作られて終わり、いずれも武装は積まれていない。

重戦キ六〇が不採用に決まった原因の一つは、先に作られていたキ四四の審査が進んでいるうえ、同等以上の性能を持つ、と陸軍が判断したためだが、もう一つ、さらに大きな理由があった。それは、同じ構造のエンジンを積んだキ六一が、予想外の高性能を発揮したからである。一二・七ミリ機関砲（ホ一〇三）も完成して間がなかったからだ。

日本陸軍、ロッテ戦法を知る

このとき各務原に来たBf109は二機で、パイロットはロージヒカイト大尉のほかに、第一次大戦に参戦したヴィリー・シュテーア氏が同行していた。彼らはBf109のほかに、もう一つの置き土産を残していった。それは、撃墜王ヴェルナー・メルダースによって確立された、ドイツ空軍流の一撃離脱戦法と四機単位の編隊戦闘法だ。主に説明にあたったのはロージヒカイトだった。

それまでの日本陸軍（海軍も）の編隊最小単位は三機による一個小隊で、いちおう二機の僚機が長機を掩護する建前ながら、ともすれば各個戦闘におちいりがちで、それが暗黙のうちに認められていた。これに対してドイツ流の四機編隊では、二機編隊が他の二機編隊を掩護し、あるいは長機を残る三機がカバーする。また、二機編隊ずつで連続攻撃をかけ、そのさい必ず長機に僚機が追随する徹底したチームプレーを基本に置いた。

各務原では荒蒔大尉らがＢｆ109の二機を使ってこれをマスターし、この十六年秋からは、三重県の明野飛行学校で四機編隊の戦法の研究が開始される。明野飛行学校は戦闘機の将校操縦者を教育するとともに、戦技研究を担当する航空実施学校で、いわば戦闘機操縦者の本家であり故郷であった。しかし、四機編隊戦闘はすぐには各実戦部隊へ行きわたらず、開戦後の昭和十七年後半から、機種改変で内地にもどった部隊が学んでいき、広まるのは十八年に入ってからだった。

この新たな戦闘法を当初から導入して戦力化された初めての機材が、本書の主人公・三式戦闘機なのだ。

二機・二機→四機の編隊戦法を、陸軍はロッテ戦法と呼んだ。ロッテとはドイツ語で「組」とか「連れ」を意味する。ドイツ空軍は最小単位の二機編隊をロッテ、ロッテを二つ合わせた四機編隊をシュヴァルム（群れ）と称したが、陸軍ではシュヴァルムの呼称はまったく用いられなかった。ちなみに陸軍用語では四機が小隊、二機が分隊である。

ロッテ戦法は単機格闘戦法にくらべ、高性能化が進む当時の戦闘機にとって、確かに有効

上が旧来の3機編隊でケッテと呼んだ。下の2機編隊ロッテが2個でシュヴァルムを構成する。ドイツでの撮影で、機材はどちらもフォッケウルフFw190。

な戦闘方式だった。ただし、条件がそろえばの話だ。

各種条件のうち使用機については、旋回性能よりも速力に重点を置いた高速性と、中口径（一二・七ミリ級）以上の多銃装備による強火力があげられる。連続機動で敵機を追いこむ格闘戦とは違って、編隊空戦は高位（優位）からの一撃離脱のくり返しだから、小まわりが利く運動性よりも速度に勝る機の方が適合する。また、射撃は必然的にやや遠距離からの斉射が主体を占める。これで撃墜を果たすには、弾道特性（直進性）に優れる火器が、一連射で致命傷を与えうる数だけ装備されねばならない。

編隊内、編隊間の連係を充分に保持するのに、不可欠なのは無線電話だ。いかに以心伝心といっても手先信号では意思の疎通に限度があるのは当然で、瞬時にこまかな指示を授受するのに電話は最良の装置である。戦闘集団の規模の拡大につれて、その重要度は増していく。

人的な面からみると、チームプレーに徹しきれる操縦者が望ましい。自己の戦果を進んで求めず、長機が働きやすいよう掩護に邁進できなくては、編隊戦闘は成り立たない。

感度・明度のいい無線機を持っていても、意思の疎通は大切だ。長機と僚機がたがいの性格や技倆、行動パターンを熟知しているのといないのとでは、一瞬一瞬が生死の分かれ目で長ったらしい会話をしていられない空中戦に、大きな差が生じる。そこで重要なのが、装備機数と可動率である。

列強各国が機材の性能向上に血道をあげる以上、それぞれの戦闘機の能力に大人と子供ほどの差がつく事態はありえない。したがって、戦域に配備される機の数が、勝敗を分ける一大要因である。多数機を持つ側は作戦にも余裕ができてパイロットの損耗も抑えられるが、少数機側は無理な作戦をかさねて人員と機材をより多く失ってしまう。ツーカーの長機と僚機のどちらかが欠け、新メンバーが加われば、それまで培ってきた四機編隊の阿吽の呼吸は再現できず、攻撃力が弱まってさらなる負け戦へとつながる。

可動率の低下もまた、チームワークのバランスを崩す。出撃可能機数が減れば、本来の編組（参加メンバーの組み合わせ）は保てず、ベテランたちが選ばれて技倆水準は高まっても、にわか仕立ての編隊ゆえに我が出たり、反対に消極的行動が表われたりする。

なによりも機数の少なさは、広い空域で展開される編隊単位の空戦では、決定的に不利である。捕捉する前に捕捉されてしまう。

これらの諸条件は、日本陸軍の事情にマッチするのか。一対一の単機格闘戦至上主義、高速よりも運動性を重視、運動性能向上のための軽武装方針、少数精鋭の操縦者養成、欧米にくらべ自己中心的な行動、国力からくる生産能力（補給能力）の小ささなど、マイナス要素ばかりが目立ってしまう。その実情については逐次、記述していくつもりだ。

ついでながら、海軍の四機編隊（小隊または区隊と呼んだ）の導入は、陸軍より半年ほどおそく、米軍の編隊機動に苦戦を味わったのちの昭和十八年秋以降である。

「中戦」キ六一の開発スタート

格闘戦至上主義の陸軍が重視したのは準重戦をもくろんだキ六〇（陸軍の判断は重戦に確定）ではなく、軽戦として試作提示したキ六一の方だった。試作数はキ六〇と同じく三機、一機あたりの契約価格は二〇万円とされた。

キ六〇の設計、製作が進んでいた昭和十五年九月、飛行実験部、航空技術研究所、航空実施学校を含む用兵者側の懇談会で、各機種の今後あるべき姿について意見が交わされた。そのなかで、軽戦は速度を敵と同程度、武装は一二・七ミリ機関砲と七・七ミリ機関銃各一でいいが、重量を切りつめて運動性を可能なかぎり追求すべきである、と結論づけられた。

これは明らかに、軽戦の極致と言われた中島のキ二七すなわち九七式戦闘機（昭和十二年末に制式採用）の発達型を、最良戦闘機とみなす思想である。昭和十四年のノモンハン事件の末期に、一撃離脱で逃げるソ連空軍のポリカルポフI－16戦闘機に、九七戦が追いつけなかった苦い事実への反省は、ほとんどなされていないと言えよう。

一方、重戦についてもこの時点では、侵入した爆撃機の邀撃と味方爆撃機の掩護に用いる、と定義づけられてはいても、具体的にどのような戦法を用いるのか、また対戦闘機戦はどうするのか、といった肝心の用法は存在しないに等しかった。つまり用兵者の大半は、伝統の格闘戦に固執する以外、策を持たなかったのだ。

定見のない陸軍の重戦・軽戦思想に対し、土井技師はこれにとらわれず、自身の理想に沿った戦闘機としてキ六一をまとめる決意だった。

キ六一の基礎設計が始まったのは、キ六〇と同じく昭和十五年三月だが、細部設計については前述のようにキ六〇を先行させたため、半年遅れて十五年九月ごろにスタートした。土井技師を支えて全体に関わる設計補佐（副主任）は大和田信技師で、機体設計の主要メンバーは次のとおり。

〔実験研究〕空力―山下八郎技師、阿坂三郎技師ほか。機能・強度―高村桂技師、小林一郎技師ほか。電気・同調―二宮香次郎技師。材料―吉村五郎技師。

〔設計〕全般―大和田技師、松井辰弥技師。主翼・尾翼―関口裕技師。胴体―松田博技師。前部胴体・エンジン艤装―小口富夫技師。脚・油圧―根本毅技師ほか。燃料・滑油・冷却装置―竜頭留造技師。装備品―巽次郎技師ほか。武装―巽技師ほか。プロペラ―北野純技師。

設計主務者の土井技師は、キ六〇の場合と同様に、キ二八の経験をふまえてキ六一の設計に取りかかった。めざすのは、あらゆる敵機に勝ちうる、格闘戦能力も速力も備えた高性能戦闘機である。彼はキ六一を本命と考えていた。設計チームはこの機を、重戦にあらず軽戦でもないとして、「中戦」という新語で呼びつつ作業を進めていった。

大アスペクト比の主翼

キ六〇は速度第一の重戦との観点から、翼面荷重と翼面馬力を高めるため、主翼の全幅を九・八七メートル、主翼面積を一六・一七平方メートルとし、アスペクト比を五・九五と小さくとったが、キ六一では全幅一二メートル、主翼面積二〇平方メートルとキ二八とほぼ同じにもどし、日本の制式戦闘機では最大の七・二というアスペクト比を採用した。翼面荷重を低めるよりも翼幅荷重を減らして、高速性能を保ちつつ運動性と高高度性能を確保する、キ二八以来の土井技師の持論をそのまま持ちこんだわけで、この一点だけを見てもキ六一に対する熱意がうかがえる。

翼幅の大きな機は旋回性能が高い半面、横転など横の運動性は有利とは言えない。だが、これは補助翼の取り方しだいでカバーしうるのだ。

主翼は重量と工数の低減をはかった左右一体構造で、主桁(しゅけた)は一本、その後方に補助桁が置かれた。翼端部は失速遅延の目的で、一・五度のねじり下げがつく。単桁構造で大アスペクト比ながら、主翼の強度は充分にあり、設計荷重倍数は一二だったが、荷重試験で一五まで負荷しても壊れず、試験を中止したほどだった。

ユニークなのは主翼の取り付け法である。主桁と補助桁に受け具を固着し、これを胴体下部を通る二本の主縦通材(ロンジロン)にかませ、片側につき一五センチ間隔の八本ずつのボルト(直径八

上：アスペクト比が大きな細長い主翼が、キ六一に速度と運動性の調和をもたらした。これは生産機のキ六一－Ⅰ乙(三式一型戦闘機乙)の展示飛行。下：量産が進む三式戦一型丁(キ六一－Ⅰ丁)。操縦席を包む外板の下縁にそってボルト孔が6ヵ所あって、手前の2ヵ所は移動用車輪の支持架の固定に使用。エンジン架が胴体と一体構造なのを知れる。

ミリ）で止めるようにした。これは量産型になって六本ボルト（直径一〇～一六ミリ）に変更されるが、要領は同じである。構造上、軽量な処置で大きな強度を獲得できる。

このボルト止め法が有利なのは、主翼を前後に容易に動かせるから、飛んでみて具合が悪くてもバラストを積んだりせず、ずらすだけですむところだ。のちに三式戦一型丁や二型、それに五式戦になって全長および重心点が変わったときにも、位置をずらす処置だけで同じ主翼を問題なく用いている。

九七戦以降の中島製戦闘機や海軍の零戦のように、主翼と中央胴体を一体に作っては、こうはいかない。この手法をとった日本機はキ六一だけである。

胴体に新たな構想

胴体もキ六〇とは大幅に変わった。

胴体幅は八四センチで同一ながら、側面形の〝贅肉（ぜいにく）〟がそがれて、主桁位置で高さが六センチ低くなり、抵抗面積を減少させた。逆に全長は水平姿勢で二七センチ延びて、細身のスマートなスタイルが形作られた。

胴体の構造のうち第一の特徴は、上方両側面と下方両側面にそれぞれ一本ずつ、合計四本の主縦通材を通して充分な強度を確保し、これに一五個の円框（えんきょう）（肋材（ろくざい）、フレーム）を組み合わせた処置である。

主縦通材を四本配置する方式は、キ六〇でも用いられている。だが、キ六一が四本とも直

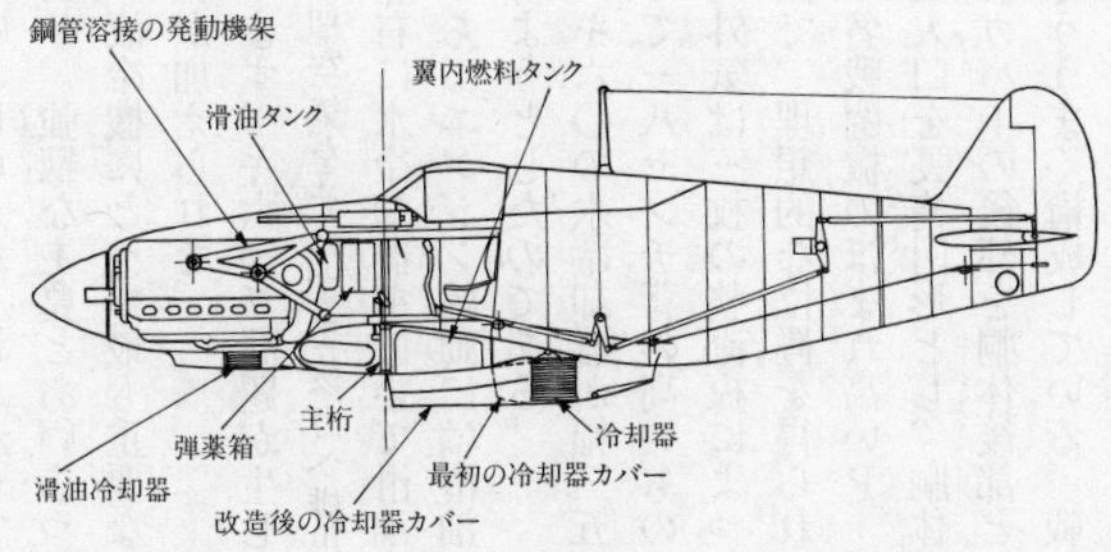

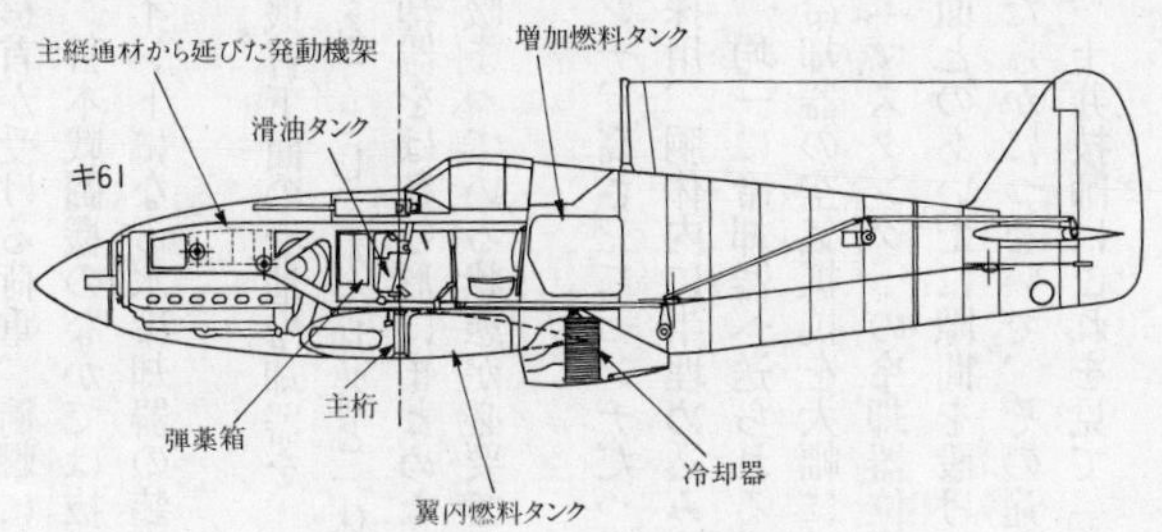

キ六〇とキ六一の内部構造の比較（同一スケール）

線に近い形状であるのに対し、キ六〇では下方の二本が主翼面に沿ってゆるく下がり、後桁（補助桁）の位置から機尾へ向けて上がっていく逆「へ」の字形をなしていた。主縦通材の主翼取り付け部に傾斜があっては、さきに述べた、位置を変更可能にするボルト止め方式は使えない。キ六〇の主翼は、主縦通材にリベット付けされている。

さらに、キ六〇では鋼管熔接で作っていた発動機架を、主縦通材の延長部を用いて胴体と一体構造にこしらえた。したがって、機首が受ける荷重、衝撃にはすこぶる強い。キ六一はこれにより、強靱な主翼とあいまって、日本戦闘機のなかでは抜群に頑丈な機体に仕上がった。

液冷機にとって最も重要なポイントになる水冷却器の装備位置についても、いちだんと改善が加えられた。

まず、キ六〇で問題が生じた機首下面の滑油冷却器を、水冷却器と同じ拡散型（吸入した冷却空気をそのまま後方へ排出する）とし、水冷却器と一体にして胴体下部中央に設置する。左右に水冷却器を置いて滑油冷却器をはさむ形にまとめたのは、寒冷地対策のためだ。すなわち、エンジン始動には滑油が暖まっている状態が必要で、それを左右の水冷却器の温度で得ようとしたのである。

キ六〇の水冷却器が幅三五センチ、高さ三二センチだったのに対し、幅を二五センチに縮めて一八センチ背の高いものを採用、胴体内に半埋め込み式にして空気抵抗を減らした。吸入外気は三枚の整流板によって、均一に冷却器へ送られる。また、やや後方へずらしての設置で、理想的な位置を得られ、冷却器の空気抵抗を大幅に減少できた。

名戦闘機のほまれ高いP-51「マスタング」の冷却器位置も同じだ。ただP-51は、空気吸入口を長楕円形とし、胴体下面とのあいだに隙間を設けて乱流を逃がしているうえ、冷却器カバーの後部を胴体後部となだらかにつないで、その途中に開閉式の排出口を設け、いっそううまく構成している。戦後、土井技師はこれを見て「さすがにアメリカの方が進んでいる」と感じたという。

冷やす素の冷却液（冷却水）は、エンジン前部の左右両側に設けた八リットル容量のタンク二個に入れられた。地上運転のさい温度が高すぎて高圧になると、機首先端部の下面に設けられた安全弁（排出口）から水蒸気を噴いて水圧を調整する。

キ六一の外形上の特徴の一つに、後部風防が胴体ラインに続いたレイザーバック式の風防がある。これはキ六〇のスタイルを受け継ぎ、洗練させたものだが、水滴型風防が主流の大戦中の日本単座戦闘機には珍しい。

土井さんはその理由を「空気抵抗を減らす目的でＢｆ109Ｅと同形式を採ったため。設計時は視界をあまり問題にしていませんでした」と著者に語った。前部固定風防の下に付いた、前下方の視界と機内の明るさを確保するための窓も、Ｂｆ109からの流用だという。

キ六〇やキ六一の試作当時、陸軍から風防の形状については注文がなく、この形式で問題は起きなかった。のちに五式戦と三式戦二型の一部が、後方視界の向上のため水滴型風防に改修されるが、三式戦一型を受領した実戦部隊においては、レイザーバック式の風防でも取りたてて難点に指摘されず、空戦時にマイナスとは思われなかったようである。

この風防がもたらした最大の〝罪〟は、Ｂｆ109Ｅと似た形のために、キ六一の機体設計が純然たる日本製であるのに「和製メッサー」という、ありがたくないアダ名を頂戴する要因の一つに数えられる点だろう。

できるだけ多くの燃料を

主翼幅を大きくされたので、主脚はキ六〇のような二段引き込み式の必要がなく、輪間距離（左右主車輪の間隔）が四・〇五メートルまで広げられた。輪間距離が充分といわれた零戦よりも五五センチも広く、多少の荒地でも容易に離着陸をなしえた。尾輪は空気抵抗の減少をはかって、キ六〇と同じく、収納部に扉を付けた完全引き込み式が採用された。

外形以外で特筆されるのは機内燃料容量の大きさ。邀撃戦闘を主にするキ六〇では、陸軍の要求どおりの五〇〇リットルに定めたのにくらべ、キ六一では同量の搭載を要求されたにもかかわらず、本機を本命と考える土井技師は、可能なかぎり多量の航空ガソリンを積めるように燃料タンクのスペースを確保した。戦闘行動半径の大きさは、優秀機を決める条件の一つだからだ。

両翼の内翼部に一個ずつと主翼中央部に一個の燃料タンクの、合計容量は六二〇リットル。さらに操縦席後方に二〇〇リットル、すなわちドラム缶一本分の機内増加タンク一個を設置可能にして、八二〇リットルが合計四個のタンクの総容量だ。長大な航続力を誇った零戦二一型の機内燃料容量が五一八リットルだから、その多さが分かる。これに、主翼下面に吊す二〇〇リットル入り落下式増加タンク二個が加わると、総量は一二二〇リットルに達し、巡航速度で飛べば航続時間は八時間強、距離にして三二〇〇キロを超える。

DB601Aa（ハ四〇）の燃料消費率は零戦二一型の「栄」一二型エンジンよりも高いから、燃料容量の差がそのまま航続力の差にはならないが、零戦二一型の落下タンク（三三〇リットル入り一個）装備時の航続距離三三五〇キロにほぼ匹敵するのだ。

DB601Aa国産版ハ四〇は、試作品こそ昭和十五年末にできたものの、治具の製作など量産化の準備に手間がかかり、量産第一号が完成したのは十六年七月（細かな改修があるので、書類上では九月）、性能試験終了が十一月と、予定から五ヵ月ほど遅れた。このため、土井チームはキ六一の細部設計を急がずに進められ、工数の削減や工作上の不便の解消など生産性の向上についても、かなりの配慮をほどこせる時間のゆとりを得られた。

実機と同じ大きさに作った木製の模型を、飛行実験部や航空本部、航空技術研究所の担当者がチェックする、いわゆる実大模型審査は十六年六月五日、各務原の川崎・岐阜工場で実施された。ここで出てきた要望は、操縦席まわりのレイアウトや装置類の小改造が大半を占め、特に重大な欠陥の指摘は受けなかった。

予想外の高性能を発揮

細部設計を始めてから一年三ヵ月後の昭和十六年十二月初め、キ六一の試作第一号機は岐阜工場で完成した。

試作発注時に陸軍が指示していたキ六一の完成予定期日は十六年六月だったが、キ六〇との並行試作を進めていた忙しさを考えれば、半年の遅れは充分な許容範囲と言えよう。かりに予定どおりの六月に完成したところで、量産型ハ四〇を装備できるのは十一月以降だから、エンジンがない〝首なし機〟のまま待たされてしまう。

装備エンジン・ハ四〇は離昇出力一一七五馬力、公称出力一一〇〇馬力／高度四二〇〇メ

上：岐阜工場で完成後、撮影のため駐機場に移されたキ六一試作1号機。背景を消してあるのは防諜のためではなく、機影を見やすくする目的。下：同じく試作1号機(製造番号6101)。生産型とは違って天蓋(てんがい。可動風防)の側面中央の縦枠がなく、明り取り窓がより前方に設けてある。

ートル。試作機の自重は二二三八キロ、総重量二九五〇キロ(機内燃料六二〇リットル搭載時)を示し、基礎計画時の予定にくらべ自重で一三八キロ、総重量で二五〇キロ超過したが、一割以内の重量増加は許容範囲と見て差しつかえない。

主務の土井技師、補佐の大和田技師が、性能と生産性の両観点からともに好んで主用した、直線を多く採り入れたシャープな外形。無塗装の外板の金属感が、期待する高性能の発揮を感じさせた。

キ六一第一号機は完成後まもなくの十二月十二日、川崎社員のテストパイロット・片岡載三郎操縦士が各務原飛行場を離陸し、無事に初飛行を終えて降着した。

川崎では、飛行整備課に所属するテストパイロットを、そのまま和訳して試験操縦士と呼称した。対外的には「試験飛行士」を用いる場合もあった。

片岡操縦士は十六年二月に陸軍を准尉で除隊して入社、各種のテスト飛行に従事した。入社時すでに九年半、二五〇〇時間におよぶ飛行経験を持つベテランで、大胆かつ細心な操縦技術は高く評価され、設計陣も大きな信頼を寄せていた。

片岡載三郎操縦士はキ六一の飛行テストに打ちこんだ。岐阜工場に面した各務原飛行場の一隅で。右は九九式双軽爆撃機。

キ六〇の試飛行では、もう一つピンと来ない、という顔をしていた彼が、キ六一の初飛行をすませて降りてくると、出迎えた設計陣に向かって開口一番こう言った。

「これならいける。必ずものにして見せるぞ！」

その後の社内試験飛行で第一号機は、速度第一主義の重戦キ六〇やＢｆ109Ｅの最大速度を三〇キロ／

時も上まわる、五九〇キロ／時を記録。運動性や上昇力でキ六〇に大きく水をあけたのは、設計チームの予想どおりだが、最大速度については土井技師すら「予想外」と回想しているように、うれしい誤算が表われた。水および滑油冷却器のたくみな処理をふくむ、機体各部の形状抵抗対策が功を奏したからだ。運動性の一端を示す三六〇度旋回の時間が、キ六〇より三秒も短い好成績を合わせて、土井技師の「中戦」構想は見事な結実を見せた。

おりしも太平洋戦争に突入した直後だったため、軍関係者はキ六一の高性能に驚喜し、「天佑」とまで誉めそやしたほどだった。機体設計は日本、エンジンの設計はドイツという〝混血児〟キ六一に寄せられた期待は大きかった。

続いて試作第二号機、第三号機が完成、さらに増加試作機九機の製作が進められた。航空本部が川崎と交わした、一号機製造の契約単価は二〇万円、二、三号機は八万五〇〇〇円だ。初めてづくしの一号機の価格が高いのは当然だった。

装備エンジンは試作一号機以降、いずれも国産のハ四〇とされている。しかし、のちにキ六一の審査を担当した少佐の荒蒔さんは、試作三号機まではオリジナルのDB601Aaを付けていた、と語る。これについては後述する。

大口径火器に出遅れて

キ六一に予定された射撃兵装は、主翼に八九式七・七ミリ機関銃二梃、機首に一二・七ミリのホ一〇三機関砲二門である。ビッカーズE型のライセンス生産版、八九式七・七ミリ機関銃は陸軍航空の主用射撃兵装で、昭和四年の仮制定いらい使い続けており、機構上なんの問題もなかった。

陸軍も海軍も格闘戦による接近戦闘を主戦法とみなしたが、海軍が早期に二〇ミリ機銃を導入したのにくらべ、陸軍の大口径火器の装備は遅れた。図体が大きくて重量がかさむ機関砲の装備を運動性の低下を招くとして操縦者が嫌ったためだ。この点、海軍でも二〇ミリの導入当初は同様だったが。

しかし、七・七ミリ機関銃で敵機を落とせる時代は去りつつあった。苦しまぎれに七・七ミリの対燃料タンク用炸裂弾マ一〇一（九九式特殊実包）を開発したものの、弾丸寸度の制限から破壊・着火力は知れていた。

弾丸一発の威力を示すのが弾丸効率で、その比は二〇ミリの普通弾（炸裂性がない、いわゆるムク弾丸）を一〇〇とすれば、一二・七ミリ弾は二七、七・七ミリ弾はわずか八でしかない。口径では二〇ミリ弾の四割弱の七・七ミリ弾は、一二発も当たってようやく二〇ミリ弾一発分の効果が得られるわけだ。初めは重い二〇ミリをうとんじた海軍の戦闘機搭乗員が、戦ってみてその威力に驚嘆し、一転して必須の武器へと考えをひるがえしたのも頷ける。

海軍がスイスのエリコン社のＦＦ型二〇ミリ機関砲（のちの九九式一号機銃一型）を、国内生産に移しつつあった昭和十四年、陸軍は一二・七ミリ機関砲の戦闘機への装備を決定し、航空技術研究所は固定機関砲の試作設計を始めた。ここで二〇ミリ砲の採用を決められたはずだが、まだ七・七ミリ派が主流を占める戦闘機操縦者に、いきなり二〇ミリでは受け入れてもらえない、との判断だったのだろう。また、当時まともな航空機用二〇ミリ機関砲はエリコン社製しかなく、海軍と同一の火器の使用を拒んだとも考えられる。

もちろん一二・七ミリ機関砲は戦闘機用の火器として手ごろであり、二〇ミリにくらべ重量が軽く、外形も小さいうえに、初速（弾丸が銃口を出るときの速度）が大きくて弾道特性（直進性）は良好だし、発射速度（一定時間内に撃ち出せる弾数）も大きく携行弾数も多い。米軍戦闘機が第二次大戦を通じて一二・七ミリで戦ったのを見ても、その有効性が知れる。

だが一二・七ミリは、防弾装備が整った大型機に対しては、いまひとつ威力不足であり、対戦闘機戦で一撃離脱戦法を用いる場合にも多銃主義をとらざるを得ず、米軍機も四梃から六梃装備へと変わっていく。生産力に乏しく、格闘戦を軸にしていたうえ、余剰馬力が少ない日本の戦闘機にとっては、大口径機関砲の少数装備はそれなりに利点があり、海軍がとった早期二〇ミリ採用の決定は、一面で正しい方針だったとも言えよう。

キ六一に装備される一二・七ミリ機関砲ホ一〇三は、アメリカのブローニングＭＧ53Ａ一二・七ミリ機関銃のコピーで、中央工業が試作製造し、昭和十六年に入って一式一二・七粍固定機関砲の制式呼称が付いた。

初速七八〇メートル／秒、発射速度約八〇〇発／分のデータは、ブローニング機関銃とほぼ同一だが、ブローニングが部品を変更すれば左右どちらからでも給弾できるのに対し、ホ一〇三は左から給弾、装填する甲砲と、右からの乙砲とを別個に製造した。これは重量の軽減と機構の簡略化をはかった結果で、本体重量はブローニングＭＧ53Ａ機関銃の二五〜二六キロにくらべ、二三キロと一割ほど軽かった。

オリジナルとのもう一つの大きな相違は、使用弾である。発射速度増大のため、アメリカの一二・七ミリ弾よりも二～三割軽く小さく作られており、破壊力はもちろん、弾道特性も悪かった。弾丸を犠牲にして一定水準の性能を保つ陸軍の傾向は、のちの二〇ミリ機関砲にいたっていっそう顕著化する。

ホ一〇三用の弾丸は、普通弾と曳光弾、曳光徹甲弾のほかに、マ一〇二およびマ一〇三という二種の炸裂用実包が作られた。マ一〇二は七・七ミリ用のマ一〇一と同じく、信管がなく命中時の衝撃で爆発し、燃料タンクに着火させる仕組みだが、マ一〇三は瞬発（触発）信管を備えた炸裂榴弾（りゅうだん）である。この時点で、各国とも信管装備の弾丸は口径が二〇ミリ以上のものに限られていたから、昭和十五年に完成したマ一〇三は、日本陸軍独自のユニークな弾丸と言えた。マ一〇一からマ一〇三までの三種は「マ弾」と称された。

機種を選ばない天性の操縦技倆をそなえる荒蒔義次少佐。

補助翼にフラッターが発生

キ六一の試作一～三号機は、川崎側の社内飛行を終えるごとに陸軍へ引きわたされ、昭和十七年三月から東京・福生（ふっさ）（現・横田基地）の飛行実験部に持ちこまれた。審査担当の操縦将校は荒蒔少佐と、陸軍士官学校で一期後輩の木村清少佐である。

福生では、全速、旋回、急降下などの飛行性能テストが順次進められた。のちに荒蒔さんが「キ六一の試作機は特によかった」と回想しているように、各テストはとどこおりなく進み、その高性能ぶりが余さず発揮された。

ただ一つ引っかかったのは、補助翼のフラッター（空気流による振動）である。テストを開始してまもない三月下旬、荒蒔少佐は降下中に、補助翼が上下にブレて白く濁ったように見えるのに気づいた。降下をやめて速度を落とすと元にもどるが、やり直してみても計器速度六二〇〜六三〇キロ／時に達すると、必ずこのフラッター現象が生じた。少佐はそのようすを土井技師に伝えたが、補助翼のヒンジの周辺に充分な量のマスバランスを施してあったため、特に重要視されなかった。マスバランスとは釣り合い錘を意味し、動翼の重心位置を前に寄せて、フラッターの発生を防止する。

ところが、三ヵ月ほどたって、川崎側でフラッター事故が起こった。

各務原の岐阜工場では、キ六一の試作機三機に続いて、増加試作機九機の製作を進めていた。増加試作機とは生産機へ移行する橋わたし的な存在で、細部に変更を加えられたほか、武装は主翼の七・七ミリ機関銃もホ一〇三に換装されて、一二・七ミリ機関砲四門に向上していた。試作機の製作基盤があり、機数も多いので、一機あたりの契約価格は二〇万円から八万五〇〇〇円に低下した。

増加試作の第三号機（通算では第六号機）が完成後、主任テストパイロットの片岡操縦士が、陸軍へ引きわたすため立川飛行場に空輸。ここでBf109Eとの急降下速度の競合飛行が準備された。

高度六〇〇〇メートルからの急降下でキ六一がBf109を抜いたのち、補助翼がフラッターを起こし、左補助翼がよじれて翼端側の半分ほどが吹き飛んだ。しかし、冷静な片岡操縦士はあわてず、残る半分を操作して巧みに飛行場に着陸した。

原因は、やはりマスバランスにあった。重錘の量に不足はなかったけれども、内側（主翼付け根側）に集中していたため、均衡を失ってねじれ振動を起こしたのだった。ただちに、重錘を補助翼長いっぱいに散らして配置する対策を施すと、以後ふたたびフラッターは生じなかった。

降下試験中に故障が出て、回復できないまま地表に激突する事故は、試作機にはしばしば起きている。キ六一の場合、老練な片岡操縦士だったから無事に帰還できたが、殉職の可能性は大きかった。荒蒔少佐の意見を聞いて原因を探っていれば、この事故は生じなかったはずで、土井技師も深く反省したという。

機体整備上の問題点

整備の面ではどうだったのか。

航空兵器の審査業務は昭和十七年十月に一本化されるまで、基本審査を航空技術研究所（技研と略称）、実用審査を飛行実験部がそれぞれ担当していた。

技研でキ六一およびハ四〇の整備審査に加わったのが坂井雅夫准尉。敗戦の日までこの液冷戦闘機を担当し、整備面で第一人者の評価を得る彼の回想は、「試作一〜三号機はＤＢ601で飛行性能はすばらしく、四号機（増加試作一号機）からのハ四〇には過給機の調子の狂いが多かった」。試作機の装備エンジンに関し、前述の荒蒔少佐の記憶と同一だ。

飛行実験部実験隊・戦闘班で整備の実働指揮をとって、一式戦「隼」や制式化直後の二式複戦「屠龍」、それにキ六〇の〝お守り〟に忙しい佐浦祐吉少尉に、キ六一試作機の面倒見が加わった。

荒蒔少佐、坂井准尉の回想と同様に、佐浦少尉も「キ六一の初期の試作機（一〜三号機）はオリジナルのＤＢ601装備」と覚えている。

キ六一は試作一号機からハ四〇、という川崎側資料や関係者の回想と異なる理由は判然としなくても、基本審査と、実用実験の空中および地上の審査のそれぞれの担当者が、異口同音に述べる記憶を軽視するわけにはいかない。国産化したばかりのハ四〇にくらべ、絶対的に同等以上の性能をもつＤＢ601を積んで、制式採用の決定に最大の要素となる初期試作機の性能を、いくばくかでも上げようとするのはありそうな事態だ。ゆずって、オリジナルの部品を多数混用した〝あげ底国産版〟だった、とも考えられる。

以下、佐浦少尉の回想にそって話を進めよう。

「試作機は何機もないし、川崎側の整備関係者も来ていて、〔オリジナルの〕エンジンにとくに問題は出なかった」と佐浦少尉は語る。難点はエンジンそのものよりも、機体側にあった。

以前に同じＤＢ601装備のＢｆ109Ｅが福生飛行場に持ちこまれたとき、整備用のマニュアルを見て少尉は驚いた。野外で三時間でのエンジン交換が可能、と書いてある。練習機のようなかんたんな構造のものならともかく、これほど複雑な高性能エンジンを、補助機器材も足場も整わない野外で短時間にすげ換えられるとは、にわかに信じ難いほどだった。ところが、実機を見て納得がいった。エンジンと機体の接続が実に巧みに処理してあるのだ。一定の使用時間を超えたらコンポーネントごとそっくり新品と換える、ドイツ流整備術が基盤の仕組みだった。

Bf109E が前線で整備を受ける。カウリングがそっくり外されてむき出し状態の DB601A は、マニュアルどおりの整備をほどこすだけで確実に稼働した。

マニュアルには、エンジンも五〇〇～六〇〇時間で交換する、と書いてある。エンジンの耐用時間を少しでも延ばそうとしている日本の方向とは、対照的な処法だ。加えて、エンジンおよび補器類の機体との接続など、整備作業への配慮の点でドイツとは大きな開きがある。

とはいえ、日本の設計、製作側が使用者の立場を、初めから無視していたわけではない。長い伝統に培（つちか）われ、鍛え上げられてきたドイツ工業と、急速な近代化のなかで模倣から独創への脱皮にもがく日本工業とでは、底力（そこぢから）が違い環境が違う。戦地での整備、保守の面まで充分に考慮しうるだけの経験と実力が、日本に備わりきっていなかった。

Ｂｆ109がさらに佐浦少尉をびっくりさせたのは、一～二日のあいだ外に放り出したままでも、スターターさえ回せばすぐに始動できる確実性だ。空冷よりはずっと〝神経質〟なはずの液冷エンジンが、スイッチ一つで小気味よく動き出す。これを五〇〇時間たったら新品に換えてしまう、その交換に野外でも三時間しかかからない、ときては、整備関係者が驚かないはずがない。より優秀な飛行機をそろえたい気持ちは同じでも、操縦者にとっての理想の機材と整備兵にとってのそれとは、当然ながら異なる部分が存在した。

ともかく、ＤＢ601が五〇〇時間換装をベースにしている以上、ハ四〇についても取り扱いの便宜を設計側に図ってもらわねばならない。佐浦少尉は福生に来ていた川崎のスタッフに、「キ六一のエンジンと機体の接続も、メッサーシュミットのようにやってほしい」と注文を出した。

キ六一の両内翼部に設けられたいわゆる第一タンクは、燃料タンクそのものを別に作って嵌（は）めこんだものではなく、主翼内の構造空間を利用したセミ・インテグラル式（下面からはずせる）だった。まったく独立したタンクにくらべて、このほうが重量を軽減できるし容量も増えるが、工作を正確にしないと漏（も）れを生じる恐れがある。このマイナス面が、キ六一の初期試作機に出た。水平飛行時には別状ないのに、急な機動に入れるとガソリンが漏れる不具合が分かったのだ。

言うまでもなく原因は、引き起こしや反転、降下などのさいに、大きなGやマイナスGがかかって主翼が撓(しな)い、翼内燃料タンクの構成部分に隙間(すきま)ができたためだ。このまま戦地へ出て、特殊飛行をやるたびに燃料が漏れていたのでは、操縦者はおちおち戦っていられない。

「だいいち整備〔兵〕がまいってしまう。これじゃブリキ細工と同じだから、やめてほしい。油（燃料）さえ入れれば飛ぶ飛行機を作って下さいよ」

自身、各種戦闘機の整備に多忙をきわめ、整備事務所で知らぬまにうたた寝してしまうほど疲れきっていた佐浦少尉は、前線の地上勤務者の苦労を思って強く訴えた。

この翼内タンクの防漏対策については、彼の意見具申がとおり、川崎側が改良策に着手する。

予期せぬ初陣(ういじん)

福生での飛行性能テストがひととおり終わったのち、試作二号機と三号機は四月中旬に水戸陸軍飛行学校の飛行場に運ばれた。ホ一〇三機関砲およびマ弾の射撃テストにかかるためである。キ六一審査主任の荒蒔少佐は、補佐役の操縦者にベテランの梅川亮三郎(りようざぶろう)准尉を選んで連れていった。

四月十八日の早朝、海軍監視艇の「第二十三日東丸」は東京から約一二〇〇キロ東方の太平洋上で、西進する敵機動部隊を発見、ただちに打電した。その後、他の監視艇からの報告

日本の主要地への空襲をめざして「ホーネット」から発艦するB－25B。双発爆撃機を空母で運び、投弾後は洋上を越えて大陸に降りる、意表をついた“片道攻撃”だった。

も入電し、通報を受けた軍令部（海軍の作戦面での中枢。陸軍の参謀本部に相当）では邀撃態勢を整えて、陸海軍ともに警戒警報を出したけれども、敵機の本土来襲は翌十九日早朝と見こんだ。空母の搭載機は当然、単発の艦上機に違いないから、その行動半径を逆算して、空母はいましばらく日本に接近して攻撃隊を放つだろう。と考えたのだ。

だが、米空母「ホーネット」が積んでいたのは、航続力が大きな陸軍の双発爆撃機、ノースアメリカンB－25B「ミッチェル」一六機だった。日本軍監視艇に発見されたと知って、米機動部隊は当初予定していた十八日夜の奇襲攻撃をあきらめ、ただちにB－25を発艦させ昼間強襲をかける戦法を選んだ。実際には、これが日本軍の予測の裏をかくかたちに出て、強襲は奇襲に等しいいきなりの侵入に変わった。

本土上空の防衛は陸軍の担当だ。トップ機構である防衛総司令部では午前十時ごろから、いちおう念のために第十七飛行団（関東、東北の防空を受けもつ。十七飛団と略称）の九七戦と九七式司令部偵察機を上げて、上空哨戒に当たらせた。

　これらの機は正午まえから燃料切れで着陸し始めたが、ややたって水戸北方の防空監視哨から「敵大型機発見」の報告がもたらされ、東部軍司令部が確認にもたつくあいだに十二時十五分、東京に第一弾が投下された。

　京浜方面に侵入したB－25は一三機（ほかに中京方面へ二機、神戸へ一機）。十七飛団司令部はあわてて待機中の機を発進させたけれども、敵高度が低くて会敵できず、わずかに飛行第五戦隊と第二百四十四戦隊の九七戦二機ずつが、南西方向に洋上へ抜ける合計三機のB－25に一撃を加えたにとどまった。

　飛行第五戦隊の馬場保英中尉も、下士官の二機をつれて九七戦で飛行中に、亀戸付近で低空を逃げるB－25を見つけ追撃したが、敵のほうが速く、射程内に入れられないまま見逃さねばならなかった。もはや、九七戦の時代は完全に去っていたのだ。

　これが、ジェイムズ・H・ドゥーリトル中佐に率いられ、開戦後の日本に初めての本土空襲を加えたB－25群である。各機は単機ずつ、日本戦闘機と高射砲の弾幕を尻目に本土上空を駆け抜け、中国大陸へ向かった。しかしこのうち一機が、正規の防空部隊以外の新鋭戦闘機による追撃を受ける。

　水戸東飛行場に持ちこまれた、キ六一第二、第三号機の機首機関砲の空中射撃テストは、鹿島灘上空で曳航標的に向けて試された。弾倉、給弾口と一二・七ミリ弾薬筒（弾丸と薬莢）のなじみがよくないらしく、毎回十数発の送弾で止まってしまう。Gがかかる機動をと

上：完成後まもなく、岐阜工場でのキ六一試作2号機。17年4月18日は射撃試験のため水戸東飛行場に置かれていた。下：同日は2号機とともにあった試作3号機。荒蒔少佐と梅川亮三郎准尉の乗機がどちらだったかは不明だ。これは航空技術研究所によるテスト用に立川飛行場に運んだときの撮影。

ると、たった数弾しか発射できなかった。

そんなところに、「今日は警報が出ていますので、飛行試験はやめて下さい」との通知を受けた。テストを中断して、荒蒔少佐はうららかな春の日ざしを浴びつつ、水戸東飛行場のピスト（空中勤務者の控え所）で煙草をくゆらせていた。正午をすこしすぎてまもなく、サイレンが鳴りひびいた。警戒警報が空襲警報に変わったのだ。

ややたって、北の空から飛行場に向かって、二〇〇メートルほどの高度で双発機が飛んでくるのが見えた。午前中に警報が出ているから、飛行学校の機は上がっていないはずだ。隣りにいた助手の梅川准尉が、双眼鏡をのぞきながら叫んだ。

「あっ、星が見えますよ！　アメリカのマークがあります！」

「うそだろう。貸してみろ」

荒蒔少佐が双眼鏡を目に当てると、米軍マークがはっきり見える。

「これはいかん、空襲だ。あいつを撃ち落とさなくては！」

敵機の進路の先に東京があり、東京には皇居がある。二人はピストから飛びだした。近くにいた兵に格納庫への連絡を命じると、落下傘用の縛帯を飛行服に付ける。

二機のキ六一は格納庫の中に置かれている。武装班の将校があわててやってきた。試作機に積んであるのは演習用の徹甲弾で、信管付きの炸裂実包マ弾は、これから弾帯に組みこまねばならない、と言う。穴があくだけの徹甲弾では、大型機に致命傷を与えるのは難しい。とはいえ、弾帯が組み上がるまでには二〇～三〇分かかるから、敵機を取り逃がしてしまう。

そこで少佐は、とりあえず徹甲弾だけの機で梅川准尉を発進させ、マ弾が装備され次第あとを追う手はずを決めた。空襲の規模によっては、後続機を捕捉しうるチャンスがあるからだ。准尉の機が飛び去り、しばらくたってようやく装弾が終わると、機上でもどかしげに待っていた少佐は、試作機をあざやかに繰って離陸し、東京上空へ向かった。

皇居付近の上空を三機編隊の海軍機が飛んでいた。横須賀航空隊から飛来した零戦のようだ。この零戦が突然、荒蒔機に襲いかかってきた。キ六一は彼らにとって初めて見る飛行機だから、敵機と間違えたのも無理はない。あわてず、主翼を振って味方表示の機動をとると、気づいた零戦は離れていった。その後しばらく索敵したが敵影は見えず、少佐は水戸へ引き

キ六一の初交戦を本土上空で記録した梅川亮三郎准尉。

返さねばならなかった。

だが、先に出た梅川准尉は、霞ヶ浦の手前でB－25に追いついた。准尉は人家に迷惑をかけないよう霞ヶ浦上空まで追撃し、続けざまに数撃を加えた。敵機も撃ってくる。キ六一の弾丸は当たっているようだが、外板に穴を穿つだけの徹甲弾では破壊力は知れており、撃墜は困難と思われた。

それよりも、無茶な深追いを続けて、できたての新鋭機が破弾したり壊れてしまっては、元も子もない。燃料も充分な量を入れてはいないから、下手をすれば胴体着陸だ。試作機が一機減れば、それだけ制式化、量産化が遅れ、ひいては戦力の損失につながる。こう判断した准尉は、千葉県八街あたりから海上へ逃げる敵機を目で追って、機首を返した。

梅川准尉機につかまったのは、機長のエベレット・W・ホールストロム少尉が操縦する、ドゥーリトル隊の四番機のようである。このB－25Bは低空を飛びつつ、まず二機の九七戦の攻撃をかわしたのち、さらに別の九七戦二機を目撃。爆弾を投下して逃れたところで、左前方から引き込み脚の液冷エンジン機一機が襲いかかってきたという。日本軍の「引き込み脚の液冷機」はこのときキ六一しかなく、B－25搭乗クルーの誤認でなければ、これが梅川機に違いない。

Ｂ－25を追跡し、あるいは射撃した九七戦は、いずれも引き離されて致命傷を与えられなかった。ところが、「引き込み脚の液冷機」は左前方から迫ったのだから、キ六一だったとすれば追いつき追い越しての攻撃である。カタログ値を大ざっぱに比較すれば、Ｂ－25に対し九七戦は二〇キロ／時強おそいが、キ六一は逆に一〇〇キロ／時以上速いから、ありえないシーンではない。

ついでながら、ホールストロム機は機銃故障と燃料漏出のハンディを負いながら、中国大陸にたどりついた。しかし、強い雨と闇夜に阻まれて降着をあきらめ、搭乗の五名は落下傘降下して全員が民間人に助けられた。

量産に取りかかる

試作機による邀撃という異例の初陣を飾ったキ六一だったが、その後のテストは順調に進んで、飛行実験部から次のような審査結果が発表された。

▽最大速度―五九一キロ／時／高度六〇〇〇メートル、五二三キロ／時／高度一万メートル
▽上昇時間―一万メートルまで一七分一四秒
▽実用上昇限度―一万一六〇〇メートル
▽着陸速度―一二六キロ／時

そして続く所見で、操縦性および安全性は「良好」、総合成績では「優秀」と判定された。

当時、最新鋭の軽戦、一式二型戦闘機「隼」（キ四三－Ⅱ）が同じ高度六〇〇〇メートル

昭和18年、羽田飛行場で大がかりに催された愛国号献納式に、キ六一試作1号機で参加した審査部飛行実験部の竹澤俊雄准尉。根元が細身のプロペラは1号機だけの特徴だ。

で五一五キロ／時。制式化まもない重戦、二式一型戦闘機「鍾馗」（キ四四-Ⅰ）でも五三四キロ／時（高度五〇〇〇メートル）だから、キ六一の五九一キロ／時に陸軍が驚喜したのも頷ける。そのうえ、大した改修もなく総合成績「優秀」を与えられるケースは珍しく、本機がいかによくできた飛行機だったかを物語っている。

飛行実験部実験隊、ついで航空審査部飛行実験部でキ六一の実用実験を担当したベテラン操縦者の一人に、竹澤俊雄准尉がいる。阪神防空の飛行第十三戦隊に所属して大阪・八尾飛行場にいた竹澤准尉を、荒蒔少佐と木村少佐が飛行実験部員にと望み、昭和十七年七月、荒蒔少佐が譲り受けるために八尾へ出向いたことからも、彼の技倆のほどが知れよう。

福生でさっそく試作のキ六一を飛ばしてみた竹澤准尉は、それまで乗っていた九七戦にくらべて、当然ながら起動時の操作を重く感じたが、「重戦（九七戦から見て）だから、こんなものだろう」とすぐに納得。突っこめばたちまち速度がつくし、「手の内に入ってしまったら（慣熟したら、の意味）いい飛行機」との感想を持った。

飛行性能と射撃関係のテストを好成績で終えたキ六一に対し、航空本部から量産命令が下った。川崎では試作機三機に続く増加試作機九機を作り終えて、生産型の製造に着手、第一号機は昭和十七年八月に完成した。

外形上は増試型とほとんど変わらない。ただし、主翼のホ一〇三が八九式七・七ミリ機関銃に換装され、試作機三機と同一装備にもどった。ホ一〇三は昭和十五年度（十五年四月～十六年三月）制式兵器に採用されて、既述のように一式一二・七耗固定機関砲の名称が付いたけれども、もっぱら使われたのは略号の方である。

一二・七ミリ機関砲四門のうち、二門を七・七ミリと取り換えたのは、量産を開始してまもないホ一〇三が、しばしば故障し不発におちいったり、腔内爆発を起こす事故があったからだ。このため一式戦一型乙では、機首に一二・七ミリ一門と七・七ミリ一梃を付けている。ホ一〇三の信頼性が充分なまでに向上したのは十七年末ごろからである。また、ホ一〇三が一式戦、二式戦、二式複戦のいずれにも装備され、造兵廠とその管理工場における当初の生産能力が追いつかなかったのも、機関銃に換装する副次的要素だった。

生産型のもう一つの変化は、燃料タンクに被覆を施したために生じた、機内燃料容量の減少だ。

試作機および増加試作機では合計八二〇リットル入ったのが、左右内翼部の第一タンクが各一九〇リットル、中央翼部の第二タンクが一七五リットルに減り、これに胴体内の第三タンク（増加タンク）二〇〇リットルを加えて、合計は七五五リットル。航続時間は落下タンク二個（合わせて四〇〇リットル）を付けて、巡航四〇〇キロ／時で七時間四〇分、距離にすると三〇七〇キロで、零戦二一型の三三五〇キロよりは劣るが、一式戦二型の三二〇〇キロに迫る。陸軍戦闘機で二番目の航続力は、なお注目に価する。

燃料タンクの被覆は、生産第一号機から三百八機目までが三ミリ厚のゴムと一〇ミリ厚の絹製フェルトを用いた。外張りの薄いゴムとフェルトでは耐弾効果はないに等しいから、これは防弾装備というよりも、審査部が注文を出した防漏対策、つまり漏れ止めと見るべきだろう。ついで三百九機目から三百八十八機目までの八〇機は、上面に九ミリ厚、側面に六ミリ厚のゴム張りに変わり、いささかの耐弾性を期待できるほどに進歩したが、米軍の防弾タンクとは大人と子供の差があった。

川崎・岐阜工場ではキ六一の生産態勢を整え、昭和十七年八月の一機（生産第一号機）から九月三機、十月五機、十一月一〇機、十二月一五機と完成機を増やしていった。明石工場のエンジンの方も、十一月まではほとんど月産ひと桁の生産数だったのが、十二月には一五台に増加、本格量産に移行し始めた。

このころ、滑油冷却器に関する問題が起きた。航空潤滑油（鉱物油）は国産できず、すべてアメリカからの輸入品を用いていたが、今日の高性能オイルと違って、ごく低温時には粘性がひどく強くなる。飛行中のキ六一にこの現象が発生した。滑油が粘って冷却器を抜けにくくなり、あとから送られてきた分が通らずに、高温のままバイパス弁から滑油タンクにもどってしまうのだ。

このままでは試飛行が進まず、軍への納入がとどこおる。入社三年目の西門啓技手（技師の補佐）は、原因が冷却器の能力過大にあると判断。その前面に羽布とフェルトを合わせて銀色に塗ったカバーを置き、流入空気を六〇〜七〇パーセントに抑える処置をほどこした。これが功を奏し、滑油はスムーズに冷却器を通って、この件は落着をみた。

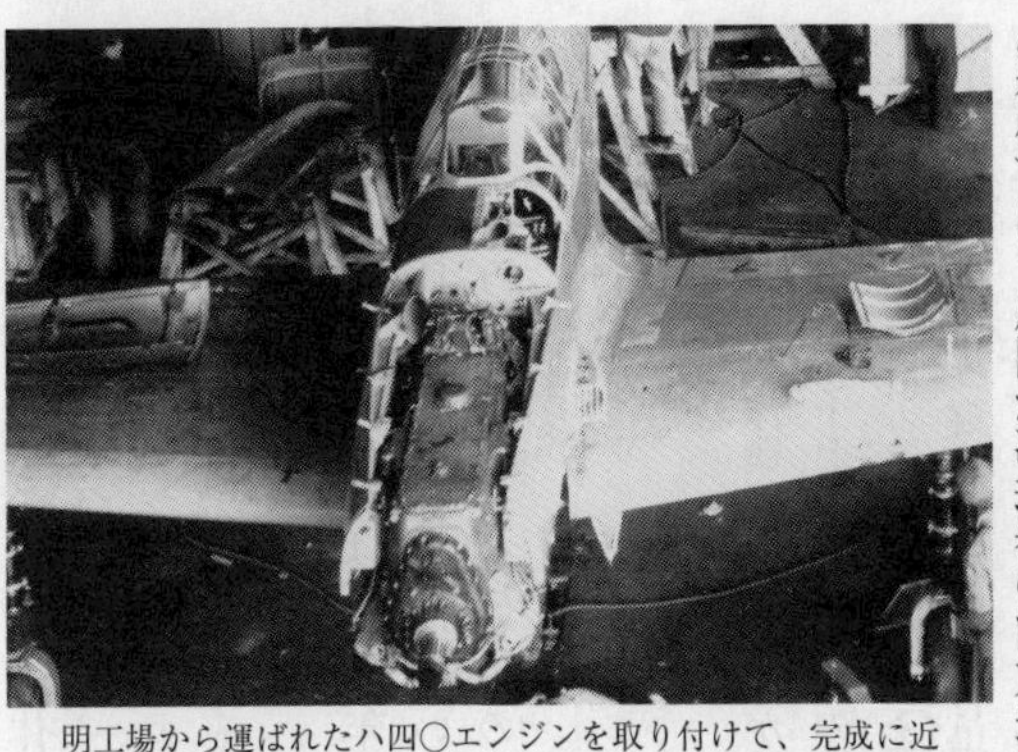

明工場から運ばれたハ四〇エンジンを取り付けて、完成に近づくキ六一。右翼の上に上部カウリングが、左翼の上には機首機関砲部分のカバーがのせてある。

キ六一の制式採用は、軍が量産機を発注した昭和十七年なかばに決定していたと言える。そして、十七年末までに生産型の機体は三四機、同じくエンジンは六五台が完成しており、いつでも制式機の通知を受けられる状況にあった。

しかし実際には、キ六一が制式戦闘機の座を得るには、翌十八年のなかばまで待たねばならなかった。その最大の理由は、陸軍にとって久方ぶりの液冷機だったうえ、装備エンジンの構造が斬新であり、すぐに部隊配備を進めても使いこなしがたい、との観点にあったと考えられる。

部隊に引きわたすまでには、機体とエンジンの能力と機構が充分に安定した状態に達していなければならず、またこの間に、基幹をになう操縦者と整備兵を育成しておく必要がある。とくに整備兵は、まったく新しいエンジンを扱うのだから、手なれた空冷エンジン機（たとえ新型エンジンでも、同じ空冷なら基本構造に大差はない）を覚えるのにくらべて、ずっと時間がかかるのだ。

もう一つ考えられるのは、十七年の採用であれば二式戦闘機と呼ばれる決まりだが、すでにキ四四がこの制式呼称を付けているので、一年あとにまわしたという理由だ。すなわち、一定数をそろえて部隊にわたしたのちに、三式戦闘機の名称を与える方針を採ったのかも知れない。

さまざまなテスト

キ六一の増加試作機の第三号機がフラッター事故を起こした状況はすでに述べたが、これより少し前の昭和十七年六月、この機に乗っての初の殉職者が出た。

各務原で川崎側の諸テストを終えた増試型の第一号機（通算第四号機）を、テストパイロットの金原郁雄（きんばらいくお）操縦士が立川飛行場へ運ぶことになった。この日は箱根方面がくもりで、「伊豆まわりで行け」と注意を与えた。

「空輸速度の記録を立てる」と張り切っていた彼に、ベテランの片岡操縦士は「伊豆まわりで行け」と注意を与えた。

年若い金原操縦士は、義兄が勤める静岡県掛川の女学校が見えると高度を下げ、校庭の上空で低空飛行をくり返した。この時間の遅れを取りもどそうと、雲の下をまっすぐに立川へ向かい、箱根山の冠ヶ岳(かんむりがたけ)に激突してしまったのだ。

それから二ヵ月ほどのちの量産一号機が完成した八月、飛行実験部では南方での作戦に備えて、キ六一の熱地テストをすますため、下旬にキ六一の試作機二機が福生からシンガポールへ飛んだ。これに、人員輸送の九七式重爆二機と、同じく熱地テストを受ける一式戦二型および二式複戦が一機ずつ同行した。操縦者は荒蒔少佐、木村少佐、梅川准尉ら六名。

シンガポールでのテストのかたわら、熱帯地での飛行テストも実施し、ジャワ島からスマトラ島をめぐった。キ六一は操縦席のすぐ前に滑油タンクがあるので、地上での試運転時はひときわ暑かったが、実用上なんら問題は起きず、十月の初めには無事に福生に帰ってきた。

熱地テストと対をなす耐寒テストを実施するには、冬を待たねばならない。その間キ六一の新造機が、飛行実験部実験隊を十月に改編した航空審査部飛行実験部の戦闘隊に到着し、福生飛行場をベースに空中でのテストが続けられた。

シンガポールからもどってまもなく、Ｂｆ109と同じような横開き式の可動風防(天蓋(てんがい))を付けたキ六一が運ばれてきた。荒蒔少佐の記憶では、この機は通算第十三号機だった。試作と増加試作を合わせて一二機だから、生産型の第一号機にあたる。後部の固定風防との段差がないため、空力的にはわずかだが優れている。

当時、川崎ではスタンダードな後方スライド式のほかに、よりよい仕組みの風防を模索し、この横開き式や後方胴体内に収納するタイプが試作されていた。生産型キ六一といってもまだ制式採用前だから、実質的には増試型の延長のようなもので、機体には各種の試行がなされて当然である。

荒蒔少佐がこの横開き式風防機で飛んでみたら突然、風防がつぶれてめりこみ、頭を上げられない。高度は三〇〇〇メートル、エンジン全開の状態で、いきなり視界ゼロに急変したのだ。ガスレバー（スロットルレバー）を引いて速度を落とすと、風防ガラス（合成樹脂製）にヒビが入った部分の一部が吹き飛んだ。これでやや頭が上がり、さらに樹脂ガラスを手でむしると、中央の計器盤に配置した速度計、高度計、旋回計が視界に入ってきた。

へたをすれば金原操縦士についで、キ六一殉職第二号に名を出すところだったが、敏腕の黒江保彦大尉に「名パイロット中の名パイロット」と言わせた腕と、満州の白城子飛行学校の教官当時に鍛えた計器飛行の勘を働かせ、計器とわずかな側方視界だけで無事に飛行場に着陸した。始動車に乗って整備の佐浦少尉が駆けつける。キ六一は舗装の滑走路からはずれ、芝地で止まった。あとから降りてくる機への少佐の配慮である。

つぶれた風防を見た少尉は、すぐに事情を察した。同様の横開き式風防を付けた九九双軽が鉾田（ほこた）飛行学校（軽爆撃機と襲撃機の教育を担当）に持ちこまれてまもないころ、この種の事故で殉職者が出たのを聞いていたからだ。急いで翼上に上がった彼の耳に、背中を見せた荒蒔少佐の声が聞こえた。

「おい、つぶれちゃったよ」

「いましばらくの辛抱（しんぼう）です！　少し待って下さい！」

南方進攻作戦中に捕獲したカーチスP－40E。キ六一は性能比較テストで凌駕したが、のちのニューギニア航空戦では容易な相手とは言えなかった。

佐浦少尉はただちに、風防をこじ開ける工具の手配を部下に命じた。さすがの少佐もたまりかね、ひと足おくれにやってきた大和田技師を怒鳴りつけたという。横開き式風防がこれで御破算になったのは言うまでもない。

とはいえ、キ六一の飛行性能はやはり抜群だった。このころ福生で催された陸海軍試作機、新型機の互乗研究会で、陸軍からキ六一と二式戦、二式複戦が、海軍からは十三試双発陸上戦闘機（のちの夜間戦闘機「月光」）と十四試局地戦闘機（のちの「雷電」）が参加した。キ六一に乗った横須賀航空隊の海軍搭乗員は、バランスがとれた三舵の効きに驚き、試作部長の土井技師や荒蒔少佐にこの要因をたずねたほどだった。

毛色が変わっていて興味ぶかいのが外国製戦闘機との比較だ。輸入機Ｂｆ109Ｅのほか、南方進攻時に捕獲した米陸軍のカーチスＰ－40Ｅと英空軍のホーカー「ハリケーン」ⅡＢが用いられた。

高度五〇〇〇メートルあたりでの最大速度はBf109が五五一キロ/時、P-40が五六一キロ/時、「ハリケーン」が四九五キロ/時で、それぞれキ六一を下まわった。ただし、いずれも最良ではないコンディションの機に、飛行実験部/航空審査部の操縦者が乗っての計測値であり、本国で測定したカタログ値よりも一〇〜二〇キロ/時劣っている。同じく日本側が測定した旋回半径は、順に二六〇メートル、二五〇メートル、二〇〇メートル。それぞれ妥当な数字と思われ、一七〇メートルのキ六一が水平面の格闘戦を挑めば、速度も上まわるから、勝敗の帰趨（きすう）は歴然だ。

残る耐寒テストのため、十二月下旬にソ連との国境に近い満州北西部の海拉爾（ハイラル）へ向かった。今度は荒蒔少佐一人で一機だけ持っていき、やはり耐寒テスト用の二式戦一機に岩橋譲三少佐が乗って同行した。

陸軍飛行実験部/航空審査部にキ六一が到着してからすでに九ヵ月以上たっており、整備陣も取り扱いに慣れていて、耐寒テストも問題が出ないまま翌十八年二月初めに終了。シンガポールでは熱くて困った滑油タンクも、酷寒の地では逆にプラスの暖房効果を発揮した。ハ四〇の冷却液は、不凍液エチレン・グリコールを混ぜない、入手容易なただの水だ。ひどいときは零下五〇度にも達する海拉爾でも、水だけだったのかは定かでない。

こうして、昭和十八年二月までに各種テストはひと通りすんだ。そして、実戦部隊への配備はそれを待たず、一月から進みつつあった。

第三章　苦闘、ニューギニア戦線

東部ニューギニア方面の概況

キ六一の試作一号機の初飛行が開戦直後であり、増加試作機を作っていた昭和十七年（一九四二年）六月には、太平洋戦争の天王山たるミッドウェー海戦で日本海軍が惨敗。そして、生産型の第一号機が完成した八月、米軍はソロモン諸島のガダルカナル島に上陸し、本格的な反攻を始めた。さらに、審査を概成した翌十八年二月に、日本軍はガダルカナルを放棄し撤退を終えていた。

勝利の美酒に酔った連続進攻の第一段作戦と、占領地域を確保するための第二段作戦は、キ六一が眠っているあいだに過ぎ去り、ようやく目ざめた昭和十八年三月には、守勢の色濃い第三段作戦の方針が決まろうとしていたのだ。

日本陸軍は、赤道以南の東部ニューギニアからソロモン諸島、サモア諸島にいたる地域を、海軍呼称の南東方面に対し、「ソロモン、東部ニューギニア方面」と呼ぶ場合が多かった。

日本から五〇〇〇キロも隔たったこの方面へ、開戦後すみやかに進出したのは、米軍のオーストラリアへの増援を遮断し、反撃をはばむためだった。

昭和十七年一月下旬にビスマルク諸島ニューブリテン島のラバウルを、三月上旬に東部ニューギニアのラエ、サラモアを占領、五月にはソロモン諸島を制圧した。その余勢を駆ってさらに東進し、ニューカレドニア島、フィジーおよびサモア諸島、それにニューギニア南東部のポートモレスビーへ進撃するはずだったが、五月下旬の珊瑚(さんご)海海戦での損害と六月上旬のミッドウェー海戦の大敗によって、日本軍の進攻作戦は停滞した。

東部ニューギニアとソロモンの占領は、中部太平洋およびフィリピン方面を確保するのに必要とされた。だが、日本の国力から考えれば距離が大きすぎて、戦線を形成、存続させる兵站(へいたん)を維持できないから、進撃を思いとどまるべき攻勢終末点を超えていた。十七年八月上旬、ツラギ(フロリダ島)、ガダルカナルで反攻の火の手を上げた米軍に、〝さみだれ〟式に戦力を注ぎこんだ日本軍は抗し得ず、十八年二月上旬にガダルカナルから撤退、南部ソロモンを放棄した。

開戦当初、ニューギニアやソロモン方面の航空作戦は海軍担当とされてきたが、泥沼の消耗戦に悲鳴をあげた海軍の要請により、しぶる陸軍も折れて十七年十一月上旬に派遣を決定し、第六飛行師団(六飛師と略称)を編成した。六飛師の戦力は、戦闘機二個戦隊、重爆一個戦隊、軽爆二個戦隊、それに司偵一個独立飛行中隊である。

通常、陸軍の飛行戦隊は三個中隊からなり、一個中隊は戦闘機なら一二機、爆撃機だと九機で、ほかに戦隊本部に三機、というのが通常の定数だった。これに一〇機前後の予備機が加わるから、戦闘機一個戦隊で五〇機ほどを持つ勘定である。しかし、前線の部隊がフルに装備機をそろえるのは難しく、可動率も平均六〜七割なので、一出撃に三〇機も使えれば御の字だろう（ロッテ戦法導入後の戦闘機中隊は、一個小隊四機で一六機が定数）。

上：南方用に独特の迷彩をほどこした飛行第十一戦隊の一式一型戦闘機丙。米大型機の耐弾装備を破るのに12.7ミリ機関砲2門では苦しかった。下：ポートモレスビーのジャクソン飛行場から飛び立った第65爆撃飛行隊のボーイングB－17E。胴体下面から引きこみ式銃塔を降ろした臨戦状態だ。

六飛師を構成する戦闘機戦力は、ビルマ方面にいた第十二飛行団（十二飛団と略称）の飛行第一戦隊と第十一戦隊で、装備機は一式戦一型丙、武装は一二・七ミリのホ一〇三が二門だった。両戦隊は予備機が多く、保有機は各六一機に達した。まず十一戦隊が昭和十七年十二月中旬に、海軍の陸上攻撃機隊が展開するラバウル西飛行場（ブナカナウ）にほぼ全力で進出。ついで十八年一月上旬に一戦隊が合流した。

南東方面に展開していた、海軍の第十一航空艦隊指揮下の零戦隊にとって、最も手ごわい敵機は戦闘機ではなく、ポートモレスビーを基地にする米陸軍・第5航空軍のボーイングB-17四発重爆撃機だった。「空の要塞（フライング・フォートレス）」の名に恥じず、九～一一梃の防御機関銃を持ち、充分な防弾装備を取り入れたB-17は、零戦が編隊攻撃をかけてもなかなか撃墜できなかった。

「二〇ミリで落ちないものが、一二・七ミリで落とせるか」と海軍側から言われたとおり、十二飛団の一式戦は苦戦を余儀なくされ、十二月下旬には十一戦隊の九機が二〇〇キロにおよぶ追撃戦を試みたけれども、B-17撃墜は果たせなかった。やはり四発の重爆コンソリデイテッドB-24に対しても、似たような容易ならない状況だった。

十二飛団の一式戦は海軍と連係しつつ、東部ニューギニアへの進攻やラバウル防空、ラバウル～ラエ間の船団掩護、北部ソロモンに進出してのガダルカナル撤退作戦の協力にあたった。この間、おもに対戦した敵戦闘機は、米第5および第13航空軍のカーチスP-40「ウォーホーク」とロッキードP-38「ライトニング」である。格闘戦になれば無論一式戦に分（ぶ）があったが、速度、高空性能、火力については敵が勝り、その一撃離脱戦法に苦戦するケースもしばしばだった。また、敵の補給は日本軍を大きく上まわり、戦力差はじりじりと開いていった。

昭和十八年三月のころには、十二飛団の疲労は目に見えて増していた。大本営陸軍部では、しだいに押され劣勢の度合が進みつつある東部ニューギニアの、戦略的価値を疑問視する声も出ていたが、結論は、現状を維持するべく航空兵力を強化し、米軍のフィリピン指向をはばむ、という方策でまとまった。

三月中旬、第十二飛行団を戦力回復のため内地へ帰し、代わって第十四飛行団をラバウルに進出させる処置が決定される。上部組織の第六飛行師団は、新鋭戦闘機キ六一を装備する十四飛団の到着を待ち望んだ。

新飛行団を満州で編成

陸軍航空の一般的な編制は、上部組織から順に航空軍―飛行師団―飛行団―飛行戦隊とつながる。陸軍は昭和十三年から、飛行機部隊と飛行場部隊をべつべつの独立組織にする空地分離を実施していた。

飛行部隊のみ（飛行戦隊の整備隊をふくむ）で構成される最上級組織は飛行団だ。飛行団は二～三個の戦隊（独立飛行中隊を加える場合もある）を有し、戦争中期までは戦闘機と爆撃機など、異機種の戦隊の組み合わせが多かった。

しかし一方で、戦闘機を集中使用する思想を受け、昭和十二年に初めて戦闘機の戦隊だけで構成される、いわゆる戦闘飛行団ができた。それが、さきに述べた第十二飛行団である。ついで十六年に、二番目の戦闘飛行団として第十三飛行団が作られ、十七年三月三十一日に

ハルビンで飛行第六十八戦隊の九七戦での訓練状況。左から答礼する第一中隊長・浅野眞照大尉、出発する小隊長・中川鎮之助中尉、僚機の大木正一曹長と西川貞雄曹長。

は三番目の第十四飛行団司令部が、満州のハルビンで編成された。

第四飛行師団の隷下に入った第十四飛行団は、飛行団司令部と飛行第六十八戦隊および七十八戦隊からなり、両戦隊も同じく三月末日に編成に着手した新編部隊だった。

陸軍では新しく戦隊を編成する場合、既存の二〜三個戦隊から人員を抽出して基幹員とし、これに学校を卒業したての新人を加えるパターンをとった。十四飛団の両戦隊もこの例にもれない。

六十八戦隊はまず戦隊本部と第一中隊が、朝鮮北部の会寧（かいねい）にいた九戦隊からの人員により、同地で編成を開始。第二中隊は六十四戦隊、第三中隊は十三戦隊などからの人員によってまかなわれ、四月に満州中部のハルビン市内の飛行場に移動ののち、編成を完結した。

同様に七十八戦隊は、ハルビンから車で一時間ほどの孫家（ソンチヤ）（ソンジャンと呼んだ）で編成を進めた。第一中隊が三十三戦隊、第二中隊が一戦隊、第三中隊が二十四戦隊からの人員を基幹にしている。

六十八、七十八両戦隊の装備機には旧式機材の九七戦がとりあえず充(あ)てがわれ、当時満州に戦火はなかったから、連日の訓練に励んだ。まだロッテ戦法は導入されておらず、一対一から三機編隊までの対戦闘機用格闘戦を主体に演練をかさねた。

満州は日本陸軍の宿敵ソ連と長い国境を接しており、警戒を要したが、実際に交戦しているわけではないので、展開中の兵力はいざという場合の〝保険〟だった。予備部隊を多くもてない日本軍が、満州から部隊を引き抜いて戦地へ送りこむのは、しごく当然のなりゆきなのだ。

陸軍中央部では、東部ニューギニア戦線で戦力を消耗しつつある第十二飛行団にかえて、ハルビンの第十四飛行団の投入を決定。昭和十八年一月初め（十七年末ともいわれる）に、十四飛行団に南方進出の内命を伝えた。

九七戦で戦地へ出ても、有効な働きはできない。十四飛団の二個戦隊は機種改変を命じられた。新たな装備機は最新鋭のキ六一。六十八、七十八両戦隊の過酷な運命は、このときに定まった。

機種改変に取りかかる

本来なら二個戦隊を同時に機種改変させる方が効率的だが、まだキ六一の生産はようやく進み始めたところなので数がそろわない。そこで、まず飛行第六十八戦隊から改変に取りかかった。

昭和十七年十二月の上旬、六十八戦隊長・下山登少佐の命令を受けて、空中勤務者と地上勤務者がそれぞれ数名ずつハルビンから内地へ向かった。ともに、機種改変への基盤を築くための先発組である。

空中勤務者すなわち操縦者は、最先任の第一中隊長・浅野眞照大尉をはじめ、各中隊長ら幹部の合計五～六名。機種改変の舞台とされる明野飛行学校で、いち早くキ六一の未修飛行（操縦訓練）を進めるのが目的で、彼らが着いたとき明野にはすでに二～三機が運びこまれていた。

浅野さんの記憶では、このときまだニューギニア進出の話はなく、改変後に満州へ帰る予定だったという。ところが戦隊長を務めた下山さんは、ハルビンで南方進出のための機種改変命令を受け、新装備機がキ六一と知ったのは訓練飛行場に明野を指定されたのちだった、と回想する。このあたりの前後関係は判然としない。

地上勤務者の先発組は、言うまでもなく整備班だ。こちらの目的は、川崎航空機でのキ六一のエンジンと機体の構造の修得にあった。

戦隊の整備力は、中隊ごとに付属する三個の整備班で構成され、その取りまとめ役が戦隊本部付の渡辺章少尉だった。渡辺少尉は階級は将校の最下級でも、現役将校の大半を占める士官候補生からの少尉とは、現場のキャリアがまったく違う少尉候補者の出身である。

略して少候は、軍曹～准尉のなかから選抜されて士官学校／航空士官学校で学び、卒業後に少尉に任官する。昭和八年に兵で入隊ののち、下士官操縦学生に選ばれたけれども赤痢にかかって断念し、所沢の技術学校で本格的な整備教育を受けてから、すでに七～八年がすぎていた。この間の軍曹時代には、巡視に来た下山琢磨(たくま)少将から整備の功績をたたえる直筆の手紙をもらった逸話からも、彼の技倆(ぎりょう)の高さをうかがえよう。

下山戦隊長から川崎航空機行きを命じられた渡辺少尉は、腕の確かな下士官二～三名を連れ、明野経由で岐阜工場にやってきた。工場のすぐ南の飛行場に置いてある無塗装・銀ムクのキ六一は、彼の目にいかにも速そうに映り、さらに飛行中の高速ぶりから「こりゃいい。これなら戦争できるな」との第一印象を得た。しかし、戦隊がまもなく機種改変に入るというのに、飛行場にならんでいるのは数機にすぎない。案内の社員にたずねると、「いま、盛んに組み立てているところです」と言う。

工場内の生産のようすをひと通り見せてもらったあと、川崎の技師によるキ六一とハ四〇エンジンのレクチャーが始まった。整備上、機体そのものについては取りたてて困難な点はない。少尉らの関心はエンジンに集中した。ハ四〇の特徴は既述のようにいくつもあるが、誰でも注目するのは燃料噴射装置と過給機の流体接手(つぎて)だ。気化器不要の噴射装置の原理は知っていても、渡辺少尉にとって実物を目にするのは初めてで、理論どおりにいくならこんないいものはないと感嘆した。

部隊が明野に来たら、川崎の技術者の助けを借りつつ、彼ら先発組が主力の立場で整備班への伝習教育を受けもたねばならない。神経を集中させて学んだ三週間のあいだに、ハ四〇の構造と取り扱いを一応マスターした少尉の感想は、「斬新なエンジンだが、整備は格別困

明野飛行学校に置かれたキ六一。まだ三式一型戦闘機甲の制式名称は付けられていない。ジュラルミン地肌の無塗装がいかにも新鋭戦闘機らしい。

難ではあるまい」というものだった。

だが、この講習で川崎側が用意したのは、ハ四〇のよほどの完品か、それともオリジナルのDB601のどちらかだろう。教材に使うのに故障頻発(ひんぱつ)では、川崎側が恥をかくのはもちろんなうえに、下手をすると六十八戦隊から航空本部へ通知されて、すでに二式一一〇〇馬力発動機として制式採用のハ四〇の生産に、水をさされる恐れがあるからだ。

年内に講習を終えた渡辺少尉らは、翌十八年一月に明野に着いた下山少佐以下の主力第一陣を迎えた。まもなく整備兵もそろって、川崎から派遣の技師とともに伝習教育を開始した少尉に、このさき二年半にもおよぶ辛苦が待っていようとは、予想し得るはずがなかった。

悲喜こもごもの新機材

整備班員が講習を受けているかたわらで、空中勤務者はキ六一の未修飛行を始めた。ところがまだ数が少なく、川崎・岐阜工場でき上がるそばから明野に持ってきては、六十八戦隊の装備機にするありさまだった。量産に入っているとはいえ、改修しながら作っているから増加試作機の延長のようなもので、明野に運ばれてきた機はそれぞれ細部が異なっていた。制式採用前なので三式戦闘機という呼称はなく、もちろん「飛燕」の愛称もないため、隊員たちはキの六一（ろくじゅういち）と呼んだ。

未修飛行は、先遣で来ていた中隊長に続いて、戦隊長、中隊付先任将校の空中指揮官クラスから始まった。中隊付先任将校は航空士官学校（航士と略称）五十三期の出身者（昭和十五年六月卒業）で、ちょうど機種改変前の十月から七十八戦隊の同期生とともに、中隊長へ進むための教育を受ける甲種学生として、この明野に派遣されていた。

六十八戦隊の操縦者の大半は、一式戦を経験していない。軽戦の極致と言われた九七戦から液冷の〝中戦〟キ六一への移行は、二階級特進にも似ていて、当然ながら初めは違和感をともなった。それでも、隊員は将校、下士官とも中堅以上が多く、キ六一でのわずかな地上滑走訓練ののち離着陸にかかった。

故障なく飛び上がったキ六一の性能は、評判がよかった。甲式四型いらい一六年間の戦闘機操縦経験をもつ下山少佐は「九七戦の未修飛行は容易だったが、キ六一は手軽に乗れる印象からは遠い。どっしりした飛行機で、空中操作そのものはどちらかと言えばやさしい」と実感し、中隊付将校では最も若年である航士五十五期卒業の大貫（おおぬき）明伸少尉は「突っこみがよく、降下時の加速はすばらしい」と高く評価した。

甲種学生を命じられ、六十八戦隊からひと足さきに明野に来ていた中川鎮之助中尉は、午前中は甲学として二式戦に乗り、午後は六十八戦隊員にもどってキ六一の未修飛行をこなす忙しさだった。中川中尉はキ六一に対し「二単（二式戦）にくらべて振動が少なく、補助翼も軽い。機体は非常に頑丈で、突っこんでもびくともしない」との感想を抱いている。

事実、キ六一の制限速度の大きさは、日本戦闘機のなかでは群を抜き、フラッター事故を解決したのちは降下制限速度が八五〇キロ／時に達した。零戦の五二型までの制限速度は三六〇ノット（約六七〇キロ／時）、外板を厚くした五二甲型でも四〇〇ノット（約七四〇キロ／時）で、キ六一よりなお一〇〇キロ／時以上も低い。

制限速度が大きければ一撃離脱には有利だし、敵機に追われても振り切れる。どんなに激しい降下を続けても空中分解せず、これで米戦闘機の追撃から逃れて、命を救われた操縦者は少なくない。

「いい飛行機だが、故障が多い」。先任中隊長・浅野大尉の簡潔な結論どおり、キ六一の未修飛行で六十八戦隊が手こずったのは、やはりエンジンだった。明野に届いた機材のエンジンカバーには封印がしてあったから、整備兵が気軽に中を見るわけにはいかない。「エンジンは実動一〇〇時間以内は故障が起きないから大丈夫」との川崎側の説明を聞いた下山戦隊長は、「一〇〇時間も連続使用できるなら大したものだが……」と感心しながらも、半信半疑だった。

実際に飛行訓練を始めると、たちまち故障が頻発した。

燃料噴射装置に燃料を送りこむポンプのピストン弁（シリンダー・タイプの燃料圧力調整弁。戦隊の整備班では調圧筒と呼んだ）の作動不良による噴射不能、過給機の扇車（インペラ）を回す片持式（かたもち）の軸（一万回転軸。クランク軸の一〇倍の回転数）の故障と折損、冷却水と潤滑油の漏れ、飛行中のベイパーロック、その他エンジン内部のトラブルなどが続出して、操縦者と整備兵を悩ませた。

冷却水漏出の頻度（ひんど）は、飛行高度が上がるにつれて高まった。外気が希薄になると、内圧の増大と同じ状態を招くからだ。

滑走中に筒温が上がり、機首から蒸気を噴くたびにスイッチを切る。燃料系統の移送管が細く、エンジンの下方を通っているので暖まって、管内に気泡を生じて送油が止まるベイパーロックが起きたといわれ、空中でエンジンストップを起こす場合がしばしばあった。

新型量産機の部隊配備のおりには、メーカーからの技術者派遣がつねである。滑油冷却器の冷えすぎに妙案を出した西門啓技手が、この役を仰せつかって岐阜工場から明野に来た。整備班に修理、調整の技術を指導しながら、彼が故障多発部分と感じたのは油圧系統と、噴射装置の燃料ポンプに付いたピストン弁だった。

噴射装置そのものは三菱製だが、燃料ポンプは川崎が作ったボッシュ社製品のコピーが使われていた。そのピストン弁がひどいときには焼き付き状態になり、作動不能にいたるのだ。対策としては、空輸されてきた機のこの部分をすぐ手入れし、あとはこまめに研磨剤のアンモールでこするしかない。飛行中に作動不良が生じれば、噴射装置へ燃料が送られず、エンジンは止まる。

対応困難なこの問題に、三菱製の三型燃料ポンプの完成が、根本的な解決をもたらした。三菱製品は六十八戦隊へのキ六一配備が終わるころから導入され、続いて機種改変に入った七十八戦隊の機では、燃料ポンプの悩みは消え去った。

明野に到着するキ六一は少しずつ増えても、確実に飛べる機が少なくては訓練ははかどらない。十八年三月十二日付で、六十八戦隊のソロモン、ニューギニア方面への進出は三月末、七十八戦隊は六月と定められたけれども、三月中旬に入っても未修飛行をこなすのが精いっぱいで、とても戦闘訓練まで手がまわらなかった。

このように記すと、川崎、とくにエンジン部門の明石工場の技術力がよほどひどく感じられるが、決してそうではなかった。最大の要因は、制式採用前の戦闘機に早急な戦力化を望んだ、軍中央部のあせりにある。

DB601Aがドイツでは実績充分の大量産エンジン（しかもすでに旧式化していた。後述）であっても、工業力の基盤に大差のある日本で、いくつもの未知の機構をこなしてライセンス生産するについては、新エンジンの開発に等しいほどの努力と時間が必要だ。したがって、国産版ハ四〇量産第一号の完成から一年半たらずのこの時期は、〝試作品の実用実験〟の段階と言っていい。機体についても、小改修を続けながらの初期量産機だから、各部に不具合を生じてもなんら不思議はない。

整備の少尉だった渡辺さんは「当初はハ四〇には致命的な故障部分が五つぐらいあった。

この時期には故障が出て当然」と語る。修理そのものは技術者の指示も受けられるから、非常に困難というほどではなく、直せば飛行可能だが、すぐにまた故障が出る。トラブルの頻度が高い部分を指摘すると、川崎側も承知していて「いま改良中です」とあっさり答えた。

エンジンでも機体でも、あるていど量産してからでないと本調子は出てこない。高可動率を誇った一式戦のハ二五および零戦の「栄」一二型（基本的に同一エンジン）でも、初期段階は故障続きだった。ましてハ四〇においてをや。

整備班が大変なのは当然だ。これまでの装備機・九七戦の「油さえ入れれば飛ぶ」ハ一乙空冷九気筒とは、まったく対照的なハ四〇を習得せねばならない。部隊経験四年以上のベテランや中堅整備兵なら、九五戦のハ九－Ⅱ甲で液冷の構造を叩きこまれてはいても、精緻なメカニズムを覚えきるにはかなりの時間がかかる。それゆえ、人数の過半を占める経験三年以下の者にとって、整備学校でざっと習った程度の液冷エンジンの知識では、一から覚えなおすに等しい努力を要した。試行錯誤で故障を直そうとすれば、数倍の時間

腕ききの整備将校・渡辺章少尉と果敢な性格で実戦派の二中隊長・竹内正吾大尉。

と手間が要り、わずかなトラブルでも実際以上に重く感じられる。

整備のエキスパートがそろった飛行実験部／航空審査部にすら、川崎の技師が張り付いていた。多数機を抱える実戦部隊では、操縦者の未修用機を準備しつつ、限られた日時のうちに大勢の整備班員に教えこんでいくのだから、困難さは並大抵ではない。しかも、六十八戦隊に与えられた時間は、たった二ヵ月あまりなのだ。最終的なしわよせを一手に受けるわけである。

制式採用前の戦闘機を戦場へ送った例としては、陸軍ではキ四四（二式戦）、海軍では十二試艦戦（零戦）がある。だが、どちらの場合もあくまで実用実験を目的にしており、機数も前者は九機、後者は一五機にすぎない。整備にしても、練達の人員を少数つければまかなえる。これに対しキ六一は、一個戦隊・約五〇機をそろえて、当時最大の激戦地、はるかなたのソロモン方面へ投入しようというのだ。

六十八戦隊の明野での未修飛行には、試作機を飛ばすのと同じ意味の、危険加俸が付いていた。こんな環境のもとで訓練を進めねばならない隊員たちが、平静な心境でいられるはずはない。

陳情みのらず

故障が多いキ六一の未修訓練を指揮しながら、川崎の工場へ出向いて改善の交渉をかさねた下山戦隊長は、「どうして、こんな飛行機を南方へ持っていくのか」と困惑した。

出発が近づいた昭和十八年（一九四三年）三月二十日、参謀総長・杉山元（はじめ）大将が明野に来校し、じきじきに出陣激励の辞を述べた。わずか一個戦隊の門出にとって、異例の扱いである。杉山参謀総長は「南方決戦号キ六一での戦果を期待する」と述べたが、期待されるほど下山中佐（三月一日進級）は新機材に危惧を感じた。

参謀総長は勇ましい言葉をふりまいて帰っていった。出発まで残すは一〇日あまり。川崎側の努力が続いて、明野に運びこまれるキ六一はわずかずつながらトラブルが出にくくなり、四〇機ほど集まったこの時点で、たとえば過給機の回転軸の折損がなくなるなど、改善ぶりがめだってきた。整備班も八四〇になれ始め、故障への対応をなんとか取りうるところまできた。

しかし、最前線へ持っていくにはまだまだ不安材料が多い。機材の欠陥、整備兵の技倆未熟をすべて出しつくし、「これなら」と言える段階にいたるまで錬成したい、と考えた渡辺少尉は戦隊長に訴える。

「故障続きの今のままでは、キの六一はまだ使いものになりません。あと二〜三ヵ月待ってもらえれば、戦争の役に立ちます」

猪突猛進で戦地へ向かっても、戦闘に使えなければ意味はない。残された策は、航空本部とかけ合っ

飛行第六十八戦隊長・下山登中佐はキ六一装備に苦慮した。

て少しでも実情を分かってもらい、事態の好転をはかる手だ。

「それでは、出動を延期してもらうよう頼みに行こう」

下山中佐は複座機の後席に少尉を乗せると、操縦桿を握って立川へ飛んだ。立川から車で市ケ谷の航空本部へ。作戦面をのぞく陸軍航空の諸業務の大半を統轄する、航空本部（スタッフは教育総監部を兼任）における陳情先は、総務部長の河辺虎四郎少将。

部長室に入った二人が来意を述べようとするのを、河辺少将の声がさえぎった。

「なにしに来たっ⁉」

彼は立場上、キ六一の明野でのようすを聞いていて当然だ。下山中佐らに怒声を浴びせたのも、来訪の内容が分かっていたからに違いない。だが、肩書は航空本部の部長でも、砲兵出身者が飛行機の微妙さを真に理解するのは無理と言っていい。

陸士で一三期も先輩のいきなりの言葉に、中佐は口ごもった。操縦者の彼にとって、整備状況をうまく説明しにくい気遅れもあったのだろう。いかに将官でもぶしつけに過ぎる、とムッとした渡辺少尉が、代わって説明した。

「出発が迫っておりますが、実はこの飛行機（キ六一）はこのままでは使用が困難であります。良好な状態になるまでもう三月（みつき）ほどかかりますから、それまで延期していただけませんでしょうか」

「ああ、だめだっ！　馬鹿なことを言うな！　お前たちはそれで行くんだ。〔輸送用の〕空母も護衛の艦も、もう海軍に頼んで編成してあるのに、いまさらそんなことができるか！」

機材の現状説明なら、航空本部付の整備将校が出てきても論破する自信があった少尉も、これでは話のしようがない。下山中佐は抗弁せずに部長室を出ると、彼に言った。

「いいよ渡辺、死にゃあいいんだから」

とはいえ、三百数十名の空地両勤務者の命を預かる戦隊長としては、なんとか打開策を、と思ったのだろう。こんどは単身で、担当課長に面会を求めた。中佐が「こんな飛行機を持っていけと言うのなら、辞任したいくらいだ」と語ると、「そんな不服を言うのは日本軍人ではない」と答え、あげくの果てに、こう決めつけた。

「これは命令だ。軍人精神が足りないから、動かないのだ。地上では三八式（歩兵銃）で戦闘しているぞ」

科学技術の粋を集めた航空兵器を扱う航空本部がこのありさまでは、なす術はない。消耗あいつぐ激烈な対米航空戦を理解せず、安全な内地で事務机に座って用を足すだけの者の、暴言である。

これ以上の問答は無駄と考えた中佐は「それならば、予備エンジンを一〇台と、川崎の技師を二～三名でいいから軍属として付けてもらいたい」と交渉した。予備エンジンについては「ないから出せない。すぐ後送する」と言われたが、技術者の同行は許可された。また、一二・七ミリ機関砲用のマ弾（炸裂榴弾マ一〇三）の携行を頼むと、「送ってあるはず」という返事である。

だが、この「……のはず」とか「……する予定」というのが怪しい。下山中佐は航空本部を出ると、陸軍将校の集会所である偕行社へ向かい、第十二飛行団の飛行第一戦隊長としてラバウルへ行っていた、武田金四郎中佐に会った。南東方面の事情をよく知っている武田中佐は、下山中佐からマ弾の件を聞くと忠告してくれた。

「ぜひ持っていけ。航空本部が『送ってある』と言っても、向こうにはないからな」

しかし結局、下山戦隊長はマ弾を持たないままの出発を余儀なくされるのだ。そして、航空本部の「発送ずみ」の連絡とは裏腹に、マ弾も予備エンジン一〇台もラバウルに届きはしなかった。

中継地トラック諸島で

明野での飛行第六十八戦隊は、出発予定の三月末までになんとか操縦者全員の未修飛行訓練を終えたものの、時間不足で部隊としての戦闘訓練はわずか一〜二回経験しただけだった。四機編隊のロッテ戦法は、甲種学生で明野に来ていた者が、のち第十四飛行団長に任じられる寺西多美弥（たみや）中佐の提唱によって教育を受けたが、戦隊としては真似（まね）ごと程度で終わらざるを得なかった。

キ六一での夜間飛行はもちろん、ラバウルまで行くのに必須の洋上航法も試せない。長距離飛行の訓練だけは実施するつもりだったのに、二〇〇リットルの落下タンク二型（開戦後しばらくは機種ごとに専用落下タンクが用意されていたが、このころにはどの機にも使える、俗に言う統一型タンクに変わっていた）が懸吊架に合わず、改修しているうちに時間切れを

明野飛行場に濃緑の迷彩処置を終えた六十八戦隊のキ六一がならぶ。主翼下に吊った容量200リットルの統一型落下タンクは明灰緑色に塗ってある。

迎えたのだ。射撃訓練すら一度もなされないまま、あわただしく出発準備を進めた。

幹部操縦者の配置は三月二十日ごろに定まった。

それまで戦隊本部の操縦者は下山中佐だけで、必要に応じて各中隊から戦隊長編隊の僚機を出すかたちだった。本部小隊のメンバーが固定していないと、空中指揮に不都合を生じる場合がある。そこで下山中佐は、自分につぐ先任将校、第一中隊長の浅野大尉を戦隊本部付に指名した。

大尉にとって一中隊は九戦隊以来の古巣でもあり、中隊長を続けたかったが、「ほかに人がいない」と中佐に頼まれては、引き受けないわけにはいかない。一ヵ月後に四十歳を迎える、戦闘機部隊の戦隊長としては〝最高齢者〟に属する中佐を疲労させないために、いつでも空中指揮をとる覚悟を決めたのだった。

同時に、一中隊員の西川貞雄曹長と、明野の助教から補充で六十八戦隊に転属したばかりの稲見靖軍曹が本部付に選ばれ、戦隊本部小隊の編組ができ上がった。

稲見軍曹は水戸飛行学校付のとき、ハ九－Ⅱ装備の九八式軽爆になんども乗って液冷機になれており、キ六一を「エンジンの故障さえなければ、操縦がたやすく、自在に動かせるいい飛行機」と感じた。

後任の一中隊長は、二式戦装備の独立飛行第四十七中隊から転属の小山茂大尉。二中隊長と三中隊長はこれまでどおり、竹内正吾大尉と伊豆田雄士大尉である。

前に六十四戦隊付だった竹内大尉は、杉山大将が明野に激励に訪れたおりの宴会で「飛行第六十四戦隊歌」を高らかに歌い、随伴の参謀がキ六一の高性能を過度に口にするのを聞いて、「なにを言っていますか！　計算どおりに作戦はできません」と大将に向かって反論するほどの、勇ましい性格をもっていた。

伊豆田大尉はこのころに、父親に宛てて遺書を書いた。骨は残らないだろう（空戦戦死の意）、もし武勲を得て戦死しても誇示はしないでほしい、恩給は国防献金と難病の病院への寄付に使ってほしい、といった諸点を、簡潔にしたためてあった。これが本物の遺書に変わるまで、あと半年の時間しか残されていなかった。

機材は三月末には、やっと予備機を含めて定数の四五機ほどがそろった。まず全機が横須賀軍港に近い海軍の横須賀航空基地へ飛び、人員、機材とも空母「大鷹」（旧称「春日丸」）に乗せられて、四月四日に横須賀を出港、十日にトラック諸島の泊地に到着した。

川崎の技術者で軍属の身分で同行したのは、機体の岐阜工場から西門技手、坂井富司伍長（軍の階級ではなく、会社の職名）ほか一名、エンジンの明石工場からは清水忠臣技手ほか二名の合わせて六名。リーダーの西門、清水両技手は高等官待遇、すなわち将校と同等にみなされ、年齢や会社での給与額から西門技手は中尉、清水技手は大尉なみの扱いを受けるとの通知だった。

六十八戦隊は十三日までに同諸島の春島海軍基地に展開し、海軍の支援を受けて整備と試験飛行を始めた。川崎の技術陣を先頭に整備に努めたものの、故障は少なからず起き、試験飛行と技倆の低下を防ぐ慣熟飛行をこなすのが限度だった。

たとえば、第一中隊の大貫明伸中尉の搭乗機は、着陸に向けて降下中に突然フラップが閉じ、揚力を失って急速に落下。接地時の衝撃でエンジンがちぎれ飛んだが、幸い軽傷ですんだ。新機材に事故と故障は付きものとはいえ、キ六一に対する不信感は募っていった。

静かな信念を有するタイプの三中隊長・伊豆田雄士大尉。

四月十五日ごろ下山戦隊長は、海軍の二式飛行艇に便乗してラバウルへ出向き、ソロモン、東部ニューギニア方面の陸軍航空部隊の、最高指揮組織である第六飛行師団司令部に現状を報告。海軍にも事故発生時の処置を依頼して、その日のうちにトラックにもどった。

長距離洋上飛行には、羅針盤（羅針儀）の精度がものを言う。三個中隊整備班のトップに立つ本部付の渡辺少尉は「こんどは長く飛ぶんだから」と、明野を出るときにもやってきた磁差修正を、あらため

トラック泊地に入港後に「大鷹」の飛行甲板上で、六十八戦隊の将校操縦者と空母乗組員が記念撮影。前列左から2人目・橋本菊雄中尉、右端・大貫明伸中尉。後列左から2人目・山内雅弘中尉、右へ中川鎮之助中尉、1人おいて島勉中尉。後ろのキ六一には戦隊の特徴である荒い濃緑迷彩が塗ってある。

て海軍側に頼む考えだった。この作業に関しては、洋上飛行が原則の海軍航空が一枚も二枚も上手(うわて)だからだ。海軍側は依頼をこころよく引き受けてくれ、終了後に少尉がチェックしたときはすべて正しく仕上がっていた。

空中部隊の出発が近づくと、これをラバウルで待ち受けるべく、一部の地上勤務者がとりあえず必要な機器材をたずさえ、潜水艦に乗って先発。ついで大半の人員が乗船してトラックを離れ、在島の整備兵は渡辺少尉以下の最小限の人数を残すのみ。

戦地進出を目前にひかえ、前途の不運を暗示するような事故が起きた。島(しま)勉中尉機が着陸したところに、続いて降りてきたキ六一がぶつかったのだ。島機は燃え上がり、中尉は重い火傷(やけど)を負って、回復できないまま五月三日に絶命する。

出発を予定していた四月二十三日は天候不良で中止。翌二十四日もラバウル方面の天候は思わしくなかったが、キ六一の一日も早い戦闘参加をせっつく第六飛行師団司令部の意向にそって、発進を決めた。誘導役は六飛師から派遣された独立飛行第七十六中隊の百式二型司令部偵察機。編組に入った操縦者たちは、救命胴衣(カポック)を着用して不時着水に備えた。

春島の滑走路は狭く、単機ずつしか離陸できない。まず戦隊本部小隊、ついで一〜三中隊の順で発進が続いたけれども、集団での出動訓練を一度もできなかった事態がたたって、離陸の間隔はひどく不ぞろいだった。さらに、浮いた機のなかにエンジン不調機が出て引き返し、その着陸のために後続機の離陸がいっそう乱れた。

なんとか各中隊が離陸を終え、上空で集合して南へ針路をとるまでに一時間もかかるありさま。燃料不足を懸念しつつしばらく飛んだけれども、下山戦隊長機にも不具合を生じたため、この日は進出を断念せねばならなかった。

進出中止が決まって旋回を始めたとき、一中隊の第二編隊長・大木正一曹長機は、エンジン故障のためか次第に高度を下げ、洋上に不時着水。中川中尉は曹長が機から出て日の丸の旗を振っているのを見た。しかし、トラックから三〇〇キロ近くも離れているため、迅速な救助は不可能で、九九双軽による捜索もむなしく、行方不明のまま消息を絶った。六十八戦隊にとって初の戦没者である。

出遅れた誘導機

翌二十五日は機材の再整備や大木曹長の捜索に費(ついや)し、操縦者は空母「瑞鶴」飛行隊長の納(のう)

富健次郎海軍大尉から、対米航空戦の状況と戦訓を聞かせてもらった。「瑞鶴」の飛行機隊は「い」号作戦（母艦機を陸上に移しての航空決戦）で、ラバウルを基地にソロモンと東部ニューギニアで戦って、トラックに引き揚げてきたばかりだった。

一般に流布されている、この日が一回目のトラック発進との説は誤りだ。二十六日、出発が予定されていたが、ラバウルに不連続線が張っていて取り止めに決まった。

ようやく四月二十七日、二回目のラバウル進出飛行が実施された。整備を終えた可動機は、日付と同じ二七機。空中集合にひどく手間どった前回の教訓から、これを二組に分け、まず戦隊本部の四機と第一中隊の八機が先発し、一時間後に第二および第三中隊の合計一五機が続く方法をとった。

出発にあたり不安要素とされたのは、落下タンクの数の不足である。このため、戦隊長や中隊長、中隊付先任将校用の機には二個ずつ付けたが、大方は一個ずつ装着できただけだった。

機内燃料の五五五リットル（このときの六十八戦隊機は、胴体内増加タンクを装備していなかったようだ）と二〇〇リットル落下タンク一本で、カタログ上は二〇〇〇キロほど飛べる計算がなされているが、実際には一八〇〇キロがいいところだろう。これに、編隊を組んだり着陸待ちをする空中待機が加わるから、正味の飛行距離は一五〇〇～一六〇〇キロ程度に落ちる。これに対して、トラックからラバウルまでは一三〇〇キロ弱なので、ちょっと針路を誤れば燃料の余裕はほとんどない。

南方の前線で駐機状態の百式二型司令部偵察機。いくつかの理由から、ラバウル東(ラクナイ)飛行場での独立飛行第七十六中隊機らしく思われる。

不運は重なる。二十四日のときと同様に、今回も百式司偵が誘導する手はずだったが、先発隊はその恩恵にあずかれなかった。

百偵について、同機の存在をはっきり覚えていない下山中佐はともかく、「故障かなにかで、われわれの発進時にはいなかった」と本部付の大尉・浅野さんは回想し、「司偵は一回目のときは誘導したが、今回は事故のため出遅れたので、待ちきれずに発進しました」と一中隊付の中尉・中川さんが述べる。二人の記憶は、百偵が先導できなかった事実を明確に示している。

一方、百偵側の報告では、不時着機を確認しているうちに戦闘機隊との連絡を失った、とされている。

整備の責任者として残留した渡辺少尉が、百偵のようすをつぶさに見ていた。離陸したキ六一がトラック諸島の上空で編隊を組み終わり、南へ飛び始めたとき、まだ百偵は地上にあった。エンジンは片方だけが爆音を響かせていたが、もう一基は始動器の力で回っているだけで発動しない。「早く上がらないと〔戦隊は〕行ってしまう」。少尉の苛立ちが一〇分ほども続いたころ、やっとエンジンがかかり、離陸に移る。キ六一の編隊はとうに視界から消えていた。

空中会合が失敗に終わった第一原因は、百偵のエンジン故障にあった。大幅に出遅れてキ六一に追いつけず、「事故機の調査」と称してお茶をにごしたのだろう。キ六一編隊も慎重を期すならもどって降着するところだが、一刻も早い到着を待ちわびる第六飛行師団司令部、三日前のUターン、一度降りたらまた再整備が必要、真南への直進だから航法自体は比較的簡単、といった各種の要素がからまって、下山戦隊長は独力での航進を決意したのではなかろうか。

いずれにせよ、いかにも連係不足の感は否めない。百偵は離陸後に無線連絡を試みただろうが、あいにく戦隊長以下ほとんどの機の無線機は不調で、送受信ともにできなかった。司偵さえ同行していれば、不幸は避けられたのだが。

悲劇の洋上飛行

その四月二十七日、春島からの発進は午前九時ごろだ。二十四日と同様に単機ずつ離陸し、最後に下山中佐機が上がった。彼の乗機は前回とは異なっていた。こんどは集合にさほどの時間はかからず、四機の本部編隊を先頭に一中隊が後続した。中隊長の小山大尉は体調を崩して出られないため、次席の中川中尉が中隊八機のリード役だった。

しばらく飛行するうちに、中尉の脳裏に疑問が湧いてきた。二十四日に飛んだときと、島の見えぐあいが違っているのだ。羅針盤を見ると、針路は一四五度を指している。ラバウルはトラックのほぼ真南にあり、春島から一七五度で飛ぶ予定だった。それなのに、このままでは南部ソロモンへ行ってしまう。途中で針路を変更する話は聞いていない。

「戦隊長機の羅針盤が狂っているのだろうか。それなら本部付の浅野大尉が気づくはずだが」。中川中尉は不審に思いつつ、戦隊長編隊についていった。

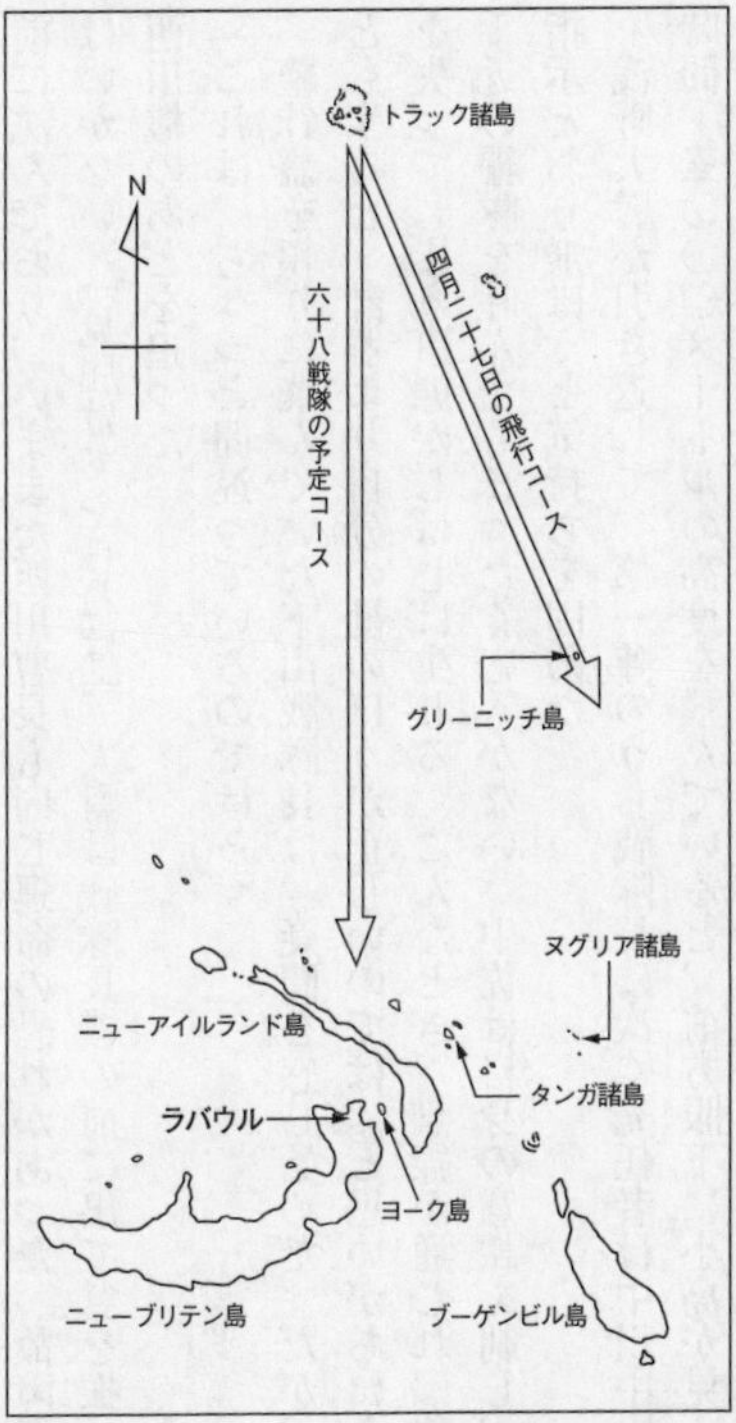

浅野大尉もすでにコースのずれを知っていた。しかし無線機がまったくだめで、戦隊長に教えようがない。南進を始めてから二十数分、左後方を飛ぶ僚機の西川曹長機が翼を振った。曹長は手でエンジン故障を示している。大尉がうなずくと、トラックの方向へ旋回した。九戦隊以来の部下だった大木曹長が三日

前に沈んでおり、いままた西川曹長も同じ運命の恐れがあった。故障機を単機で帰すわけにはいかない。「見届けてやらねば」。大尉は戦隊長機の前に出て翼を振って離脱を知らせると、西川機のあとを追った。

「これは、ちょっと間違っているのでは？」

羅針盤を頼りに飛んでいた下山戦隊長は、疑問を感じ始めた。だが、単調な計器飛行ではともすると、計器より自分の勘のほうが正しいのでは、と思いがちになり、その結果、機位を失ってしまう事態がしばしば生じる。こんなとき、無線が通じれば他機に確認させうるが、手近の編隊を呼んでもまったく応答がない。中佐は自身の意識を制し、いましばらく計器の指示どおり飛ぼうと気持ちを固めた。

浅野大尉が引き返して、第一陣のうち戦隊長に次ぐ先任者は中川中尉である。離陸から二時間、三〇〇〇メートルの高度を飛んでいると、前方眼下に小島が見えてきた。中尉はこれを、赤道のわずか北にあるグリーニッチ島と判断した。「やはり間違っている」。正しいコースからすでに三〇〇キロほど東方へずれている。このまま直進すれば、南部ソロモンのガダルカナル島まで行ってしまう。ここで変針するのか、と思ったが、戦隊長機はコースを変えない。

もはや、戦隊長機の羅針盤に誤差があるのは明白と思われた。だが、中川機も無線が故障しており、直接知らせる手段がない。そこで速度を上げて戦隊長機の前に出ると、主翼を振ったのち接近、また離れる機動をくり返した。

グリーニッチ島をすぎたころ、一中隊付の小川登中尉機のエンジンが息をつき始め、高度が下がっていく。僚機の白山銀蔵曹長があとを追った。やがて小川中尉は日の丸を染め付けたハンカチを取り出し、白山曹長に向かって振った。訣別の挨拶である。大木曹長が行方不明で還らなかったとき、小川中尉は隊員に「海に落ちたら助かりっこないから、一気に突っこめ」と話していた。自らこれを実践し、白山曹長の眼前で彼は海面にまっすぐ突入、自爆した。

ついで吉田晃軍曹の機も故障のため降下し、突入。池田秀夫曹長機が同行して、最期を確認した。

すでに出発後三時間半を経過しているのに、ラバウルの手前のニューアイルランド島が見えてこない。計器の狂いを確信し始めた下山中佐は、機首をやや右へ振って針路を一八〇度に変える。しかし、この程度の変針ではとうてい目的地に行き着けない。中川中尉はやむなく、翼を振ってじりじりと右へ旋回。二四〇度を指した彼の羅針盤はさらに二五〇度へと変わる。一中隊はいったん本部編隊と分離した。まもなく戦隊長機も同方向に変針したのを見て、自分の意志が伝わったか、と中尉はふたたび下山機の後ろにもどり、針路二七〇度の西向きでなお一時間ほど飛んだとき、ラバウルの東北東二五〇キロにある珊瑚環礁のヌグリア諸島が見えてきた。

下山中佐は針路を誤った事態をはっきりと知った。だが、羅針盤がどのように狂っているかが分からない。もう一度無線を使ってみたが、やはり応答はない。

戦隊長の僚機で右後方を飛ぶ稲見軍曹は、羅針盤には特に注意を払わず、ひたすら追随していると、エンジン音がおかしくなった。故障ではなく、燃料がつきかけたのだ。「いよいよだな」と思っているうちに、プロペラが止まったので、右手(西方向)前方に見えるタンガ諸島を不時着場に決め、翼を振りつつ降下していった。島までは届かず、海岸の数百メートル手前に着水。フカよけに落下傘を長く伸ばして浮いているうちに、原住民がカヌーで助けにきてくれた。

「このまま行けば燃料切れで全機が海没する。操縦者を失ってはならない」

こう判断した中佐は率先躬行の不時着を決意、旋回してヌグリア諸島へ向け降下し、珊瑚礁を削りつつ波打ちぎわに胴体着陸した。部下に不時着をためらわせない、指揮官として正当な処置である。

落下タンク一本の各機は、燃料の残量がわずかにまで減っていた。中川編隊の山崎民作曹長は戦隊長のあとを追い、同じ島に不時着。中川中尉は大きく二度の旋回をしながら他機が集まるのを待ったのに、まったく機影が見えない。戦隊長機、山崎軍曹機の不時着と、降着し手を振る中佐を確認してから、意を決して単機ラバウルへ向かった。

機位を知った他の各機は、少しでもラバウルに近づこうと燃料のかぎり飛んで不時着した。吉田軍曹機の突入を確認ののち追及した池田曹長は、ラバウル湾口に着水。三機がニューブリテン島までたどり着いたが、寺脇弘伍長は海岸に胴着、白山曹長は草原に降りて転倒し、黒岩朝彦曹長は飛行場の手前まで来たけれども、力つきて不時着した。

駆逐艦に便乗して先着した川崎の西門技手は、清水技手といっしょに、「山の上の飛行場」と呼ばれたラバウル西飛行場で、六十八戦隊機が姿を現わすのを待っていた。予定時刻がとうにすぎてから、ようやく聞きなれた爆音が鼓膜を震わせる。

だが、やがて降りてきたのは先発隊ではなく、一時間もあとに春島を発ったはずの後発の第二、第三中隊だった。一五機の後発隊は一四機に減っていた。未着の一機は北岡誠志曹長で、飛行中に故障が出たものか、トラック南方の海中に落ちて沈んでいった。

それからややたった午後二時、中川中尉機が滑走路にすべりこんだ。機から降りた中尉は指揮所に来て、第六飛行師団長・板花義一中将に報告した。

「戦隊長以下二名、ヌグリア諸島に不時着しております。確認してただいま到着しました。その他の機も不時着したものと思われます」

指揮所の中には第十二飛行団長・岡本修一大佐や、三式戦の審査を終えて十二飛団部員に転じた荒蒔義次少佐らもいた。本来なら誉められてしかるべき中尉に対し、岡本大佐が「戦隊長といっしょに沈んでこい！」と怒鳴ったのを、荒蒔少佐は覚えている。戦わずしての大きな損失が、よほど腹に据えかねたのだろう。結局、先発隊一二機のうちラバウル西飛行場に無事に着陸できたのは、中川中尉機ただ一機だった。

合計二七機出て到着したのが一五機でしかなく、操縦者三名と機材一〇機を失って、キ六一の門出は悲惨を呈した。陸軍中央部は面目の失墜を嘆いたが、六十八戦隊は運に見放されていた、としか言いようがない。

戦隊長機の羅針盤の誤差、無線機の故障、司偵の出おくれと会合失敗の、どれか一つがなければ、悲劇は避けられたはずだ。また、全機に落下タンクを二個付けられれば、七機は助かり、先発隊の損失は二機だけですんでいた。戦隊、とりわけ操縦者たちにとっては不可抗力の事態だったのである。

キ六一の作戦が始まった

下山中佐ら不時着した操縦者は、海軍の敷設艇に迎えられて翌日ラバウルに到着。トラック諸島から船で出た約三〇〇名の地上勤務者も、四月二十六日にラバウルに上陸していた。機材のほとんどを喪失した第一中隊は、第二、第三中隊から数機をまわしてもらい、ほかにトラックに残っていた不調機六機ほどが整備を終え、五月上旬、十四戦隊の九七式重爆撃機に先導されて到着、戦力に加わった。

前述のように、六十八戦隊は七十八戦隊とともに第十四飛行団を構成したが、飛行団司令部はまだ到着しておらず、とりあえず第十二飛行団司令部の指揮下に入った。

ラバウル基地は海軍第十一航空艦隊の管轄下にあり、十二飛団は海軍の要請で展開したとはいえ、間借り人的な立場なので、キ六一の訓練飛行などについても、いちいち断わらねばならない。主人格の一式陸上攻撃機のあと回しにされる場合もしばしばだった。

ただし、燃料は十二飛団の陸軍用を使った。余談だが、中川中尉は零戦の上昇力のよさを見て「同じエンジンなのに、一式戦よりよく上がる」と驚いた。機体設計だけでこれだけの

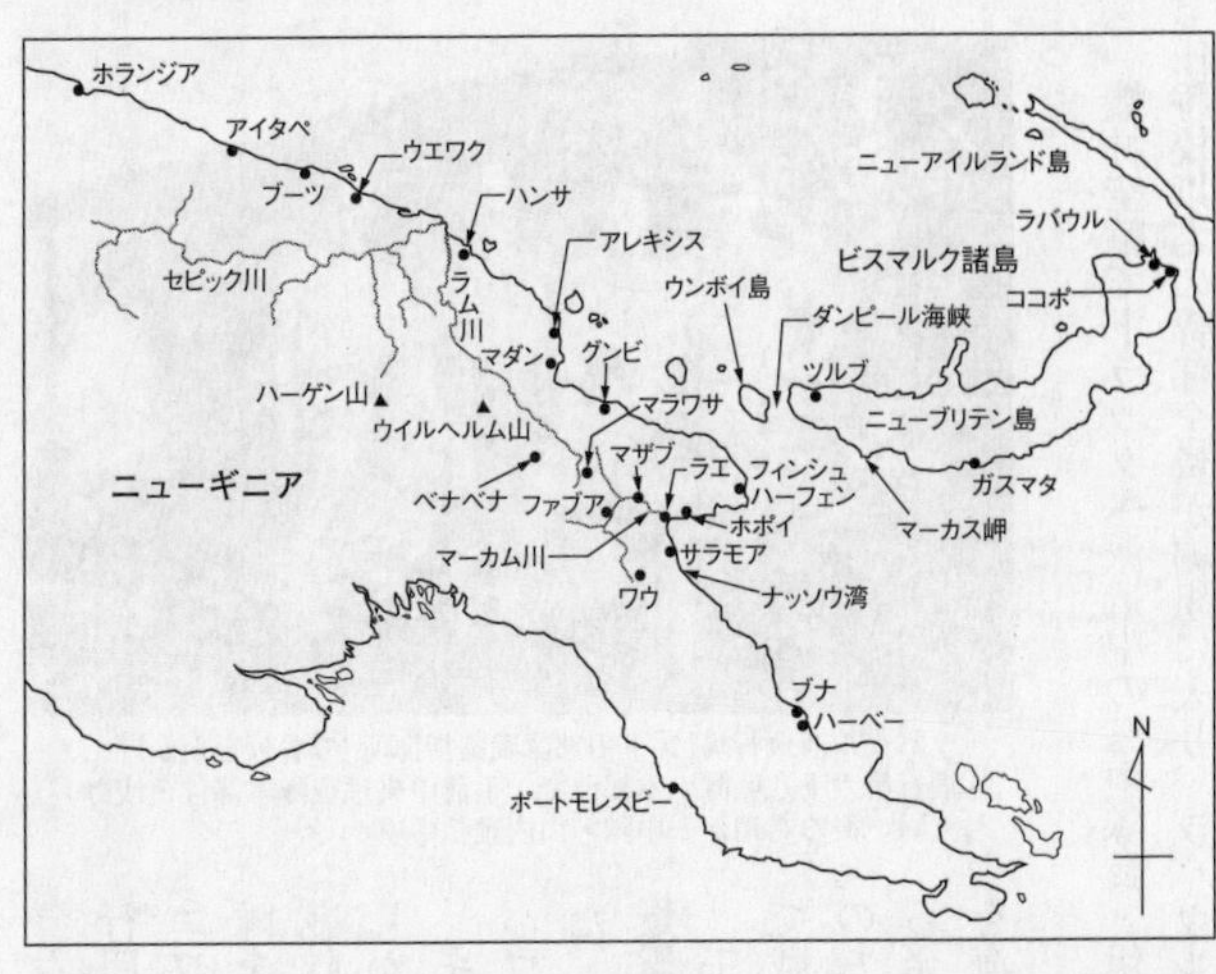

差はつかないはずだと訝り、理由を知って納得した。陸軍が八七オクタン燃料を主用したのに対し、精製装置に長じる海軍は九一～九二オクタンを常用していたのだ。そして海軍は、その精製法を陸軍に教えようとはしなかった。

ガダルカナル島を手中に収めた米軍は、ソロモン諸島および東部ニューギニア全域の制圧に出た。ガダルカナルからの中部ソロモン上陸準備と、ニューギニアのワウからのラエ、サラモア指向である。

これに対し日本軍は、四月から五月にかけて、中部および北部ソロモンと、ニューギニアのウエワクおよびマダンに地上兵力を送りこむ。航空戦での主力の地域分担は、東部ニューギニア方面が陸軍の第六飛行師団、ソロモン方面が海軍十一航艦の第二十五、第二十六航空戦隊だった。

ラバウル西飛行場に「下山部隊戦闘指揮所」の看板をかかげた、飛行第六十八戦隊の本部前で。手前中央は戦隊本部付・浅野大尉。後ろ右端が一中隊・山内雅弘中尉。

六飛師の戦闘機戦力（可動機数）は、第十二飛行団の一式戦二個戦隊を主力に、スマトラからウエワク西方のブーツに進出した一式戦の二十四戦隊を加え、約八〇機。うち二〇機たらずが六十八戦隊のキ六一である。戦隊には一個中隊半の戦力しかなかった。

キ六一にとって記念すべき初出撃の機会は、ラバウル進出から一九日目の五月十五日におとずれた。目標は、敵が新設したワウの飛行場。これを爆撃する十四戦隊の九七重爆の掩護が任務である。

午前六時十分、粗末なバラックの戦隊本部の前で戦隊長・下山中佐の訓辞に続いて、皇居遥拝ののち盃を干し、六時十五分にラバウル西飛行場から発進を始めた。出撃一八機のうち、機材の過半を海没および破損で失った一中隊は三機しかなかった。

機材空輸でトラックへ派遣中の三中隊長・伊豆田大尉と山内雅弘中尉をのぞく、中隊付先任将校以上の幹部全員が編組に入り、ラバウル南飛行場（ココポ）から出た二二機の重爆とともに進撃する。途中で中川中尉機が潤滑油温度の過昇を生じ引き返し、キ六一は一七機に減った。

中川機の油温過昇は逆説めくが、そもそもは滑油の冷えすぎが原因だった。岐阜工場で量産機が出始めたころ、滑油温度の過度な低下問題が表われ、飛行テストが進まないほどの事態を招いた。そこで西門技手が冷却器の前に、フェルトに羽布を詰めたカバーを置き、吸入空気を六〜七割に抑えて解決した。

カバーは戦隊にわたされたどの機にも付加してあったが、南方は暑いからと、冷却効果を高めるために外してしまったのだ。これにより、飛行中に滑油が冷却されすぎて粘度を増し、後続の滑油が冷却器を通らず、バイパス弁から熱いまま還流されて、油温の過昇を生じたわけである。カバーを外したのは一中隊だけだったようで、すぐに装着し直された。

戦爆連合三九機は敵機の邀撃(ようげき)を受けずにワウ上空に達し、飛行場への投弾を終えて全機がラバウルに帰ってきた。この間、一中隊長・小山大尉がB－24を発見。白山曹長とともに四撃を加えて白煙を吐かせ、撃墜は果たせなかったものの、キ六一と六十八戦隊にとって初戦果の撃破を記録した。

一日おいて五月十七日、ワウへの第二撃が実施された。今回は一四〜一五機のキ六一のほかに、飛行第一戦隊の一式戦が数機加わって、九七重二一機の護衛にあたる。可動率がいいはずの一式戦の数が少ないのは、主力がウエワクへ出ているからだ。

ラバウルを離陸した下山戦隊長以下は、ニューブリテン島上空を西へ飛び、ニューギニア

竹内二中隊長の乗機と思われる六十八戦隊のキ六一(－Ｉ甲)。ニューブリテン島西端部のツルブにあった機を米軍が捕獲した。ウエワクへの途中に故障で不時着陸したのではないか。

にぶつかったのち、南東へ針路を変えてワウをめざす。これだとエンジン不調時に味方飛行場に不時着できるから、キ六一にとってはありがたい。

ニューブリテン島の西部を眼下に飛行中、浅野大尉機の調子が悪化して引き返した。

その一〇分後、白山曹長機も不調におちいり、もどっていった。これを中川中尉機が追い、海岸沿いにしばらく同航する。中尉には白山機にベイパーロックが生じたようにも思われ、ツルブの飛行場へ向かっているものと判断された。しかし、天候が芳しくないためもあって、そのうちに白山機が視界から消えた。エンジンが止まり、急速に高度を失ったのだろうか。中川中尉は機首を返して、編隊を追った。

キ六一は重爆群の上をおおうように、七〇〇〇メートルの高度でワウに迫る。敵戦闘機は来襲せず、正午まであと数分で飛行場上空にいった重爆から、爆弾が放たれて滑走路に沿ったジャングル内で爆発した。ねらいが逸れたのではなく、引きこんである敵機に当てるためだ。樹々のあいだから炎が上がった。

帰途は往路と逆のコースをたどる。陸地上空を飛ぶのは正解だった。ニューギニア沿岸部上空を北西進するうちに、まず小林仙一軍曹機が燃料補給でラエに降り、ついで下山中佐機と西川曹長機が変針点に近いマダンに不時着。ニューブリテン島上空に達したのち、橋本菊雄中尉機が南岸のガスマタに不時着した。四名とも飛行場に降りたため無事だったが、往路の二機と合わせて六機もに燃料不足や故障、不調が出て、二〇日前のトラックからラバウルへの洋上飛行を思わせるありさまを呈した。

ソロモン諸島のムンダ飛行場に第44戦闘飛行隊のP－40Fが着陸した。日本軍が捕獲したE型よりもいくらか速い程度だが、高位からの一撃離脱戦法に一式戦は苦しんだ。

全出撃機のうち、一機だけ未帰還機が出た。往路のツルブ付近で消息を絶った白山曹長機のゆくえは、その後の捜索でも分からず、ツルブ沖で海没と認められた。曹長がキ六一の実戦飛行時における最初の戦死者である。

序盤戦の様相

東部ニューギニアを作戦域とする米陸軍の第5航空軍の戦力は、五月末の時点で装備数約七五〇機。対する第六飛行師団は二八三機（うち使用可能二一七機）で、実質的な戦力は米側の三分の一でしかなかった。

六飛師の戦闘機戦力の主力・一式戦は、新型の二型でもカタログ値で最大速度五一五キロ／時だったのに対し、敵は五八五キロ／時のカーチスP－40FおよびKと、六三六キロ／時のロッキードP－38Fであり、日本側の劣速が歴然としていた。当初は格闘戦に持ちこんで戦果をあげた一式戦も、敵が高速一撃離脱に移行したため捕捉が容易でなく、軽戦闘機の悲しさを味わうケースが多くなっていた。

これを挽回すべく送りこまれたキ六一ではあったが、五月末の使用可能数は一八機にすぎず、航空本部が口約束をした予備エンジンもマ弾も、もたらされていなかった。

十二飛団を含む六飛師の主力は、五月末までに発見した、ファブアからベナベナ、ハーゲン山にいたる敵の新飛行場群への攻撃や、ハンサ、ウエワクへの船団掩護のため、ウエワク、ブーツなどに進出していた。六月二十五日、六十八戦隊も主力の一、二中隊を浅野大尉の指揮でウエワクに進め、七月二日にはサラモアの南のナッソウ湾に集う敵舟艇に、二百八戦隊の九九双軽や二十四戦隊の一式戦と協同攻撃をかけている。

ラバウルに残った三中隊は同じ七月二日、中部ソロモンのレンドバ島へ六月末に上陸した米軍を攻撃するため、十四戦隊の九七重爆を掩護して六機が出撃。重爆と、やはり掩護が任務の一式戦は全機帰還したのに対し、キ六一（この時点では三式戦闘機として制式化）は三機が帰らなかった。操縦者三名のうち二名はのちに救助されたが、阿部俊夫少尉はブーゲンビル島のジャングルに落ちて絶命した。遺体を見つけられたけれども、荼毘（だび）に付し得るような場所ではなく、小指のみ切り取って遺骨にした。

七月初めまでの六十八戦隊の動きは、戦力の少なさもあって、さほど活発とは言えなかった。ラバウルの防空も主に海軍の零戦隊が担当した。

トラックに残置された機材のラバウルへの空輸は、五月下旬以降も続けられ、同月二十八日の大西直伍長機のように行方不明で失われる機もあった。また七月初め、大貫中尉らがやはり機材空輸でトラックへ向かい、そのうち立神瑞樹中尉は七月九日、試飛行に出たままもどらなかった。

戦隊本部付の稲見軍曹もある日、あやうく行方不明に加えられるところだった。

ラバウルへの初進出時にタンガ諸島に不時着して懲りた軍曹は、こんどは自身で航法を確認するため、トラックからの空輸のさいに地図に飛行ルートの線を引いておいた。八機ほどで南下していくと、線より西にあるはずの島が東側に見えてきた。そこで、先頭を飛ぶ空輸指揮官の二中隊長・竹内大尉機の前に出て、翼を振り針路ミスを伝える。四月二十七日の中川中尉の役を演じたわけだ。羅針盤の狂いに気づいた竹内大尉がコースを変えたので、稲見軍曹は「これならいい」と元の位置にもどった。

ひと安心も束の間、稲見機のエンジンがにわかに止まった。ちょうどニューアイルランド島にさしかかるところだったから、大尉に編隊離脱を示したのち旋回しつつ降下、同島北西端のカビエン海軍基地にすべりこんだ。

歓待してくれる海軍の基地隊に戦隊への連絡を頼むと、ラバウルから川崎の清水技手がやってきた。エンジンが専門の技手はハ四〇を分解し、一週間ぐらいかかって組み直した。故障の原因は、噴射装置に備わる燃料ポンプに付属のピストン弁の作動不能だった。カビエンではほかにする仕事もない軍曹は、もともと整備兵の出身なので、修理のあいだに技手からハ四〇の機構や欠陥をつぶさに聞いて理解した。「鉄質がドイツのようにできないから、故障が出る」との技手の言葉が、彼の脳裏に強く印象づけられた。

その言葉どおり、特殊鋼のクランクシャフト、鋳鉄のクランクケースの質の低下が、キ六一の活動をじりじりと狭めていく。

船上でエンジン整備

ラバウルでの陸軍機の日常整備は戦隊内で担当するが、大がかりな補修やエンジンのオーバーホールの規模の作業はお手上げだ。これを担当したのが、第十四野戦航空修理廠と第二〜第六移動修理班、それに第十七船舶航空廠だった。

野戦航空修理廠と移動修理班は、もちろん陸上で諸業務を進める。ところが船舶航空廠は名のとおり、船の中に修理や工作の機械を設けており、戦局に合わせて泊地を移動し飛行部隊に協力する組織で、海軍の工作艦「明石(あかし)」と似た(「明石」は艦船修理用だが)任務を持っていた。

船は六九〇〇トンの「弥彦丸(やひこまる)」。日華事変で飛行大隊の偵察将校を務めたのち、技術将校へ転じた廠長・大久保致(おさむ)少佐以下二〇〇名が乗り組み、エンジンと補機、プロペラなどを直す〝浮かぶ修理工場〟だった。

第十七船舶航空廠は航空本部の直轄で、開戦後ビルマのラングーン港に一年近く停泊して、フル操業でこの方面の航空活動を助けたのち、内地に帰還。第六飛行師団のラバウル進出にともなって、昭和十八年二月下旬にラバウル湾に入った。生鮮野菜の不足には悩まされながらも、地上と違ってマラリア蚊の心配もなく、一式戦や重爆のエンジンの分解掃除を、一日二台までこなす能力があった。

入港から二ヵ月後の四月下旬、キ六一装備の六十八戦隊が到着すると、ハ四〇の整備が始まる。陸上の第十四野戦航空修理廠では、ハ四〇の教育を受けた者がほとんどおらず、また多数がマラリアなどの熱帯病で倒れたところに空襲が加わって、作業がはかどらない。そこで、このエンジンのオーバーホールや修理は、「弥彦丸」が一手に引き受ける処置がとられた。ハ四〇の整備教育は、内地帰還時に基幹員を立川の航空技術研究所に送りこみ、習得させていたからだ。

六十八戦隊ではすぐに要修理のエンジンが出たものの、「弥彦丸」にはハ四〇用の試運転台がない。アイディアマンの大久保少佐は、キ六一の修理不能機を試運転台にする手を思いつき、「飛行場へ行って、脚や翼が折れた機をもらってこい」と命じた。ちょうど到着したキ六一が大破したので、これをもらい受け、鉄材を付加して見事に代用品を作り上げた。キ六一の特徴である胴体と一体構造のエンジン架が、思わぬところで役立ったわけである。

しかし、試運転用プロペラがない。やむなく実用プロペラを装着したところ、試運転が長

上：六十八戦隊の廃機はラバウル湾に浮かんだ「弥彦丸」の甲板に固定され、エンジン試運転台に変身した。18年5月中旬。下：試運転中のハ四〇。プロペラも廃機の装備品だったため、回転数を高めると碇泊の「弥彦丸」がジリジリ動き出した。

時間に及ぶと、その推力で船が動き出したという。

故障エンジンは大発（輸送用の小艇）で運ばれてくる。そもそも六十八戦隊の装備機が少ないので、持ちこまれる数は知れていたが、ハ四〇用の部品の手持ちは多くなく、七月以降七十八戦隊の分が加わると直し切れないものが増えて、機材の置き場所に困る事態を招いた。ハ四〇の修理で最も悩まされたのは、クランクシャフトの材質の悪さだった（この件については後述する）。

第十七船舶航空廠は九月末までラバウル湾内で作業に従事したのち、ハルマヘラ島、パラオ諸島経由で内地へ向かった。地味で目立たない組織ながら、動かぬキ六一を動かした功績は相応に評価されるべきだろう。

島伝いにラバウルへ

六十八戦隊とともに第十四飛行団を構成する飛行第七十八戦隊は、満州・鞍山の昭和製鋼所と撫順の炭鉱の防空にあたったのち、六十八戦隊が出たあとの十八年四月十日以降、キ六一への機種改変のため明野飛行学校に到着した。明野へ出発する一ヵ月前からキ六一が一機、孫家に空輸され未修飛行を始めたが、本格的な訓練は明野で進められた。

空中勤務者のレベルは比較的に高く、九七戦にくらべて重いキ六一を扱い得たけれども、やはり故障の多さに悩まされた。とりわけ顕著な滑油漏れは、ほとんどの操縦者が経験しており、また燃料タンクの送油ポンプの径が細く、しばしば詰まった。

第二中隊員の藤野光寿軍曹は、明野で訓練中にプロペラが止まったことが三度あり、滑空で着陸した。同じ二中隊の寺田忍曹長の場合は、油圧が低下して脚が出なくなった。川崎から派遣の技術者が無線で脚下げの方法を指示したものの、どうしても出ず、燃料がなくなって芝生に胴体着陸をしている。ただし寺田曹長の場合、六十八戦隊でのキ六一の状況を知っていたので「恐い飛行機」との先入観があったが、乗ってみて「こんないい飛行機はない」と惚れこんだ。

七十八戦隊も六十八戦隊と同様に、機材の故障に災いされて錬成は進まず、戦闘訓練まで手がまわらないうちに時間切れにいたり、ラバウルへの出発の日を迎えた。練度不充分なのは操縦者ばかりでなく、整備隊員も同様だった。

配備されたキ六一には、六十八戦隊への配備分と同様、やはり胴体内の二〇〇リットル増加タンクは付加されなかった。第三中隊付先任将校の深見和雄中尉は、川崎の技師から「付けられるけれども、付けていない」と聞かされた。川崎側としては、装備定数分を送り出すだけで手いっぱいで、増加タンクを設置する余裕がなかったのだろう。

第十四飛行団司令部と七十八戦隊は六十八戦隊の轍を踏まないよう、長距離洋上飛行を避けて、反時計回りの島伝い航法を採用した。六月十六日、明野を発進した十四飛行団長・立山武雄大佐以下の飛行団司令部七機と、戦隊長・高月光少佐以下の七十八戦隊三八機は、全機に落下タンク二個を装備。宮崎県新田原～沖縄県那覇～台湾・嘉義～ルソン島マニラ～ミンダナオ島ダバオ～セレベス島メナド～西部ニューギニア・バボ～同ホランジアをへて東部

6月16日に明野を離陸した飛行第七十八戦隊機のうち、1機が不具合のため大分海軍基地に降りた。海軍の「熱田」エンジンを扱える整備員の処置により復調し、主隊を追及すべく発進にかかるキ六一乙(三式一型戦闘機乙)。

ニューギニアに入り、ウエワクを経由してラバウル西飛行場に進出した。

全航程九〇〇〇キロに及ぶ長距離飛行のあいだに故障機がつぎつぎに出て、出発から二週間たった六月二十九日にラバウルに到着した第一陣は、飛行団長、戦隊長の機を含む七機にすぎなかった。

この進出飛行には、地上勤務者の幹部や整備用機器材を乗せた輸送機七機が同行し、整備指導にあたる川崎の技術団が便乗していた。だが、技術団もいちいち故障機にかまってはいられないから、現地の整備隊に修理をまかせる。ハ四〇エンジンを知らない現地の整備隊の手では容易に直らない。こうした状況から、七月五日までかかって合計三三機がラバウル西飛行場に進出し、残る一二機は落伍して(うち四機ほどは離陸事故で大破)現地に残された。

ほかに、兵器委員・久下(くげ)惣作少尉の管理のもと輸送空母「雲鷹(うんよう)」で、トラック島まで運ばれた二

ラバウル西（ブナカナウ）飛行場の掩体に入れられた十四飛団のキ六一。低空侵入したB－25から撮影した偵察写真だ。

ノ井藤治郎中尉以下の一五機と、輸送船で送られた整備隊の主力もラバウルに到着。

キ六一の二個戦隊からなる第十四飛行団は七月上旬、ようやく全力をソロモン方面に展開し、同月七日、それまで二ヵ月半のあいだ十二飛団の指揮を受けていた六十八戦隊を、十四飛団長の直接指揮下に復帰させた。このため、ウエワクに進出中の一、二中隊は翌八日、ラバウルに帰還せよとの師団命令により主力の一〇機が発進。不良な天候をついて航進したが、ニューブリテン島にさしかかるころ、出田（いでた）敬之中尉機が消息を絶って帰らなかった。ウエワクで出発を見合わせていた後発の三～四機も、九日にラバウルにもどっている。

六十八戦隊の内地出発から三ヵ月、ここに十四飛団の陣容は勢ぞろいした。

キ六一制式化と八四〇への難題

七十八戦隊が進出準備を進めていた昭和十八年六月、部隊配備開始から半年近くたって、キ六一はようやく三式戦闘機（キ六一）の制式呼称を与えられた。

　明野で七十八戦隊に引きわたされた機材は、いずれも機首に一二・七ミリ機関砲二門、主翼に七・七ミリ機関銃二梃を装備した初期生産型で、同年末には三式戦闘機甲の名が付く。ただし、六十八戦隊員はもちろん、七十八戦隊員もその後しばらくのあいだ、惰性で「キの六一」と呼び続けた。

　ところで、ずっと先の話だが、動力強化の改良型キ六一－Ⅱが登場し、これが二型になると想定されたころ、ハ四〇装備機は三式一型戦闘機と呼ばれるにいたる。初期生産型は三式一型戦闘機甲、略称が三式戦一型甲である。本書では分かりやすさの点から以後、先まわりして一型の呼称を用いる。

　このころ川崎の明石工場では、ハ四〇について難題を抱えこんでいた。

　原型のＤＢ601はクランク軸をはじめとするシャフト類や歯車を、ニッケルを混入したクローム・モリブデン鋼（ニッケル・クロモリと略称）で作っており、川崎でもハ四〇にこれを使用した。しかし、陸軍は入手難のニッケルを、排気タービンなど新開発機器材の耐熱部品用に確保したいと考え、ニッケルを抜いてクローム・モリブデン鋼（クロモリと略称）で製造するよう、川崎に通達した。

　ハ四〇の量産は、ようやく軌道に乗ったところだ。軍との会議で、エンジン設計課長の平岡欽吾技師が「こんなときにニッケルを抜かれては困る。冶金屋が泣きます」と反論しても、軍の意向はくつがえせず、クロモリによる製造が決まった。

クロモリ自体が熱処理温度の許容範囲が狭く、高温にさらしておくとヒビを生じやすい。これで部品を作って焼き入れ処置をすると、焼き割れを起こし、ノッチ部（刻み目、切り目部分）に目に見えない微細なヒビが入る。ニッケルを加えればヒビを防げ、また加工精度も高まるのだ。

ロールスロイスでもニッケル抜きのクロモリを用いたが、表面が固くなる窒化鋼にしてヒビ割れ問題を解決している。だが、冶金技術に劣る日本では、すぐにこの真似はできない。熱処理時に焼き割れが起きないよう慎重に作業し、マグネットを使ってヒビの有無の探知に努めた。

うまくいけばニッケル・クロモリと同等の性能に仕上がったが、不良品も少なくない。生産数が限られているなら、充分な検査の上で送り出せる。しかし、少なくとも機体の数だけは作らねばならず、ノルマが処理能力を超えたため、どうしても一部に不良品が混じる結果を生じた。これが、第十七船舶航空廠のところで述べた、クランクシャフトの折損につながるのである。

使用部隊の整備能力の育成に時間を与えず、そのうえ使用材料を制限するような軍の方針のもとでは、ただでさえ国情に合わない液冷エンジンの将来が明るいはずはない。

ニューギニアに移る

ラバウル西飛行場に進出した飛行第七十八戦隊は、地形慣熟飛行もすませないまま、到着三日後の七月八日に初出撃を実施した。兵と野砲二門、弾薬を運ぶ九七重爆二型三機を、第三中隊付・深見中尉の指揮する四機がラエまで掩護するのだ。ラエ、サラモア方面は制空戦の鍔（つば）ぜりあいが盛んだから、敵戦闘機に出会う可能性があった。

第一〜第三タンクが満タンで、落下タンク二本付きの三式戦は重く、重量物を積んだ重爆のほうが早く高度を稼いでいく。速度は上なので前へは出るが、高度二〇〇〇メートルあたりまで上がって燃料が減ってからでないと、重爆なみの上昇力すらないのを知って深見中尉は驚いた。途中で二機がエンジン不調により引き返す。

深見機と水野正治軍曹機はラエ上空に達し、九七重が飛行場に降りて積み荷を降ろすまで旋回を続けた。燃料残量が充分でないため、帰途は重爆の離陸を待たず単独で帰れとの命令が出ていた。

旋回中、深見中尉は南西方向四〜五キロ先に、低空で機動中の双発双胴機P-38四機を認めた。地上部隊を銃撃中のようだ。「こりゃいかん！」と中尉は、水野軍曹機をともなって敵機をめざす。高度は三式戦が二五〇〇メートルで格段に有利である。ところが、P-38は燃料が限度だったのか、あるいは態勢不利と読んだのか、対抗してこず、まもなく視界から去った。もう二〇〜三〇分早くラエ上空に着いていれば、戦隊の初出撃で初空戦が記録されたかも知れない。

三日後の十一日、第六飛行師団はサラモア南東のナッソウ湾に上陸した敵を全力で攻撃。第一波は一式戦二九機が進攻し、第8戦闘航空群のP-38と不利な空戦に入って二機を撃墜、

左から六十八戦隊長・下山中佐、飛行団司令部部員、同、第十四飛行団長・立山武雄大佐。まだ少しはゆとりがあったころ、ウエワクの十四飛団司令部・戦闘指揮所で。

四機を失った。

高月少佐のひきいる七十八戦隊が主力の三式戦二五機は、重爆九機を掩護しての第二波攻撃を受け持ち、ラバウルを発進。このとき三寺豊七曹長機は離陸直後に出力が落ちて、飛行場端の椰子林に突入し、曹長は戦死した。第二波は邀撃を受けずに帰途につき、スコールの中での着陸時に一機が墜落、搭乗の二ノ井藤治郎中尉は死亡した。

七十八戦隊の多くも、乗機に対する不安感を拭い切れなかった。滑油漏れはひんぱんに起こり、三寺曹長機のような離陸時のエンジン故障もまれではない。戦隊本部付の曹長だった武山一郎さんは、ラバウルで故障知らずの零戦隊を見て「陸海軍が共同で使えれば、とうらやんだ」と言う。

南東方面の航空兵力分担は、もともと海軍がソロモン諸島、陸軍が東部ニューギニアに重点を置いていた。七月に入ってこの傾向はいっそう顕著化して、中部ソロモン死守を主張する海軍と、ニューギニアの地上戦を重視する陸軍は、同月中旬には明確な守備区域を設定するにいたった。

同じ七月の十一日、一式戦二個戦隊の第十二飛行団は戦力回復のため、第六飛行師団の指揮下を離れて内地経由で満州へ帰る措置が決まり、まもなくウエワクを去った（ただし飛行第一戦隊はこのあと一ヵ月残留）。そこで第十四飛行団は七月十五日、全力でウエワク東飛行場に進出し、ここに三式戦の本格的なニューギニア航空戦がスタートする。

なお荒蒔少佐は、十二飛団司令部とともに内地へ帰還する予定だったが、審査を担当して三式戦に詳しいため十四飛団長・立山大佐に残留を依頼され、十四飛団部員としてとどまる変更を命じられた。

ナッソウ湾から上陸した米軍はサラモアに迫り、地上戦が始まった。六飛師は地上部隊への協力をはかり、まずサラモア上空に出現する敵機の撃滅をめざす。

この作戦で問題に採り上げられたのは、三式戦の航続力だった。一型の初期生産型は機内増加タンク（第三タンク）をはずしても、落下タンクを二個付ければ巡航速度で二五〇〇キロ飛べる計算だ。もちろん、これは最良状態でのカタログ値だから、実戦部隊で用いれば二二〇〇キロ程度に落ちる。二二〇〇キロは単に経済飛行を続けた場合の距離なので、二〇〜三〇分のフルパワー主体の空戦を見込めば、戦闘行動半径（作戦時の進出距離）は八〇〇キロほどに縮小される。

ところが、さきの七月十一日のナッソウ湾攻撃では、ラバウルから六五〇キロ進出しての帰途、燃料不足におちいり、ツルブやラエで再補給ののち帰還した。立山十四飛団長は、この結果を見て「三式戦の進攻行動半径は五五〇キロ」と判断した。これほど航続力が落ちた理由は判然としないが、エンジンの手入れが充分に行き届かず、よぶんに燃料を食う傾向が現われたのと、同じくエンジンの信頼度不足から、早目に燃料タンクのコックを切り替えた、という二点が主因に含まれよう。大航続力を見こして設計された三式戦ではあったが、実戦部隊でそれがほとんど評価されなかったのは事実である。

七月十七日の三式戦の可動数は、六十八戦隊が一三機、七十八戦隊が二二機で、この大半に一式戦の二個戦隊の機を加えた合計五十数機が、翌十八日、立山大佐の指揮でウエワクを発進した。サラモアまでは五五〇キロ。同地上空での滞空時間は空戦をふくめば一時間弱であり、この間に敵機が出現するかどうかが問題にされたのだ。

正午すぎ、各隊はラエ上空から目的空域に進入。予想は当たって、P－38六機が飛んでいた。七十八戦隊機が交戦に入り、藤野光寿軍曹を固有の僚機に付けた二中隊のベテラン富島隆中尉は、うち一機を撃墜して同戦隊の初戦果をあげた。

撃墜はこの一機だけだったが、数的に有利な戦いで損失はなく、約四五分間サラモア上空を制圧ののち帰還。途中で六十八戦隊の中川鎮之助中尉機が、故障のためウエワク東方のハンサに不時着した。

六十八戦隊は、このときまで撃墜戦果がなく、遅れて来た七十八戦隊に先を越されたかたちだった。だが三日後の七月二十日、九九双軽九機を掩護してベナベナへ向かう途中、マダン上空でB－24を発見。第一中隊長・小山茂大尉、第二中隊長・竹内正吾大尉らの五機が、一機にくり返し攻撃をかけて止めを刺し、戦隊に初撃墜をもたらした。

マダン上空の大混戦

七月二十一日も、ナッソウ湾からサラモアまでを上空制圧し、敵地上部隊に攻撃をかける算段を立てた。前夜、十四飛団長の立山大佐は夢を見て「本日は敵と遭遇の予感大なり」と心したが、そのとおり三式戦にとって初めての大空戦が待っていた。

午前九時十五分から離陸を開始する。二百八戦隊の九九双軽を掩護して、六十八戦隊および七十八戦隊の三式戦と、一戦隊および二十四戦隊の一式戦が空中集合ののち進撃するよう打ち合わせがなされていた。

しかし、浮揚しにくい無風状態のうえ、前の機が見えないほどに舞い上がる砂塵と、故障で引き返す機のため、全機離陸に五五分もの時間がかかり、七十八戦隊と一式戦部隊は軽爆を掩護して先発。そのあとを総指揮官の立山大佐の飛団司令部編隊（三式戦）が追い、さらに遅れて小山大尉指揮の六十八戦隊が離陸する、予想外の事態に移行した。

計画からはずれた戦力の分散が不利なのは、言うまでもない。ウエワクと目標とのほぼ中間にあるマダンの西方空域からの「敵機発見」と、それに続く攻撃命令を無線で聞きながら、立山大佐は焦燥しつつ先発隊を追いかける。

立山編隊はラエ上空で、軽爆と一戦隊の一式戦に追いつき、目標への投弾から帰路マダンにいたるまでを掩護ののち、マダン上空で七十八戦隊を待ったが、会えないままウエワクにもどった。

戦闘指揮所内に立つ十四飛団長で現役操縦者の立山大佐。

これよりさき、マダンがB－25（第Ｖ爆撃機兵団）約一〇機とP－38約二〇機に空襲された。第六飛行師団司令部はその情報を得ていたけれども、各戦隊に無線連絡していなかった。進撃する二十四戦隊の一式戦編隊はマダン上空付近で、このP－38群を発見。一式戦は囮（おとり）役を務めて、戦隊長・高月少佐が率いる七十八戦隊の三式戦一八機のいる空域におびきよせた。

ところが、二十四戦隊機が発する敵戦闘機誘致の無線電話は、七十八戦隊に受信されなかった。七十八戦隊は先行する六一戦隊を高度五〇〇〇メートルで追ううち、マダンの手前で三〇〇〇メートルほど上空からP－38八機の奇襲を受けた。回避に移ったとき、別動のP－38四機に攻撃され、編隊は崩れて乱戦におちいった。

七十八戦隊二中隊の鈴木邦彦中尉は断雲の中から降下してくるP－38を発見するや、上昇、突入に移ったが、一撃で致命傷を受け墜落した。僚機・藤野軍曹は、からくも攻撃をかわす。

このとき、殿（しんがり）で出た小山大尉指揮の六十八戦隊機は、はるかかなたを飛ぶ七十八戦隊機を急追中、その編隊が突然乱れるのを望見した。空戦が始まったのだ。上空から敵機が突っこむのが見える。

六十八戦隊の各機は落下タンクを投棄し、最大出力で戦闘空域に接近する。単発機が黒煙を吐いて墜落していくのを、中川中尉は見た。これが鈴木中尉機である。中川中尉は歯がみしつつスロットル全開で突進、向かってくるP－38四機の最後尾機に直上方攻撃をかけ、白煙を噴かせた。敵の速度は速く、一撃離脱に徹しているので、容易に照準環の中に入らない。小山大尉が被弾機を捕捉し、中川機は上空をカバーする。小山機はぐんぐん降下して追撃し、P－38は山に激突、四散した。

彼我入り乱れての空戦で、七十八戦隊は六機、六十八戦隊は二機、二十四戦隊の一式戦も二機（うち一機不確実）の撃墜を報告。損害は、七十八戦隊の藤田勲治中尉と鈴木中尉が戦死、森良介中尉、室津朝男准尉ら五機と六十八戦隊の稲見軍曹および池田曹長の合計七機が、ラエやハンサ、アレキシスに不時着した。

不時着の原因には、被弾と故障の両方があった。池田機は冷却器と主脚に被弾してアレキシスにすべりこんだのに対し、稲見機がラエに降りたのは空戦終了後の帰還時にエンジンが故障、停止したためだ。三日前に七十八戦隊で撃墜第一号を記録した富島中尉は、この日も三機を落とす奮戦ののち左腕に銃創を受け、マダンに不時着している。

敵機は第5航空軍に所属する第39および第80戦闘飛行隊のP－38F、GおよびHで、ジェイ・T・ロビンス中尉の三機撃墜を筆頭に、二四機もの大量撃墜を記録した。日本側の被撃墜および不時着機は合わせて九機だから、三倍近い過大報告がなされたわけだ。しかし、米側の損失も二機にすぎず、日本側の戦果も過大であった。追尾確認の困難な戦闘機同士の空戦では、誤認は付きもので、二倍から三倍程度のふくらみは当然出てくる。

この空戦に参加した中尉の深見和雄さんは「敵は遠方から撃ってきて、高速で抜けていく。機首を向けるともう見えず、交戦にならない」と、一撃離脱への対処の難しさを語る。

さらに彼が参ったのは、メカニズムが不具合なのか、部品の質が及ばないのか、三式戦の九九式飛三号無線機がまったく聞こえないひどさである。編隊戦闘は長機と僚機の密接な連係がなくては成り立たない。空戦の最中にいちいち翼振りなどで意志を示している暇はないし、とりわけ対戦闘機戦では複雑な機動を要するから、無線連絡は不可欠なのだ。中川中尉も敵機のみごとなチームワークを見て、彼我無線機の性能差を痛感した。

第四航空軍を新編

中一日休んで整備作業を続け、七月二十三日にふたたび三式戦と一式戦混成の四個戦隊は、早朝にウエワクを離陸、空中集合ののちサラモア方面へ向かった。高度四五〇〇メートルに二十四戦隊の一式戦七機、その上に一戦隊の一式戦一八機、最上層に六十八、七十八戦隊の三式戦二一機（五機と一六機）の、合計四六機がなす三層配備である。最上層に三式戦を置けば、突っこみのよさでP－38を捕捉できるから、当を得た策と言える。

指揮官は二十四戦隊長の横山八男（やつお）中佐、三式戦を七十八戦隊長・高月少佐が率いた。このころ六十八戦隊長の下山中佐は、デング熱に冒され、身体をこわして空中指揮はできないでいた。

各機はラエ上空で落下タンクを捨て、戦闘準備にうつる。酸素吸入装置が故障して、二十四戦隊とともに飛んでいた七十八戦隊三中隊長・立山良一大尉が、向かってくるP－38一四機を発見、空戦に入った。別方向から他のP－38編隊が接近し、前回に続いての乱戦をくり広げる。数の上では日本側が有利だったが、無線連絡が利かないため有効な攻撃をかけにくい。結局、四個飛行隊のP－38と戦って、撃墜五機（うち不確実三機）に対し、未帰還二機（ともに三式戦）、不時着六機を出した。

下山中佐に続いて七十八戦隊長・高月少佐も熱帯病に倒れ、七月二十六日のサラモア制圧では、両戦隊の指揮を十四飛団司令部部員の三浦正治大尉が受け持った。今回も九九双軽を一式戦が直掩(ちょくえん)し、三式戦が両方を掩護しつつ制空を担当する陣形をとった。ラエ付近の上空で三式戦約二〇機は、P－38三十数機と乱戦を始めて、操縦者の損失こそなかったけれども、押され気味の感はまぬがれなかった。無線がまったく通じず、編隊戦闘で不利を味わったのは、これまでと同様だった。

対戦したP－38は、ブナの南のドボデュラ（日本側呼称はハーベー）を基地にする第9戦闘飛行隊と、ポートモレスビーからの第39戦闘飛行隊の所属機である。リチャード・I・ボング中尉、ジェラルド・R・ジョンソン中尉、ジェイムズ・A・ワトキンス大尉といったエースのいる第9戦闘飛行隊が、主に三式戦と戦い、ワトキンス大尉の三機撃墜を筆頭に、六機の撃墜（うち一機不確実）を記録した。対一式戦の戦果を加えれば、報じられた撃墜は一五機（うち不確実四機）にものぼり、P－38の損失はゼロだった。

米戦闘機部隊はこのころから、液冷機三式戦の存在を確認して、TONY(トニー)の識別名称で呼

第9戦闘飛行隊のロッキードP－38GまたはHが四発重爆を掩護しつつ飛行中。三式戦にとってニューギニア方面の強敵はこの双発戦闘機だった。

び始める。書類への記入にもTONYが用いられた。

三式戦側は撃墜一機を報告、三式戦三機と一式戦数機がマダン、ラエに不時着した。P－38の戦果は明らかにオーバーと知れるが、不時着機のなかには被弾によるものもあるはずで、公平に見て日本側の負け戦と言えよう。

激化する東部ニューギニア戦線を支えるため、蘭印方面（現インドネシア）に展開する第七飛行師団の一部戦力の参入が命じられた。まず七月上旬に一式戦の五十九戦隊が、ジャワ島からブーツに到着した。ついで七飛師司令部も下旬にウエワクに進出、同地以西を担当区域としたため、六十八戦隊と七十八戦隊は同司令部の指揮下に編入された。

さらに、それまで本土の第一、満州の第二、ビルマ、ジャワ、ボルネオ方面の第三と、航空軍は三つしかなかったが、新たにニューギニアからセレベスまでを担当区域とする、第四航空軍を新編。四航軍司令部は八月十日に統帥を発動し、六飛師および七飛師はその隷下に入った。しかし、ニューギニア戦そのものが、日本軍の補給力を超えた地域での戦いであり、「敵が迫ってきたから戦力を増す」戦術的見地だけから設置された四航軍に、戦略的任務を果たすのは荷が重すぎた。

三式戦の第十四飛行団は結局、八月十二日付で四航軍司令部の直属部隊へと書類上の立場が変わり、七飛師の指揮下で戦うかたちがとられた。

六十八戦隊と七十八戦隊は昭和十八年七月下旬から八月中旬にかけて、船団掩護や制空任務に出動。作戦のないときは整備班が不眠不休で、性能維持の保守作業を続けた。ラバウルでは第十七船舶航空廠の支援があったが、ウエワクには第十四野戦航空修理廠が来ているだけだ。

ここで大きな力を示したのが、川崎から派遣された技術団である。六十八戦隊といっしょにラバウルに来た西門、清水技手ら六名は、戦地での三式戦の長所と短所を今後の生産機に生かすため、部隊のウエワク移動を機会に内地へ帰還。代わって三〇名近い、より大規模なチームが到着した。戦隊や飛行場大隊の地上勤務者を指導しつつ、修理に没頭した彼らを、七十八戦隊三中隊の深見中尉は「涙が出るほど頑張ってくれた」と評価する。

油漏れなどは別にして、顕著なのはエンジンの電気系統の不良だった。これは接点に使用したタングステンが錆(さ)びたためで、海岸に近いウエワク飛行場に吹く潮風のしわざである。そこで接点を不銹(ふしゅう)のニッケルに変更。内地にも情報が伝えられ、以後の生産分はすべてニッケルを用いた。ニッケルは軍の要請で、シャフト類や歯車から抜かれたところだったが、接点に使用するのはごく微量なので問題は出なかった。

ウエワク空襲で戦力激減

米軍は資材空輸と機械力を駆使して、七月初めからわずか半月でラエ西方のファブアに滑走路二本を造り上げ、一ヵ月後には防御火器とレーダーを備えた、新しい飛行場を仕上げてしまった。

これにくらべて、つるはし、もっこ、ローラーを〝三種の神器〟とする、人力だけの日本軍の設営能力は格段に低く、前進飛行場のマダン、アレキシスがいつまでたってもでき上がらない。やむなく第六、第七両飛行師団の戦力は、ウエワク東および中飛行場、ブーツ東および西飛行場の四ヵ所にひしめき合っていた。

米軍がラエ、サラモアを攻略するにあたり、最大の障害はこの四ヵ所の飛行場にかたまる陸軍航空部隊である。この目の上の瘤を取り除くため、昼夜間の連続爆撃を加える作戦を決めた。

ウエワクもブーツも、完備した飛行場とはとても言えず、発進時は砂塵が猛烈に舞い上がる。対空砲火は貧弱で、五月に搬入が始まった電波警戒機乙（対空用警戒レーダー）も、八月なかばにようやくテストにかかる状態だった。つまり、奇襲攻撃には大変に弱い飛行場なのだが、幸いにもこれまで大規模空襲は受けていなかった。

八月十六日の夜、米第5航空軍に所属する、第90爆撃航空群のB－24D三六機と第43爆撃航空群のＢ－17Ｆ一二機はポートモレスビーを発進、オーウェン・スタンリイ山脈を越えてウエワクを空襲した。少数機ずつが十七日の未明まで波状侵入し、焼夷弾と破片爆弾を投下して去っていった。

第501爆撃飛行隊のＢ－25が、ブーツ西飛行場へ落下傘爆弾をまき散らして航過する。手前の第九飛行団の百式重爆撃機は黒煙をふき上げ、4機の三式戦もただ被爆を待つばかりだ。

十七日朝、戦隊長以上の幹部は師団司令部へ打ち合わせに出向き、飛行場では夜襲の被害を整理していた。七十八戦隊の寺田曹長は海岸寄りの宿舎から飛行場へゆっくり歩きながら、爆音を耳にした。「軽爆が帰ってきたのかな」と思っていると、進入機は妙なものを落とし、すぐに機銃音が響いた。敵機だ。「こりゃいかん！」。走り出した曹長に落下傘がかぶさる。ウエワクの隊員たちが初めて見る。落下傘爆弾だった。

落下傘爆弾は、低空飛行の投弾機が爆発圏外へ逃れられるよう、ゆっくり接地するから、爆風が横に広がり、人員や機材の破壊に大きな威力を発揮する。まったくの奇襲状態だったため戦闘機は上がれず、対空火器も後手にまわった。飛行場は穴だらけにされ、死傷者六八名、飛行機の大破約五〇機、中小破約五〇機の大損害をこうむった。

この攻撃は第5航空軍・第3爆撃航空群のB－25二九機と護衛のP－38八五機によって加えられ、ウエワク地区には一〇五発、ブーツ地区には七八六発の落下傘爆弾がまき散らされた。

一三〇機前後の四航軍の実動戦力は、一気に四〇機へと激減した。三式戦の十四飛団については、六十八戦隊が可動六機なのはともかく、二〇機近くを保有していた七十八戦隊はいきなりゼロへと急変してしまった。

戦爆連合の空襲は翌十八日も続いた。四航軍は空襲後に到着した補給機を加えて、六十八戦隊の三式戦五機をふくむ二三機で邀撃戦を展開。日本側は操縦者二名と三機を失ったかわりに一九機撃墜を報じ、米側もB－25三機喪失のほか、P－38H二機を失った第475戦闘航空群は一五機撃墜を記録した。戦果は両者ともちろん過大で、損失機数をくらべれば互角だが、痛手は補給力のない日本側が大きい。

補給の三式戦をマニラで受領のため、連続空襲以前の八月十五日に、まず十四飛団司令部の荒蒔少佐ら七名が出発。機材到着の知らせによって八月二十日、六十八戦隊と七十八戦隊の合計二一名が、ニコルス飛行場へ新造機を受領に向かった。

戦況、利あらず

八月十七日の大空襲を転機として、四航軍の各戦隊はいっそう苦しい戦いを強いられていく。増派を得られない状態で、これまでの進攻制圧作戦に加えて、反対に、ウエワクやブーツに来襲する敵機の邀撃にも、ひんぱんに発進せねばならないからだ。米陸軍航空軍の戦力は強化される一方だった。

宿敵とも言いうるP－38HがB－25Dを掩護する。ニューギニア、ソロモン戦域の空で出くわすこの光景は、迎え撃つ三式戦操縦者にとって生死を賭した戦いの始まりだった。

八月二十一日午前にウエワク、ブーツ地区に低空侵入したB－25Dは一八機。これを二群、合わせて六〇機のP－38Hが中高度を飛んでカバーしていた。来襲二時間前に監視哨からの報告を受けた四航軍の四個戦闘機戦隊から、合計二八機が迎え撃つ。三式戦は六十八戦隊の六機が出て、P－38三機の撃墜を報じたものの、橋本菊雄中尉と西川貞雄曹長が、第80および第432戦闘飛行隊のP－38に落とされて帰らなかった。

P－38とB－25の戦爆連合は、ウエワクに入った輸送船団をねらって、九月二日の朝にも来攻した。事前に百式司偵が送ってきた「大編隊、北進中」の情報を得ていた四航軍は、全力出動の準備を整える。このころ、可動機の減少から、六十八戦隊と七十八戦隊は三式戦を共用し、一日交代で邀撃待機についていた。八月二十一日に続いて、この日も六十八戦隊が警急姿勢

ウエワク沖の輸送船に対し、高度30メートルから投弾した第405爆撃飛行隊のB－25D。これは18年9月21日の来襲状況。

（スクランブル待機状態）にあった。

一式戦と二式複戦が上がったあとから三式戦六～七機が出動する。七十八戦隊長・高月光少佐の乗機を借りて最後に離陸した本部付の浅野眞照大尉は、両側の排気管から黒い煙が噴き出すのを見て、数分後に着陸。ジャングル内に退避していたベテラン整備班員が、「直しますから待って下さい」とカバーをはずして修理にかかった。

「もう大丈夫です」の言葉とともにエンジンが始動したとき、すでにかなたに敵の先頭編隊がポッポッ見えてきた。いまから発進したのでは高度を充分に稼げず、不利は明らかだ。しかし機が直ったからには、上がらないわけにはいかない。戦隊長につぐ最先任将校が、敵に後ろを見せたと思われては、部隊の士気に影響するからだ。

覚悟を決めて離陸する。幸いＰ－38は四〇〇〇メートルほどの中高度で来襲したため、見つからずに一五〇〇メートルまで上昇できた。未明に船から積み降ろした物資をねらって、超低空のＢ－25が港へ向かう。これを認めた浅野大尉はただちに追撃、港湾を海面スレスレに離脱するB－25を捕らえて一連射を浴びせると、B－25は反転し、激しい水しぶきを上げて海中に没した。功を誇らない浅野さんは「弾丸が命中したのか、敵の操縦ミスで落ちたのか不明」と語るが、もちろん撃墜に変わりはない。

計器高度〇メートルから三式戦を引き上げて、もうP－38も帰っただろうと飛行場の上空にもどると、十三戦隊の二式複戦が一機飛んでいる。これに、まだ残っていたP－38二機が迫るのが見えた。

反射的に機を操作して、浅野大尉がP－38の後上方につく。すると、別のP－38二機が現われて、後ろから浅野機を追ってきた。複戦を追うP－38が射撃を始めた。自分をねらう敵機がまだ射距離に入らないのを確認した大尉が、複戦掩護の連射を前下方の敵編隊に送ると、僚機のほうから白煙が出た。同時に敵長機が旋回し、浅野機を撃つ。瞬間、瞬間に様相が変わる機動空戦だ。

敵長機の弾丸は、運悪く三式戦の燃料タンク（操縦席の前の滑油タンクか？）に当たって、操縦席に火が走った。火ダルマの大尉は、機からとび出して落下傘降下。

ジャングルの中で意識がもどり、カナカ族の集落までたどり着いて、山の上の地上部隊の陣地まで案内してもらった。顔と首、両腕にひどい火傷を負っており、「あいつらに褒美をやってくれ。飛行場に連絡してほしい」と伝えると、浅野大尉の気力はもう残っていなかった。

四航軍の戦闘機隊が報じた合計撃墜戦果は、B－25六機（うち不確実一機）とP－38八機

18年9月初め、福生飛行場で三式戦一型甲がウエワクへの発進準備中。搭乗者は下山少佐の後任戦隊長で、キ六一審査の担当主任を務めた木村清少佐。

（同二機）。損失は戦死三名をふくみ飛行機九機で、輸送船三隻に大被害が出た。

敵は九月三日にラエの東方のホポイに上陸、ついで五日午前にもラエ北西のマザブ（米軍呼称はナザブ）に、米豪連合の空挺部隊がC－47輸送機群からの落下傘降下をかけてきて、ラエ、サラモアの挟撃にかかった。

持久を望んだラエ、サラモア方面の維持は、画餅に帰して打つ手がないままである。四航軍は少ない戦力を割き、三式戦も参加して両方面の敵を攻撃したが、疲労ばかり多く戦果はあがらなかった。

病気と過労で空中指揮をとれない第十四飛行団長・立山武雄大佐、六十八戦隊・下山登中佐に代わり、後任の飛行団長・寺西多美弥（たみや）中佐と、航空審査部で三式戦に乗った新戦隊長・木村清少佐が、九月八日ウエワクに着任した。このときマニラからの補充機・三式戦一五機も到着し、十四飛団の戦力は八月十七日の空襲以前にもどった。翌九日、立山大佐と下山中佐は、審査部部員に復帰する荒蒔義次少佐とともに、九七重爆に乗ってウエワクをあとにした。

新十四飛団長・寺西中佐は到着後、ウエワク、ブーツの全戦闘機隊を統一しての空中指揮をとり始めた。九月十三日のファブア進攻、十五日のウエワク防空、二十日のマザブ進攻、二十二日のフィンシュハーフェン沖での艦船攻撃（出撃後に中止）と作戦を続けたが、二個飛行師団の全力出撃にもかかわらず、効果はあがらなかった。

ウエワク飛行場に作った粗末なピスト。草ぶきの屋根には日射熱を少しでもはばもうと、白布を広げてかけてある。

南東方面の戦局は、挽回不可能の状態にまで傾いていた。中部ソロモンの確保を叫んだ海軍も、八月中旬には放棄を決定。同月末には陸軍もサラモア、ラエからの撤退を決め、九月上旬に移動を開始して、中旬には両地とも敵手に落ちた。

すでに八月なかば、大本営は守勢的色彩の濃い第三段作戦に移行。ソロモン、ニューギニア方面でできるだけ持ちこたえ、その間に反撃用の作戦と兵力を準備する戦略方針を立てた。九月末、この新戦略にもとづくギリギリの確保域が、千島列島〜小笠原諸島～内(うち)南洋中西部～西部ニューギニア～小スンダ列島～ジャワ～スマトラ～ビルマの圏内と定められた。これが絶対国防圏構想である。

絶対国防圏の外郭に置かれたソロモン諸島および東部ニューギニア方面の、持久戦用航空基地は陸軍がウエワク、ブーツ、海軍がラバウルだった。軍中央部は東部ニューギニアでの持久戦を、少なくとも一年以上継続せよ、と要求した。しかし、この方面の四航軍の九月二十三日における実動戦力は、わずか八九機。うち三式戦は二個戦隊合わせて、一個中隊の装備定数と同じ一二機にすぎない。六～七倍の敵を相手にして一年持たせるのは、奇蹟を恃(たの)むに等しかった。

連日の作戦で操縦者も整備兵も、はなはだしく疲労していた。熱帯病のマラリア、デング熱による高熱、アミーバ赤痢の激しい下痢にさいなまれつつの行動は、現地を知らない者の想像を絶した。

九月二十六日の邀撃戦では、六十八戦隊三中隊長・伊豆田雄士大尉がP-38との空戦で戦死。翌二十七日には午前中の連続空襲を受けて燃料を焼かれるなど苦戦が続き、四航軍の東部ニューギニアにおける実動戦力は九月末には三〇機にまで落ちた。

四航軍は戦力回復をはかり、一式戦の二十四戦隊と五十九戦隊をマニラへ後退させた。そのおりに両部隊の装備機を、可動機の少ない六十八戦隊が譲り受けた。下痢を抑えながら一中隊の中川鎮之助中尉が、一式戦の未修飛行と夜間訓練の指導を担当。それまで、ラバウルに残してあった故障機をウエワクまで運んできても、すぐに持っていかれてしまい、「俺は輸送要員だ」とふくれていた大貫中尉も、故障が少ない一式戦をもらって、やっと毎日乗れる手段をわがものにした。

七十八戦隊は九月中旬から十月中旬まで、機材受領と休養のためマニラに出ていて、ウエワクに帰ってから一式戦の分譲を受けている。

P-38は強敵

九月下旬にウエワク方面の視察に来た大本営参謀は「二式複戦ニ対スル信頼性ハ全ク無ク、三式戦モソノ実力ヲ発揮スルニ至ラズ」と打電した。二式複戦が同じ双発のP-38に対して無力であり、三式戦の可動率の低さとP-38より劣速な実情を示した文面だ。

六十八、七十八両戦隊の操縦者たちの証言は、この電文の内容を否定していない。

「P-40とは同等にやれましたが、上昇力と速度の差が大きいP-38には歯が立ちがたい。旋回性能は勝るといっても、くるくる回ったところで相手に一撃離脱をくり返されては、戦いようがない。翻弄(ほんろう)され、逃げる一方です。こちらが高位にいて、たまたま下方にP-38が来たときにのみ勝算がありました」(曹長の稲見靖さん)

「旋回は三式戦、速度はP-38が上。条件の等しい同位戦ならP-38にさほど劣らない性能だが、火力の差と射距離の不利は否めません。敵弾が一発当たれば損害大で、こちらの七・七ミリでは穴があくだけ。地上で空戦を見ていると、三式戦の発射音は豆をはじくような音なのに、P-38はドドドと腹にひびく感じです。それでも一式戦よりはいい。一式戦では奇

被弾して黒煙をひくP－40。一撃離脱に徹するP－38とくらべれば、まだしも戦いやすかった。ラバウルで地上から撮影。

襲以外に打つ手はない」(大尉の浅野眞照さん)

「P－38はとにかく速い。旋回戦闘は全然やろうとしないから、高位で待ち伏せての奇襲以外はまずだめでした。一〇〇〇メートル近くも上空から背面降下で突っこんできた三式戦が、引き起こして敵と平行の姿勢になったら、スーッと離されるのを見たことがあります。コンソリ(B－24)を攻撃したとき上にいたP－38に追われ、反転して九〇度の垂直降下でやっと引き離した」(中尉の中川鎮之助さん)

「P－40は必ず旋回するため、比較的やりやすい。降下直進で離脱していくP－38は、高速で逃げられて捕捉が難しい。それに防弾装備が厚く、燃料タンクを撃ってガソリンを噴かせても、発火しないでまもなく止まってしまいます。操縦席を前からねらう以外になく、落としにくい飛行機です。P－40のほうが火もつきやすかった」(准尉の寺田忍さん)

「速度と運動性を相殺(そうさい)したとしても、火力で大差がつくし、上昇力もP－38が上。運動性とベテラン同士のチームワークで一撃離脱に対抗するのだが、通信能力で負けてしまう。ロッ

ニューギニアの草原に胴体着陸した十四飛団の三式戦。戦隊マークを描く時間がないから、垂直安定板に白の横帯やななめ帯を塗って区分けした。

テの戦闘（編隊空戦）では長機と僚機の間隔が離れるから、手信号など見えはしません。うまく捕捉できてもＰ－38はなかなか落ちない。煙は出ても火を噴かないからです」（中尉の深見和雄さん）

「富島〔隆〕中尉が三〜四機落とすなど、初めのうちはＰ－38も格闘戦に入ってきて、やりやすかった。そのうちに一撃離脱専門に変わり、捕捉できず苦しい戦いを強いられました。こちらが敵機数の半分以上いると、相手も警戒したり逃げたりするけれども、なにしろ可動機が少なすぎた」（准尉の武山一郎さん）

「マダンの上空でＰ－38の撃墜に成功しています。作戦からの帰途、殿（しんがり）（最後方）で単機で飛んでいるとき、やはり帰還中の敵六機編隊を見つけ、後尾機に不意打ちをかけたところ、一撃で火がついて落ちていきました。このときは相手に気づかず、こちらが有利な立場にあったからよかったが、同じ条件ならＰ－38は実に手ごわい」（軍曹の藤野光寿さん）

以上の七名は所属したての若鷲ではない。この時点で操縦歴三年弱〜五年強の、戦隊では中堅からトップクラスを占める、腕に覚えの面々ばかりだ。それぞれの回想に若干の相違はあっても、三式戦による対P－38戦闘の苦しさがうかがわれよう。これに無線通信能力の大差が加わっては、不利は歴然である。

無線不通の非常に大きなハンディは、空中指揮をとる幹部がより切実に感じており、深見中尉のほか浅野大尉、中川中尉も同様の感想を抱いた。

近距離用の九九式飛三号無線機の聞こえにくさは〝常識化〟しており、雑音の多さ、周波数の不安定などを訴える声が航空本部にあいついだ。地上では一応の感度、明度が保たれ、空中でも巡航でおとなしく飛んでいるときは、編隊間ぐらいならなんとか聞こえないでもないが、ひとたびエンジン出力を上げると、各部の電源や配線などから出る火花放電による電気的雑音をひろってしまい、空対空、空対地とも交信不能におちいった。エンジン出力を高めると聞こえないのでは、戦闘時に役に立たせようがない。

火力に関して補足すれば、三式戦一型甲の一二・七ミリ×二、七・七ミリ×二に対し、P－38F～Hは二〇ミリ×一、一二・七ミリ×四を備え、総合威力は二倍以上の開きがある。さらに同じ一二・七ミリでも、ブローニングMG53Aのコピーのホ一〇三とブローニングM2（MG53Aの小改修型でMG53－2とも称する。性能はほぼ同一）とでは、一発あたりの破壊力と弾丸の直進性にざっと二割ほどの差があるのは、前章で述べたとおりだ。

続いて十月初め、四航軍は装備戦闘機に対する意見報告書を、軍中央部に提出した。これも、三式戦については速度と上昇力がP－38に劣り、可動率が低いうえ、無線機が通じないなどの欠陥を指摘し、航続力の増大を望んだ内容だった。

また同報告書では、自軍戦闘機の不振を補うために、二式戦（キ四四）の配備を切望している。しかし、二式戦二型は三式戦一型にくらべ、カタログ上、速度と上昇力に優れているとはいえ、航続力が足りないし、滑走路が短いニューギニアの飛行場での使用は難しい。四航軍幹部は二式戦の知識がなく、過大評価していたきらいもある。報告書では、明らかに性能の劣る一式戦の主用を「やむを得ない」としているところから、「性能は三式戦なみでいいから、可動率の高い機材を多数ほしい」と言いたかったのではなかろうか。

P－38の射撃兵装はＥ型からあと、火器の型式に違いはあるが20ミリ機関砲1門（弾数150発）、12.7ミリ機関銃4梃（弾数各500発）の機首部への集中装備は同じだった。これは最終量産型のＬで、兵器員が手にするのは20ミリの弾帯。

訓練から着任まで

苦戦を続ける三式戦部隊への操縦者の補充は、多くはないけれども無論あった。六十八戦隊へ赴任する状況を、一例をあげて説明しよう。

本土防空専任の飛行第二百四十六戦隊（兵庫県加古川）で、九七戦に乗って四ヵ月の戦技教育を受けた、第十期少年飛行兵（少飛と略称）出身の梶並（かじなみ）進、富田新二、鈴木茂芳、村上正夫、小室五郎、天本隆の六名の兵長は昭和十八年四月、六十八戦隊への転属を伝えられた。装備機はキ六一で、戦隊は横須賀から海路トラック諸島へ南下中、彼ら六名は明野飛行学校でキ六一の訓練を受けたのちに赴任する、などの事情を教えられ、最新鋭機に乗れる喜びにひたりつつ加古川飛行場をあとにした。

明野飛行学校は新型戦闘機の運用研究や新戦法の開発、航士／陸士出の将校操縦者の実用機教育、中隊長教育を受けもつ組織で、少飛出身の新米操縦者の学ぶ場所ではない（下士官操縦要員は飛行戦隊で実用機の教育を受ける）。六名の兵長が特別措置を与えられたのは、十八年四月の時点でキ六一を持つ部隊が、六十八、七十八の両戦隊以外になかったためだろう。明野で機種改変中の七十八戦隊は、ニューギニア行きを前に大わらわで、新人の教育など請けおう余裕はどこにもない。

また、戦隊着任前にキ六一の未修飛行をさせるのは、彼らの階級が兵長だったからだと思われる。兵でも乗って戦える海軍とは異なって、陸軍では伍長、つまり下士官に任官しないと、実戦部隊の操縦者として使えない決まりだった。そこで、伍長進級までの四ヵ月近いあいだ腕を鍛え、最激戦地の東部ニューギニアでの速（すみ）やかな戦闘参加を可能にするもくろみだったようだ。この処置は正解だった。

勇んで明野に着いた兵長たちを待っていたのは、九七戦と一式戦を使っての一ヵ月におよ

各務原で六十八戦隊への補充要員の梶並進伍長が、自機用に受領した三式戦の第388号機（一型甲の最終号機）と記念撮影。濃緑の迷彩は自分でスプレーガンを使って吹き付けた。

ぶ特訓で、これが終わってようやく、銀色のキ六一の操縦席に座らせてもらった。前部風防を通して見る機首のやたらな長さ、地上滑走（タキシング）をてきぱきやらないと安全弁から水蒸気を噴くなど、液冷機の特性に面くらった梶並兵長は、離陸後の高性能にたちまち魅了された。運動性も加速もすばらしく、教官から「降下時の速度制限はない」と言われた頑強な機体が頼もしかった。

他戦隊からの同期生一名を加えた合計七名に、八名もの教官、助教が付いて二ヵ月間、単機格闘戦からロッテ戦法までみっちりと仕込まれた。この間に天本兵長はキ六一の水平きりもみから回復できず、明野沖に落ちて負傷し、今回の任務からはずれた。

故障、不具合は当然ながら生じた。梶並兵長の場合は、調速器の故障によるプロペラ・ピッチの変更不能（無事に着陸）と、燃料ポンプのピストン弁の焼き付き（不時着）を、一回ずつ経験している。

二百四十六戦隊からの五名は八月一日の伍長

進級と前後して、「明野での訓練終了、新機受領ののちウエワクへ赴任」を通達された。各務原（かがみがはら）飛行場に着き、各務原航空廠の保有する三式戦のなかから、割りふられた機を受け取って、指揮官の到着まで訓練飛行にはげんだ。八月十五日にやってきた指揮官は、少飛四期出身のベテラン、少尉候補者の課程を終えたばかりの日比野茂少尉。彼をふくめた六名は、ジュラルミン外板に南方進出用の濃緑のまだらを塗った三式戦を、明野に運んで固定兵装の照準を合わせた。一型甲の最終生産分なので、胴体に一二・七ミリ機関砲二門、主翼に七・七ミリ機関銃一梃ずつを付けていた。

各務原にもどったのちの九月十八日、六機は激戦の赴任地へ向けて発進した。だが、離陸後いくらもたたない岐阜と三重の県境あたりの上空で、密雲に呑まれて機位を失い、日比野少尉、鈴木伍長、富田伍長は雲の下をめざして養老山系にぶつかり、殉職した。小室伍長、村上伍長は引き返し、他機を追うつもりで福岡県大刀洗（たちあらい）まで飛んだ梶並伍長も、無事に帰ってきた。

補充要員の半分が死んだからといって、戦局に出発計画を練り直すだけのゆとりはない。翌々日には、航士出身の井上哲次中尉と少飛出身の藤本増一軍曹が各務原に現われ、即日出発した。新田原、那覇、台湾・屏東、ルソン島クラーク、ミンダナオ島ダバオをへて、セレベス島メナドから西部ニューギニアのバボを中継する、七十八戦隊のラバウル進出時とほとんど同じコースを飛んだ。異なるのは、降着予定のホランジアを快調に航過し、ウエワクに着陸した点である。

九月二十七日、五機が降りるとまもなく、ウエワク飛行場に敵襲の警報が出された。新品の三式戦はバボで全弾装備にしていたので、手直しもせずに古株の操縦者が乗りこんで出動にかかる。井上中尉ら五名は着任の申告をあわただしく終えると、教えられた防空壕へ向かって走った。

第348戦闘航空群司令のニール・E・カービイ大佐(先頭の73号機)が隷下の第342戦闘飛行隊機をひきいる、リパブリックP－47Dの4機編隊。ニューギニア方面の洋上を飛ぶ。

二百四十六戦隊からは別動で、山野部高明、塚田春信、金井溢夫伍長らの少飛十期生が七十八戦隊に赴任した。訓練が主体で実際に戦闘をしていない本土防空部隊は、前線へ送る下士官操縦者の戦技教育が、このころの最も重要な任務だったとも言えるだろう。

新鋭P－47、寺西中佐を撃墜

十月二日にフィンシュハーフェンを手中に収めた米軍は、このときまでにマザブ飛行場の整備をすませ、ポートモレスビーから新顔のリパブリックP－47D戦闘機を装備した第348戦闘航空群が移動してきた。十月十一日、同航空群司令のニール・E・カービイ大佐は、P－47四機でウエワク方面へ飛んだ。Ｐ－47の急降下性能を実戦で試すのが目的で、僚機三機には指揮下の第342戦闘飛行隊から腕達者を選んでいた。

この日、レーダーで捕捉した敵機を邀撃のため、六十八戦隊の三式戦と一式戦、十三戦隊の一式戦が発進。やや遅れて、空中指揮をとるべく十四飛団長・寺西多美弥中佐が一式戦に乗りこみ離陸した。

ウエワク付近上空で落下タンクを投下したカービイ大佐は、左後方、六〇〇メートル下方に単機飛行中の「零戦」（一式戦の誤認）を発見した。これが寺西中佐機だったと思われる。大佐は左後方から接近、回避の余裕も与えず火を噴かせ、海中に撃墜した。以後、大佐は日本機編隊と交戦、一人で一式戦四機と三式戦二機の大量撃墜を果たし、僚機も三式戦三機の撃墜を報告。Ｐ－47に損失はなかった。

第十四飛行団長・寺西多美弥中佐。率先、苦戦に対抗した。

上下からの信頼の厚い寺西中佐を失った、四航軍のショックは大きかった。この日はさらに六十八戦隊一中隊長・小山茂大尉も、Ｐ－47に撃墜されて戦死した。

十月から十一月にかけて、米第5航空軍ではＰ－38およびＰ－40から、Ｐ－47「サンダーボルト」へ改変する戦闘機隊が増えた。四航軍にとっては、新鋭機Ｐ－47の登場は脅威であったが、Ｐ－38ほど一撃離脱に徹しないので、奇襲さえ食わなければむしろ与しやすく、のちに十四飛団は「三式戦で対抗し得る」と判断するにいたった。

マニラで新機を受領した七十八戦隊は、ウエワクにもどって休む間もない十月十六日午前、情報によりB－25とP－38の戦爆連合への全力邀撃準備にうつる（六十八戦隊はアレキシスに進出中）。先頭の一～二機が上がるか上がらないかというとき、海岸にそって椰子の葉をくぐるように、二〇機ほどのP－38が来襲。三式戦と一式戦は銃撃のなかを、敵機とすれ違うかたちで離陸した。

第二中隊の藤野光寿軍曹は、ようやく高度を一〇〇〇メートルまでとって、ひと息つき、さらに中高度まで上がって周りを見たとき、後上方から上空掩護のP－38の一撃を受けた。三式戦はすぐに火を噴き、軍曹は火傷を負いながらも落下傘降下したが、右手の指三本をとばされてしまっていた。

七十八戦隊はほかに一中隊長・牟田口悌愛大尉、野中史郎准尉、田之上藤雄曹長の三機が未帰還。地上でも八機を破壊され、大量の燃料が炎上して、一方的な敗北に終わった。

十月末には、戦力回復なった五十九戦隊と内地からの二百四十八戦隊の、両一式戦部隊が加わって四航軍の戦力はやや回復し、代わりに六十八戦隊がマニラへ新機受領に出かけた。

マニラには動かない三式戦がたまっていた。戦隊長・木村清少佐から「見に行ってくれ」と頼まれた本部付整備将校の渡辺章中尉（四月に進級）は、ひどい火傷が治らず栄養失調でガリガリにやせて内地へ帰る浅野眞照大尉を看護しつつ、機材受領の操縦者たちと重爆で十月三十日にマニラへ向かった。近郊のクラーク飛行場に置かれた三式戦を中尉がチェックしてみると、故障の原因がすぐに分かった。内地とマニラの気温差のために、燃料噴射装置から出る混合気の濃度が変わって、発動を妨げていたのだ。エンジンカバーを外して微調整してやると、どの機も容易にエンジンがかかった。

六十八戦隊が二六機の機材受領を終えてウエワクへ発ったあとも、渡辺中尉はマニラに留まって後続の空輸機の面倒を見続け、昭和十九年三月十日すぎに〝瀕死〟のウエワクに帰還する。また、戦死した小山大尉のあとを継いで一中隊長に任命された中川鎮之助中尉は、激しい下痢で体力を消耗していたため、そのままマニラで入院した。

六十八戦隊が不在のあいだ、七十八戦隊は他戦隊とともに、ウエワク防空やマザブ（ナザブ）、マラワサなどマーカム川沿いの飛行場攻撃を実施。十一月中旬までに和久武夫曹長、佐久間兼松曹長、保田明男軍曹、新田磯雄准尉、戦隊本部付の中浜貞夫大尉が戦死し、負傷や疾病による入院、送還者もあいついで、多からぬ戦力はなおも、じりじりと減っていった。

三式戦一型の変遷とマウザー砲

ここで、いったん機材の開発に話をもどす。

昭和十八年の十月ごろまでに、第十四飛行団が使用した三式戦は、いずれも機首に一式一二・七ミリ機関砲（ホ一〇三）、主翼に八九式七・七ミリ機関銃を装備した一型甲だった。

だが、ホ一〇三の故障が激減し、生産も順調に進んできたから、当初に計画したとおりの一二・七ミリ砲四門装備の機体が十八年九月から完成し始めた。これが、同年末に三式一型戦闘機乙、略して三式戦一型乙と称されるタイプである。

一型乙の十四機目以降は、操縦席の後方に厚さ八ミリの防弾鋼板を装着可能とした。また、弾丸が当たれば背中に火がつく「カチカチ山」と嫌われて、十四飛団でほとんど用いられなかった胴体内増設タンクを、初めから除去していた。百五十機目からは、燃料タンクを一二ミリ厚のゴムで覆い、被弾時の防漏効果を高めている。さらに、試作機以来の完全引き込み式の尾輪は、若干の空気抵抗の増加をしのび、工数削減による生産性向上をはかって、乙型の途中から固定式に変わった。

一型甲は昭和十八年九月生産分の途中までで終わり、合計三八八機。一型乙は十九年四月までに約六〇〇機が作られた。後者の十四飛団への配備は十八年十一月ごろからで、七十八戦隊三中隊長・立山良一大尉が同月二十六日、フィンシュハーフェンのすぐ北のアント岬付近を攻撃のさい、第35戦闘飛行隊のP-40Kを一撃で撃墜した。一二・七ミリ四門の威力だろう。

しかし一二・七ミリ機関砲、それも弾丸が軽いホ一〇三ぐらいでは、大型機に致命傷を与えるのは容易ではない。これは、すでに一式戦装備の十二飛団が、十七年末のラバウルでB-17を追撃して証明ずみだった。

開戦前の陸軍全体が、二〇ミリ機関砲を無視していたわけではない。海軍から四～五年遅れながらも、陸軍航空技術研究所（技研と略称）ではすでに昭和十五年末、二〇ミリ砲が将来の主力火器を占めると見こし、造兵廠の許可を得ないまま、廠管轄外の中央工業に命じ、独断で試作を進めていた。これがのちに陸軍の主力二〇ミリ砲ホ五に育つのだが、陸軍戦闘機の主要火器が一二・七ミリ機関砲に決まり、その生産態勢が整い出したころなので、試作が表面化すれば反対続出は必至だった。

ようやく昭和十七年四月、南方軍の戦訓をベースにして、技研は「戦闘機の主火力は二〇ミリ機関砲とする」との意見具申を兵器行政本部へ提示した。この時点ではなお疑問視されていたが、さきの対B-17戦で一二・七ミリ砲が非力と判明した十七年末、ホ五の大量生産が決まったわけである。

ところが、ホ一〇三と同じくブローニングの機構をまねたホ五の開発は、重量制限や使用材料の質の低さと、弾薬製造に手こずったために、十八年九月の装備開始予定に半年の遅れをもたらした。

ホ五の大量産決定の前から陸軍は、榴弾（炸裂弾）が使えるという理由で、ドイツのマウザーMG151／20二〇ミリ機関銃に目をつけていた。榴弾については陸軍でも一二・七ミリ用のマ弾を完成してはいたが、信頼性と威力が段違いだった。さらに、マ一〇二は信管なし、マ一〇三は当たって爆発する瞬発信管付きなのにくらべ、マウザー二〇ミリ機関銃は時限信管付きの曳火榴弾を使用できた。これは、当たらなくても一定距離を飛んだのち自爆するから、地上に迷惑をかけない。市街地上空の防空戦で使うのに、もってこいである。不発のさいには自動的にモーターで再装填する、日本では真似ができない巧みな機構も付いていた。

MG151／20の重量は四二キロ、全長一・七六六メートル。初速六九五～七八五メートル／秒は、海軍の九九式二号二〇ミリ機銃とほぼ同じ、弾薬包一発の重量一九九グラムは二号銃の二二〇グラムよりやや軽い。発射速度は六三〇〜七二〇発／分で、二号銃の四八〇発／分を大きく上まわる。発射速度の大きさは、一定時間内に撃ち出せる弾丸重量に比例し、一撃離脱の戦闘では重要な要素である。

総じて言えばＭＧ151／20は、海軍が昭和十八年初めに実用開始の九九式二号銃よりも上で、世界水準を抜く優秀な航空火器だった。

陸軍はドイツにＭＧ151／20と使用弾の大量購入を要請したが、ドイツでも第一線用機に急速装備中だったので、空軍参謀本部は難色を示した。しかし、空軍総司令官ヘルマン・ゲーリング国家元帥と航空兵器総監エルハルト・ミルヒ元帥の好意的判断により、十七年十一月下旬に砲二〇〇〇門、弾薬一〇〇万発の譲渡が伝えられ、毎月三〇〇門、一五万発ずつを潜

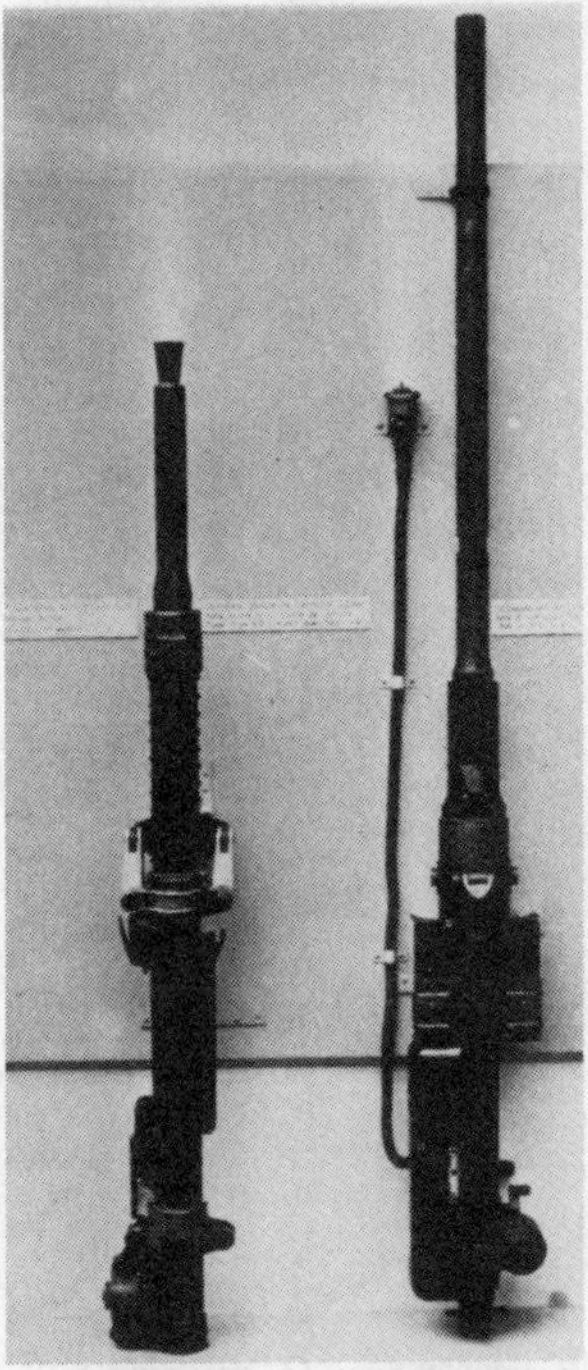

マウザーMG151/20(右)とエリコンMG−FFの形状の比較。同じ20ミリ口径(ドイツでは20ミリまで機関銃)でも前者の全長が3割近く長い。MG−FF(MG−FFF)は海軍が九九式一号20ミリ機銃として昭和14年度に制式に採用した。ホ五はMG−FFよりわずかに短い。銃身の長さは弾丸の速度と弾道の直進性に大きく影響した。

水艦で輸送する取り決めがなされた。

結局、輸送の困難化などにより、陸軍が入手したのは砲八〇〇門、弾薬四〇万発に止まった。陸軍でマウザー砲と呼ばれたＭＧ151／20の装備は、ホ五を最初に付ける予定が立てられていた最新鋭の三式戦だけと決定。とりあえず既成の一型甲および乙の、翼内取り付け部と外板を手直しして装備する改修が始まり、十八年九月にマウザー砲付きの一号機が完成した。これが一型丙である。

一型丙は、既成の一型甲および乙を改修したものと、当初からマウザー砲装備で作られた機体を合わせて、合計三八八機が十九年七月までにでき上がる。砲の入手数が限られるため「特殊装備」に分類され、丙は甲、乙に対し「武装強化」の区分がなされた。

ニューギニア航空戦の落日

東部ニューギニア方面の戦局は、十一月に入ってますます不利に傾いていた。

彼我(ひが)の戦力差が広がる一方のなかで、同月中旬、第七飛行師団がこの方面での戦闘を解除され、南西方面へ移動していった。飛行第七十八戦隊と、十二月初めにマニラからもどってきた六十八戦隊、両部隊を指揮する第十四飛行団司令部は、航空軍直属なのでそのまま残り、ふたたび第六飛行師団の指揮下に入った。絶対国防圏の外郭である東部ニューギニアの戦力は、減りこそすれ、増強される可能性はなく、六十八戦隊が持ってきた三式戦一型乙二六機も、遠からず消耗するのは明白だった。

十二月になると四航軍は、ニューブリテン島マーカス岬への敵上陸軍の制圧、ウエワク防空、入港する船団の掩護に追われた。

操縦者は降りてくると休む間もなく、軍医からブドウ糖注射を受けて発進する。三式戦でP－40二機とP－38四機を撃墜、B－24三機協同撃墜を記録していた、七十八戦隊二中隊の寺田忍准尉は、注射の打ちすぎで皮膚が固まってしまい、軍医から「ビン（アンプル）の口を切って飲め」と言われるほどだった。

連続の出撃で身体を酷使する准尉ら空中勤務者にとって、なによりも支えになったのは、中隊付整備班の献身的な努力だった。とりわけ少年飛行兵三期生出身の整備班長・前田登曹長の敏腕ぶりは群を抜き、優れた人格とあいまって、彼の整備した機は万全との確信を抱かせた。事実、前田曹長が整備した三式戦に乗り続けた准尉は、大きな故障を一度も経験していない。乗機に不安があるのとないのとでは、当然ながら闘志に格段の開きが出る。

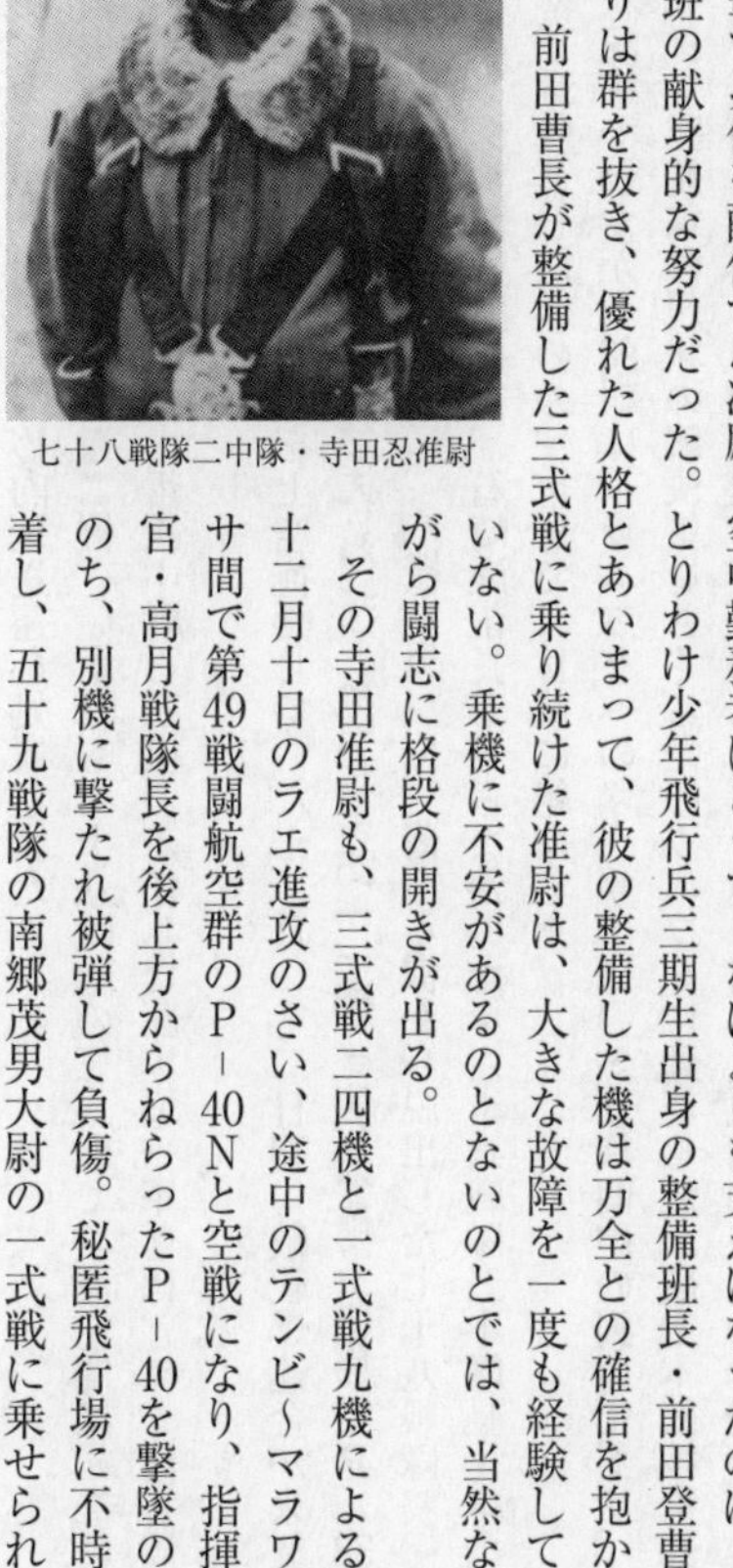

七十八戦隊二中隊・寺田忍准尉

その寺田准尉も、三式戦二四機と一式戦九機による十二月十日のラエ進攻のさい、途中のテンビ～マラワサ間で第49戦闘航空群のP－40Nと空戦になり、指揮官・高月戦隊長を後上方からねらったP－40を撃墜ののち、別機に撃たれ被弾して負傷。秘匿飛行場に不時着し、五十九戦隊の南郷茂男大尉の一式戦に乗せられてウエワクに帰ったが、深手のため内地送還を処置された。

この日の損失は自爆一機と未帰還二機。いずれも六十八戦隊の三式戦で、波左間初雄准尉、柴清正軍曹、それに九月下旬に井上哲次中尉ら五機で着任した藤本増一軍曹は、ラム河谷周辺の上空で散っていった。

ウエワク入港の船団の揚陸作業を上空掩護していた十二月二十二日朝、敵戦爆連合が来襲。各戦隊は防空に善戦し、地上砲火と合わせて撃墜B-25一機(うち不確実四機)、P-38六機(同二機)を記録したかわりに、八機を失った。落ちる機から脱出した七十八戦隊長・高月少佐はジャングル内に墜死し、石崎巌伍長も帰らなかった。六十八戦隊三中隊長・本山明徳大尉は落下傘降下したものの、重傷で二日後に絶命した。

こうした状況下でかすかな朗報は、ウエワクへのマウザー二〇ミリ機関砲の到着である。十二月十七日、四航軍の現状の解決策をさぐるためウエワクに到着した、航空本部技術部長・駒村利三少将がリーダーの駒村派遣班が、マウザー砲二門と曳火榴弾五八〇〇発を持ってきた。三式戦の故障の多発をきらっていた四航軍も、P-47やP-38の速度と耐弾能力に対抗するには一式戦では無理で、三式戦を中心に戦わざるを得ない、との結論に変わっていた。また整備兵も三式戦の扱いになれ、可動率を上げていたところから、マウザー砲の到着は歓迎された。

派遣班がもたらしたマウザー砲は二門だけだったが、一〇日後の二十三日、六十八戦隊に転入の関口寛少尉、七十八戦隊に転入の斎藤正午少尉らベテランが、各務原から三式戦一型丙四機をウエワクに空輸してきた。

当初は六機を運ぶ予定だったが、出発時に一機が大刀洗で輸送機との空中衝突により失われ、操縦の金内五三郎少尉は死亡。関口少尉が乗るもう一機は、大刀洗から沖縄へ向かう途中にいったんエンジンが止まり、再始動してなんとか着陸できた。原因は燃料噴射装置に金クズが詰まったためで、気筒内にも金属粉が入ってピストンの表面を傷だらけに痛めており、そのまま沖縄に残された。

マウザー砲の威力は大きく、B－25なら一撃で、難攻のB－24でも数撃で空中分解させたという。だが、絶対的な戦力の差を、わずかな数の高性能機関砲で埋められようはずはなかった。

明けて昭和十九年（一九四四年）一月二日、第十八軍司令部のあるマダンの西南方、グンビに米軍が上陸。四航軍は敵上陸部隊および艦船攻撃に出動し、三式戦はP－38やP－40、P－47と数次の空戦を交えた。

一月十六日には、新着の六十三戦隊（一式戦）をふくむ五個戦隊の戦闘機約六〇機でグンビへ出撃したが、一〇機ほどの撃墜報告に対し同数を喪失。注射で過労を抑えながら、空中指揮をとり続けた六十八戦隊長・木村少佐も、不利な態勢のなかで、おそらく第35戦闘飛行隊のP－40Nに撃墜され、未帰還の処置がとられた。

部下の体力、心理面に配慮をおこたらず、戦えばつねに率先垂範の木村戦隊長は、隊員たちに慕われた。麻雀ぎらいの下山前戦隊長とは違って、牌の音がすれば積極的に加わり楽しん

七十八戦隊長・木村清少佐は
卓抜な操縦技倆の人格者だった。

で打つ。豊かな人格と高い操縦技倆を、誰もが見上げていた。

着任以来三ヵ月半、明野での特訓を素地に、二中隊長・竹内正吾大尉（十八年十二月二十一日戦死）をはじめ先輩たちの指導を得て、技倆を高めた梶並進伍長は、「危ないときは離脱せよ」「生きのびて戦え」と教えてくれた木村少佐に心服していた。抜群の急降下特性をはじめとする諸性能、当時の日本機のなかではマシな耐弾装備などから、三式戦を高く買う梶並伍長は、多勢に無勢の不利にめげず撃墜を記録し、少佐の戦死した日にもP－38を葬っていた。

「低性能のP－40、運動性の劣るP－38よりも手ごわいのは、一撃離脱で八梃もの一二・七ミリの射弾を浴びせかけるP－47」と語る彼が、日付は定かではないが、この強敵を一連射で倒したことがある。ウエワク上空、やや南東寄りで、雲の下にP－47三機を認め、まわりこんで左後方の機に後上方攻撃をかけて撃墜した。

この戦闘状況が、三月五日に日本機に襲われたニール・カービイ大佐の戦死の場面に似ているのだ。これがもしカービイ機なら、金星を挙げたのは言うにおよばず、伍長の手で寺西中佐の仇を討った殊勲の報復になる。

ウエワクの三式戦は少数ながら邀撃や進攻によく戦った。けれども、二月に入るとマニラからの補給もとだえ、二月十五日の時点で四航軍の可動戦闘機は、たったの一四機にまで減少した。ウエワクを保持不可能と判断した四航軍司令部は、西方のホランジアへの後退を決定。三月中旬に六十八戦隊、七十八戦隊の操縦者全員と地上勤務者の一部は、ウエワクを離れた。

ホランジアに移動したのちの三月末、戦爆連合の連続大空襲を受け、六十八戦隊の三式戦は四機（うち可動二機）、七十八戦隊は五機（同三機）が残るだけだった。

1944年(昭和18年)2月、虫の息のウエワク飛行場を攻撃するB－25から写された。可動状態にあったらしい2機の三式戦一型が、降ってくる落下傘爆弾を受ける直前の状況。

六十八戦隊、最後の空戦

前年九月二日のウエワク邀撃戦で手ひどい火傷を負って内地送還、東京・若松町の陸軍病院に入り、空への復帰を念じていた浅野眞照大尉は、新聞記者の取材に応じて東部ニューギニア戦線を語った。

「飛行機の不足を銃後の人々がどれほどに感じているのかは別にして、戦地で機材が足りないため、みすみす敵機の跳梁（ちょうりょう）をながめ、戦友の苦戦を見つめている隊員の気持ちを分かってもらえようか」「乗る飛行機が

ホランジアの飛行場誘導路に置かれた十四飛団の三式戦。下方の1機は九七重爆か百式輸送機だ。4月下旬に空母「エンタープライズ」を発艦した第10雷撃飛行隊のTBF「アベンジャー」から写された。設営力に劣る日本軍は機材隠蔽がまずい。

なく、味方機が上がったあとで防空壕に入るのは、悲憤の涙などという生易しい言葉では表せない」「ウエワクへ来るコースも時刻も分かっているのに、乗る機がなく、地上で歯ぎしりする操縦者の気持ちを察してもらいたい」「わが新鋭機とP-38との比較は、速度、旋回性能、上昇力など、それぞれの点で優劣があって正確な判定は不可能だ」

三月十三日の新聞に出た大尉のこれらの言葉は、「共に完勝へ突進」「我猛反撃に敵苦戦」「反攻の夢粉砕」など景気のいい見出しがならぶ当時の紙面では異色である。記者がかなり角を丸めたのは歴然だから、浅野大尉の実際の談話がいかに辛口だったかが想像できる。「多数の優秀機を送れ」は、動かぬ身体で少しでも戦隊の力になろうとする、彼の叫びだったに違いない。

浅野大尉の希望からはほど遠いが、ウエワクからホランジアに移動し、虫の息に衰えた第

ハルマヘラ島ワシレ飛行場で三式戦一型乙が発進を待つ。ラバウル進出から1年をへた19年4月だが、ニューギニアでの苦闘と消耗を感じさせない。

十四飛行団に、いくらかでも戦力を送りこむ努力は払われていた。

十九年四月中旬、明野飛行学校付だった高原忠敏少尉は、同期の佐藤恭一少尉とともに十四飛団付を命じられ、七十八戦隊長要員の中村虎之助少佐を長として、三式戦一型乙三機でルソン島クラークフィールドへ向かった。クラーク到着は四月二十三日だった。

二日前の四月二十一日早朝、ホランジアは米第58任務部隊の空母を発した艦上機群に襲われて、第六飛行師団の装備機はほぼ全滅。翌二十二日、米軍はホランジアへの上陸を開始した。三式戦二個戦隊からなる十四飛団の、まる一年にわたるニューギニアでの航空活動は、ここに終止符が打たれた。

クラークで敵のホランジア上陸を聞いた中村少佐らは「行けるところまで行こう」と、ネグロス島バコロド、ミンダナオ島ダバオをへて、四月末ごろにハルマヘラ島ワシレ飛行場に到着。もはやホランジアへは進出できないと分かり、二日前に先着していた、やはり十四飛団要員の川上次郎大尉ら三機の三式戦を加え、中村少佐を長にしてワシレでの作戦方針を決めた。

セレベス島メナドの四航軍司令部に着任ののち、五月初めにワシレに来た新六十八戦隊長・貴島俊男少佐は、ここを戦隊の本拠と定めた。七十八戦隊や一式戦部隊の補充者を加えて十数機の集成戦闘機隊を構成し、第七飛行師団第九飛行団の指揮下に入った。

だが五月五日、哨戒飛行からもどった中村少佐の三式戦が、飛行場の近くまで来て高度を急に下げ、海中に突入して少佐は死亡した。僚機の高原少尉は、少佐が操縦席に頭を突っこみ、しきりに手動の燃料注射ポンプを突いていたのを見ており、エンジンか燃料系統かが故障しての事故と思われる。

七月初め、ハルマヘラ島の六十八戦隊の可動三式戦は一〇機で、ワシレに近いミティに移動していた。同月十三日、貴島戦隊長も中村少佐と同様のかたちで戦死する。高原少尉を僚機として高高度で来襲したP－38に一撃をかけ、飛行場上空に帰って第四旋回に入ったところで急速に高度が低下、手前の浅瀬に着水した。このとき、計器板上方に付いた百式射撃照準具の後部に額を強打し、死亡にいたったもので、やはりエンジン関係の故障が災いしたのだった。

一方、ニューギニアの六十八および七十八戦隊員は、軍からも見捨てられ、山中に立てこもって自活の状態を続けており、飢えと病、地上戦闘や敵機の銃撃に倒れていった。もはや戦力再建の可能性はなく、七月二十五日付で十四飛団および両戦隊に解散の措置がとられた。

足どりを合わせたように、解散下命から二日のちの七月二十七日の昼が、六十八戦隊にとって最後の空戦のときだった。

米第5航空軍の各三個航空群のB－24八〇機とB－25四四機、護衛のP－38六個飛行隊の六〇機は、二群に分かれてハルマヘラを空襲。ミティでは六十八戦隊の高原、佐藤、山田幸穂の各少尉が発進し、三機が離陸後一〇〇〇メートルまで高度を稼いだところで、上方からP－38にかぶさられた。高原少尉機は三回まで敵弾を回避したが、四撃目に被弾発火し少尉は落下傘降下、佐藤機と山田機は未帰還に終わった。P－38Jが報告した一五機撃墜のうち、第35戦闘飛行隊による三機は離陸直後の三式戦と記録されており、六十八戦隊の損失と合致する。

エンジン出力を高めたP－38Jは、それまでのHよりも速度、上昇力、航続力のいずれもが勝り、七二五キロまでの爆弾二発を懸吊できる戦闘爆撃機でもあった。

こうして第十四飛行団の苦闘は幕を閉じた。同飛行団と二個戦隊の三式戦にとって、主戦場が環境劣悪の僻地（へきち）ニューギニアだったのは、悲劇としか言いようがない。もしも、初舞台がもう少しましな条件の場所であったなら、飛行団も三式戦も、ひとときの栄光を手にし得たであろうに。

第四章　決戦場フィリピンへ

本土防空戦力に加わる

昭和十七年四月に日本本土へ初空襲をかけたB－25爆撃機群を、防空戦闘機隊は一機も撃墜できずに終わった。その主因は「空母に載せてあるのは単発艦上機」と日本軍が判断したためだが、邀撃(ようげき)用兵器や探知網、通信網のお粗末さも、大きく影響した。

建軍以来つちかわれた攻撃偏重主義と、航空兵力の余裕が皆無に近いため、防空用機材は二の次、三の次とされた。陸軍について言えば、昭和十八年なかばまでの防空戦闘機の大半は、全速を出してもB－25に追いつけない旧式の九七戦である。こうした時代遅れの様相は、十八年夏に入るとさすがに変わった。

このころ、日本本土（内地）には三個飛行団が防空用に設置されていた。東部軍管区（関東、東北）の第十七飛行団、中部軍管区（関西、中部、四国）の第十八飛行団、西部軍管区

（九州、中国）の第十九飛行団である。これら三個飛行団の戦闘機戦力は合わせて五個飛行戦隊と一個独立飛行中隊で、十八年七月から九七戦装備の部隊は一つもなくなり、二式戦が二個戦隊と一個独飛中隊、一式戦と二式複戦がそれぞれ一個戦隊、そして三式戦が一個戦隊に配備された。

三式戦を用いた一個戦隊とは、東京都下の調布飛行場を基地に使う飛行第二百四十四戦隊だ。二百四十四戦隊は、昭和十六年七月に編成された飛行第百四十四戦隊を翌年四月に改称した、生えぬきの防空戦闘隊で、東部ニューギニアへ進出の飛行第六十八戦隊、七十八戦隊に続く、三番目の三式戦部隊に指名された。

九七戦から三式戦への機種改変が、二百四十四戦隊に伝えられたのは昭和十八年六月。それまで、役に立たない九七戦での貧弱な防空力を少しでも補おうと、同じ調布にいる独立飛行第四十七中隊から二式戦四機を借りていた戦隊にとって、最新鋭機をもらえるのは朗報だった。

戦隊ではさっそく、最先任将校で第三中隊長の村岡英夫大尉を長に幹部数名を、福生の航空審査部へ未修教育のため派遣した。十八年六月といえば、キ六一にようやく三式戦闘機の制式名称が付き、六十八戦隊のあとを追って七十八戦隊がラバウルへ向かおうとしているころだ。そこで、二百四十四戦隊は未修飛行を進めつつ、充分になされていない各種の実用試験を担当する役目をおった。

審査部に出向いて最初に三式戦に乗った村岡大尉は、上昇力が意外に奮わない点を除いて

東京・調布飛行場の二百四十四戦隊に最初にもたらされた三式戦一型甲。昭和18年7月の撮影で、右遠方には現用機材の九七式戦闘機が見える。

は、安全性、操縦性とも及第で、舵の利きも良好と感じた。

当時、審査部の三式戦担当は、荒蒔義次少佐が第十二飛行団部員に転じてラバウルへ出て、まもなく六十八戦隊長を命じられる木村清少佐と、坂井菴少佐が受けもっていた。坂井少佐から要領を聞いて、空中でエンジン再始動のテストに発進した一中隊付の小松豊久中尉は、余裕の高度をとったのちエンジンを止め、再びかけたところ始動せず、脚を出して滑空で無事に飛行場に降着した。

小松中尉は二百四十四戦隊で、例外的に装備した二式戦四機の小隊長を務めており、三式戦と比較して「一長一短」と感じた。「三式戦はエンジンさえ良好ならば申し分ない。機体は丈夫だし、運動性も軽戦に近い」の判定は的を射ている。

審査部で未修飛行に使った一機を村岡大尉が調布に空輸し、隊員に伝習教育（操縦を教える）を開始。七月に入ると、各務原の川崎・岐阜工場へ新造の三式戦を取りに出かけた。

調布では伝習教育のかたわら、依頼された各種の実用テストを実施した。動力部の故障はしばしば見受けられ、小松中尉機は第四旋回を終えて着陸態勢に入りかけたところでエンジンが停止、多磨墓地（現在の多磨霊園）に突っこんで大破した。発電機の故障による事故と判明し、中尉は全身打撲で入室（隊内で休む）する。

また、九七戦から一足飛びに三式戦に移行したための操作ミスも生じた。二中隊の川村春雄中尉は伝習教育を受けたのち、宙返りから上昇反転の特殊飛行時に、ガスレバー（スロットルレバー）の操作を誤って墜落。高度八〇〇メートルから落下傘降下し、全身に一一ヵ所の打撲傷を受けた。一式戦二型以降、ガスレバーは九七戦とは反対に、海軍機と同じ「押すと出力増」に変更されており、特殊飛行の操作に熱中したため、手なれた九七戦式の操作をして、引くべきときに押していたのが原因だった。

エンジン関係の故障は、導入当初から多かった。整備のベテラン少尉だった鈴木茂さんによれば、高速回転時の過給機の故障や、最大出力からエンジンの回転数を落とすとそのまま出力がなくなる、といったケースがめだったという。また機付整備の小島八郎伍長は、滑油漏れ、冷却器からの水漏れに悩まされた。ほかに燃料噴射装置が詰まるトラブルもしばしばで、精巧なため手を付けられなかった。こうした場合、川崎・明石工場から平岡欽吾技師らが駆けつけ、適切な措置により修理した。

前章でも述べた離陸直後の墜落は、二百四十四戦隊でもときおり見られ、以後、三式戦装備部隊に共通した事故であり続ける。

胴体内タンクの意外な欠点

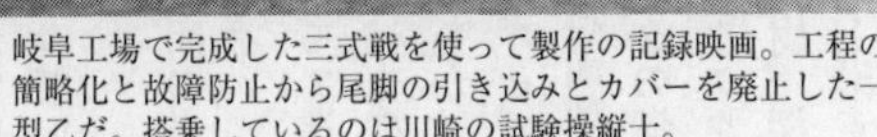

岐阜工場で完成した三式戦を使って製作の記録映画。工程の簡略化と故障防止から尾脚の引き込みとカバーを廃止した一型乙だ。搭乗しているのは川崎の試験操縦士。

前章の一型乙についての説明で、途中から胴体内の増加タンク（第三タンク）の除去について記した。その改修の発端をもたらしたのが二百四十四戦隊での事故だ。

特殊飛行の宙返り反転（頂点で機を反転させ、高度を稼いだまま正常の姿勢にもどす）の訓練時、反転するさい失速しかかって背面ブリル（腹を見せてのキリモミ）に入り、回復できないで墜落する事故が二度ほど起きた。三度目のとき、操縦者はかろうじて脱出したため、ブリルに入る状況が判明。さらに墜落機の機体調査で、空にしてあるはずの胴体内増槽に、半分以上の燃料が入っているのが分かった。

もよりの重要空域の継続守備にあたる防空戦闘機隊は、長距離進撃とは無縁だから、二百四十四戦隊では胴体内タンクに燃料を入れていない。ところが、装備機を調べてみると、逆流を防ぐ弁が不良で、いずれも燃料が溜っている。これが機体の重心位置を狂わせ、悪性の錐もみを起こす原因を生んだのだった。

ニューギニアへ出た第十四飛行団の当初の機材にはなかった容量二〇〇リットルの胴体内タンクが、補充機には付いてきた。

昭和十八年七月二十六日のサラモア進撃で、臨時の指揮官を命じられた飛行団部員の三浦正治大尉は、胴体内タンク付きの補充機に乗り、落下タンクの燃料を使って進撃中、ラエ上空で空戦に入った。P-38に一撃をかけ、上昇して二撃目に移ろうとしたとき、背面ブリルに入りそうな不意の機動に驚いた。その後もなんどか錐もみに入りかけて有効な攻撃ができず、機材固有の癖か、〔機内〕燃料満載のためか、あるいは自身の訓練不足か、と悩んでいる。これは明らかに、胴体内タンクの燃料重量のなせる業であった。

七十八戦隊の操縦者は、胴体内タンク付きの機に乗りたがらなかった。その理由は、三中隊付から二中隊長に任じられた大尉、深見和雄さんの言葉で明白だ。

「胴体内タンクが満タンだと、地上滑走中ですらおかしな感じがする。空中では、まさしく不安定要因です。ふらつくから、操縦桿をがっちり握らないと背面姿勢に入ってしまい、低空だったら命取りと言える。離陸直後に落ちた機のなかには、〔エンジン故障のほかに〕このタンクが原因の場合もあったのではないでしょうか」

三式戦を好む六十八戦隊の梶並進伍長も、この件に関しては「胴体内タンクを満タンにしたウエワクへの赴任のさい、気温が高いと不安定で、離陸は命がけゆえ冷や汗がにじんだ。戦隊ではたいていタンクを外しており、付いたままの機にも燃料は入れていません」と苦情が出る。ただでさえ高気温地域での離陸特性は悪化するから、生命に関わる問題なのだ。

　こうなると、空戦時には胴体内タンクを空にしておかないと、危なくて仕方がない。そこで、特殊飛行を要しない進撃時にこの燃料を使い切り、ついで落下タンクを使うという順序をとるが、落下タンクは敵機発見と同時に投棄するから、空戦と帰還は翼内タンクの燃料を用いる。しかし、翼内タンクの合計量は五五五リットルで、胴体内タンクと落下タンクの合計量六〇〇リットルよりも少ない。さらに空戦も翼内タンクだけを使うのだから、進撃の往路と復路が同一距離なら、往路用の胴体内および落下タンクの燃料にあまりが出る。

　ただ邀撃戦闘の場合は、長時間の待機飛行ができるメリットはある。しかし、原則的に来襲が判明して発進するのだから、やはり往路用を想定した量には余りを生じる。また、胴体内タンクを使い切っても、揮発ガスが充満しているから、榴弾（炸裂弾）を受ければ爆発の危険性がある。操縦者は背部に爆弾を背負っているようなものだ。

　こうした判断のもと、村岡大尉は「胴体内タンクは五〇リットル入りで充分。できれば廃止願いたい」と申し出、航空本部の部員と激論を闘わした。この討論会では二百四十四戦隊の主張が通り、五〇リットル・タンクへの変更案を採択したが、航空本部は結局、胴体内タンクの廃止を決めた。一型乙の十四機目からこれをなくし、九月十一日付で既存機から取り外すよう指令を出している。

完成した三式戦一型丙が工場から押し出されてきた。両翼の前縁から突き出た20ミリマウザー砲の銃身が力強い。翼下の落下タンク懸吊架の内側に付いたふくらみは薬莢受け。

また一型乙は、十一月生産分の百五十機目から、機内三ミリの防弾ゴム厚を一二ミリに増したため、機内（翼内）燃料容量は五〇〇リットルに減少した。

二百四十四戦隊が機種改変を終えたのは、五ヵ月後の昭和十八年十一月。この間、ロッテ戦法の導入も進み、対戦闘機戦闘を軸に錬成する一方で、対爆撃機戦闘や夜間訓練にも努力が払われた。すでに二月から三月にかけ、外電などを通じて、米陸軍が本格的対日爆撃の準備を進めており、使用するであろう超重爆撃機ボーイングB－29が試験飛行に成功したと伝えられていたからだ。九七戦では、よほどの肉薄攻撃でかからなければ大型機は落とせない、と前側上方（斜め前上方）からの連続射撃を考案した村岡大尉も、「三式戦なら、ある程度やれる」と判断し、直上方からの反転攻撃を復活させた。

有効な対爆攻撃法を思案する大尉を喜ばせたのは、十八年十二月初めに二百四十四戦隊に持ちこまれたマウザー二〇ミリ砲だった。ニューギニアの第十四飛行団に輸送する直前の時期に、川崎から技師や工員が来隊し、野外で翼砲の換装作業を進めた。

川崎側から全弾発射テストを依頼された戦隊長・藤田隆少佐の指名で、村岡大尉は技師から説明を受けると相模湾上空へ飛んだ。連続射撃、断続射撃をくり返し、各一二〇発の全弾を撃ちつくした彼は、小型モーターによる高速装填、不発弾除去と再充填の自動処理に驚嘆した。さらに「防空用の弾丸です。〔発射後〕三〇〇〇メートル前方で自爆しますから」と聞かされた曳火榴弾の炸裂ぶりは見事で、「これならB－29を落とせるぞ！」と大尉は意を強くした。

その後、二百四十四戦隊では逐次マウザー砲装備の一型丙を導入していき、一時は四〇機全部がこの型だったといわれる。だが、これほど三式戦での防空研究に打ちこんだ村岡大尉は、皮肉にもB－29が東京へ姿を見せる直前に、一式戦の飛行第二十戦隊長に任命されて台湾へ赴任していく。

国産二〇ミリ砲を取り付ける

ブローニングMG53A／ホ一〇三の口径拡大版として、陸軍が開発を進めていた国産二〇ミリ機関砲ホ五は、昭和十八年九月の装備開始予定が、開発に手間どって遅れていたのに対し、取り付ける機体の方は十九年一月に完成した。

火器は、位置が機体の軸線に近いほど命中率が高まるから、翼内よりも機首に付けるのが望ましい。照準と弾道の関係から最も命中率を上げやすいのは、プロペラの回転軸を通しての発射で、プロペラ・ハブの中央から弾丸が出るため、回転するブレードのあいだを通す同調の必要がない。しかし一門しか装備できず、機構的にも整備面でも無理を生じやすく、日本では試作機完成の例がない。

したがって多くの機には機首上部の二梃／二門装備が採用され、七・七ミリついで一二・七ミリが大半を占めた。二〇ミリ以上の機関砲では、本体の外形が大きく内蔵しにくいのと、誤差動時に射弾がプロペラを破壊して墜落に直結するからだ。後者については日本の製造技術レベルが、同調機構の確実性に追いつかない不安が存在した。

海軍の航空技術廠にあたる陸軍航空技術研究所は、十七年十月に八つの施設に分割され、第一航技研がエンジン、第三は武装関係を主任務にした。両研究所が二〇ミリ弾の同調発射を率先研究・開発するはずが力（あるいは時間？）およばず、丸投げ的に川崎が対処を命じられた。担当チーフは、試作部兵装研究掛長（係長）の二宮香二郎技師だ。

大型で長砲身のマウザー砲はとても機首には納まらず、また実戦使用を急ぐよう要求されたため、やむなく翼内装備法を採った。この点、全長一メートル四五センチのホ五は、二〇ミリ砲としては小型で、マウザー砲にくらべて三〇センチ以上短いうえ、すでに試作機が完成していた新型のキ六一-Ⅱ（後述）は、当初から機首装備で設計していたので、その構造面での経験を生かそうと機首への取り付けが決まったのだ。

すでにホ一〇三で経験をつみ、成功を収めていた二宮技師にとって問題は、確実に同調できる機構を得られるかにあった。機関砲同調用モーターと連動機動器、砲に直結の撃鉄器、それら機器を結ぶ連動管の、駆動精度の確実性をいっそう高めて、Gの影響下でも撃鉄が雷管をたたくタイミングに誤差を生まない処置の確立に成功。この手ぎわは、大和田技師を感じ入らせる見事さだった。

試製翼内二〇粍固定機関砲の仮名称がついたホ五の、全長はホ一〇三よりも一八・三センチ長い。機関砲の換装のほかに弾薬包（弾丸と薬莢）のサイズがふくらむから、必然的に弾

三式戦一型丁の機首部。排気管の後端位置から20センチ延長されたのが分かる。胴体は細長さを増したけれどもバランスを失い、全体のフォルムはむしろ損なわれた。

倉の幅が広がる。空薬莢受け箱も大型化するため、防火壁（第一円框）の後方から機首部を二〇センチ延長した。これにともない、主翼を前へ四センチ移動。主翼は下部主縦通材にボルト止めで固定されているので、位置変更の改修が容易にできた。

また、一型乙で除去した胴体内タンクを、九五リットル入りにして復活させた。評判が芳しくないこのタンクを、ほぼ半容量で最装備したのは、機体前半部の重量増加によって、バランスの崩れが相殺される、と航空本部が判断したためだろう。

このホ五装備型は機首の長さが増して、全体の形がいくらか変化を招いたので、とりあえず

三式戦一型改(キ六一－I改)の名が付き、まもなく一型丁と改められている。

肝心のホ五は、早期に二式軽量二十粍固定機関砲の制式名称(造兵廠提出資料)を付与。地上砲改造のホ三と混同しないように「軽量」を加えたのではないか。十九年に入って完成し、三月に一型丁に装備された。全長はホ一〇三の一・一倍ながら、重量が一・七倍の三九キロに増えた。初速七四〇～七五〇メートル／秒は海軍の九九式二号銃に遜色なく、発射速度七五〇発／分は大幅に優れていたが、問題は弾丸にあった。

弾薬包の長さと重量が、九九式二号銃の一七・二センチ、二二〇グラムにくらべ、一四・七センチ、一四七グラムしかなく、弾丸重量は二号銃の三分の二にすぎない。発射速度の増大と機関砲の重量軽減を追求し、弾丸を小型化する陸軍の癖が、ホ五に如実に現われている。初速が同じならば、弾丸重量によって破壊力が決まるから、ホ五の一発の威力は二号銃の三分の二に低下する。しかし、発射速度が大きいので、一定時間内に撃てる合計弾丸重量はほぼ等しく、計算上の総合威力は二号銃に肩をならべる。

そのほかのマイナス面としては、砲身長が二号銃より三七センチ短いために、軽量弾ゆえの弾道特性つまり直進性のよさが損なわれる点だ。マウザー二〇ミリ砲と比較すれば、総合威力は四分の三といったあたりだろう。のちに実戦部隊で威力をくらべるため三式戦一型丁と一型丙をならべ、同じ厚さの鉄板をそれぞれの榴弾で撃ってみたところ、あいた穴の大きさが格段に違い、マウザー砲のすばらしさを隊員たちがあらためて認めたという。

ただし、三式戦とホ五の組み合わせでの長所は、前述のように、命中精度の高い胴体装備にした点だ。大口径砲とプロペラの同調は、発射精度の誤差によるブレード破壊の危険度が大きい。液冷エンジンゆえに砲口からプロペラ回転面までの距離が長くて、確実な同調処理が難しいが、二宮香次郎技師らの努力で実現にこぎつけた。また弾丸は小さい分だけ多く積めるわけで、胴体内装備の大口径砲としては一門につき一二〇発と携行弾数が多い。

なおホ五は、しばしば故障し発射不能におちいったけれども、これは日本の基礎工業力の浅さが要因だから、三式戦の責任ではまったくない。

二〇ミリ機関砲の装備で火力は向上して、丙と同じ「武装強化」に区分された。けれども、ホ五用の榴弾の信管が敏感すぎ、発射直後に暴発するケースがしばしば発生。信管が改良されるまで待っていられないから、発射口から砲溝部（弾道の溝）にかけて、分厚な鋼板を取り付けねばならなかった。

これに、機首部の延長や防弾装備の増加が加わって、機体前半部の重量が増したため、尾部に鉛の重錘を積んでバランスをとった。重錘は、バランス調節以外にはなんの役にも立たないデッドウェイトの金属塊だから、神経質な設計者なら耐えがたい処置だろう。

こうして一型丁は、一型乙に対し自重で二五〇キロの増加をみた。エンジンは同一だから、そのぶん性能が落ちる。高度六〇〇〇メートルでの最大速度は、一型乙の五九〇キロ／時から一〇キロ／時の低下ですんだが、上昇力は顕著に落ちて、高度五〇〇〇メートルへの五分三一秒が七分かかるまでに衰えた。実戦部隊にとっては痛しかゆし、というところだ。

もし三式戦の主翼が、一式戦や零戦のように胴体と一体の構造で、前方へずらせなかった

量産される三式戦の主翼。2つ目の翼には銃身が出ているから一型丙用である。左遠方では胴体が吊り下がり、前方の主翼と接合工程へ運ばれていく。昭和19年3月初めの活況ぶり。

ら、さらに三〇キロの重錘が必要だった、と設計主務の土井武夫さんは回想する。無理な要求をこの程度のハンディでこなしたのだから、対応能力に富んだ設計とみなせるだろう。

一型丁の生産は昭和二十年一月まで続けられ、合計一三五八機が作られた。試作機も含めて総計二八八四機（五式戦への改造機は除く）におよぶ三式戦の、半分近くがこの一型丁だ。十九年なかばから各部隊に配備されて、フィリピンや本土での航空戦で、マウザー砲装備の一型丙とともに奮戦する。

性能向上型のつまずき

話が前後するが、この一型丁はいわばピンチヒッターである。本来ならば一型は丙でピリオドを打ち、全面的に改設計された三式二型戦闘機が、昭和十九年なかばには戦線に登場しているはずだった。

キ六一の試作機が性能テストを進め、増加試作機が作られていた昭和十七年四月、土井技師以下の設計チームは早くも、速度と武装、それに実用性を高めた新型の基本構想を練り始めた。ハ四〇の出力をもう二〇〇馬力も上げたエンジンを付ければ、すばらしい戦闘機ができると分かっていたからだ。

19年1月下旬に岐阜工場で撮影されたキ六一－Ⅱの風洞模型。翼弦長の増加により、主翼が大きくもっさりして見える。

軍がこの構想に着目し、三機の試作を提示し契約を交わしたのが二ヵ月後の十七年六月十日で、概定の一機あたりの価格は一七万円。続いて一週間後の十七日には増加試作三〇機の契約がなされ、単価は七万円と定められた。納期は前者が十八年十月末、後者が十九年三月末だ。この時点から性能向上型キ六一－Ⅱ型の本格的な試作作業が開始された。

エンジンの出力向上によってねらう最大速度は六四〇キロ／時。さらに、横の運動性と高高度性能を向上させるため、翼弦長を長くして主翼面積を一割増しの二二平方メートルとし、同時に胴体を四二センチ延長、垂直安定板の増積によって安定性を高めた。ただし、主翼の翼型（翼断面）は変わらず、補助翼とフラップ、方向舵は一型と同形かつ同一面積である。また出力増大にともない、水冷却器内の冷却管を長くして、冷却能力を二割増やすようにした。武装はホ五を四門、またはホ五とホ一〇三各二門の予定だった。

一方、ハ四〇をベースにした高出力エンジンのハ一四〇の設計・製作は、ハ四〇が生産に入ってまもなくの十七年春に、平岡技師をトップに据(す)えて明石工場でスタートしていた。エンジンについて独日の流れを大ざっぱに追うと、キ六一試作一号機ができた十六年(一九四一年)十二月は、ドイツでDB601AがBf109Eに装備されてから、三年がすぎていた。この間にダイムラー・ベンツは、圧縮比と過給機能力を高めた発達型のDB605Aを実用化。これを初めて取り付けたBf109G-1が完成し始めたのは、ハ一四〇の設計作業がスタートした一九四二年三月である。

開発国からワンテンポずつ遅れるのは、ライセンス生産機材なら当然だ。改良版の着手時期も、決して遅れてはいなかった。

ハ一四〇の基本構造はハ四〇と同一だ。幅は七三九ミリで変わらず、長さが六〇ミリ長いだけ、重量も一〇キロオーバーの七三〇キロだから、おおむね同じと言えるだろう。しかし内側の変化は少なくなかった。

吸気圧力を高めて回転数を上げる(二五〇〇回転/分から二七五〇回転/分へ)処置によって、出力強化(離昇出力の場合一一七五馬力を一五〇〇馬力へ)が図られた。このため、過給機の回転速度の向上と翼車(インペラ)の直径増大が実施され、また高オクタン・ガソリンを使えないので、高ブースト圧時の異常爆発(デトネーション)を抑制するのに、吸入管(マニホールド)へ水・メタノールを噴射して吸気温度を下げる処置をとった。噴射時には、実質的に一一〇オクタン燃料なみの効果を得られたという。容量九五リットルのメタノールタンクは胴体内タンクの左側に置かれた。

キ六一-Ⅱの試作一号機は昭和十八年八月に完成。同月中に初飛行したが、エンジンに故障が頻発(ひんぱつ)してテストと審査は進まず、十九年一月までに増試型を加えて八機を作ったけれども、開発にピリオドが打たれた。エンジン故障の主原因は、冷却水をエンジンへ送る水ポンプのシャフト類の形状簡易化により、不具合を生じ、水ポンプが駆動しなくなるためだった。増積した主翼についても、空戦性能をはじめ、全体に二〇平方メートルのものより劣る結果が出た。

こうして、昭和十九年六〜七月にはキ六一-Ⅱ型の部隊配備開始、との目算は崩れ、三式戦一型乙の胴体を改造してホ五を二門つけた一型丁で、急場をしのぐ事態にいたったのだ。

飛行実験部戦闘隊の雪橇試験は札幌の飛行場で実施された。一型丙の主脚と尾脚にジュラルミン製スキーを装着し、積雪時の出動にそなえるために離着陸のデータをとった。

増えていく装備部隊

満州・海拉爾(ハイラル)での耐寒テストからほぼ一年をへた昭和十八年十二月、三式戦一型丙は一式戦や二式戦、キ八四（のちの四式戦「疾風」）とともに札幌の民間飛行場へ運ばれ、航空審査部飛行実験部の荒蒔義次少佐、坂井菴少佐、あとから加わった黒江保彦大尉らの手によって雪橇試験を受けた。

主車輪と尾輪のかわりに、ジュラルミン製の言わばスキーを付ける。主脚を閉じても橇は下面にふくらみ、尾輪柱は出たままだから、空気抵抗が増して最大速度が一割近く下がる。三式戦の飛行特性に顕著な問題は出ず、テストは翌十九年三月に終了。これで三式戦一型の審査部でのテストは、すべて終わった。

この日を境に、それまで飛行第六十八戦隊、七十八戦隊、二百四十四戦隊の三個戦隊しかなかった三式戦の実戦部隊が、つぎつぎに編成される。

まず同日の一月二十日付で、二百四十四戦隊の担当により、調布で独立飛行第二十三中隊が編成された。

調布での独立飛行第二十三中隊の出陣式。二百四十四戦隊の戦隊本部と格納庫がある飛行場の東側地区で、列の左端に三式戦、格納庫前には四十七戦隊の二式戦闘機の尾部が見える。

独立飛行中隊とは、装備機数は一・五個中隊程度でしかないが、上に戦隊を置かれず、飛行団司令部以上の組織の指示を受けて独自に行動する、いわば〝ミニ戦隊〟だ。二式複戦の飛行第四戦隊で中隊長を務めた、上田秀夫大尉を長とする独飛二十三中隊は、大陸から飛来する米第14航空軍のP－38、B－25を邀撃するため、一六機で台湾南部の屏東（へいとう）に進出。三月下旬から台湾軍唯一の防空戦闘機隊の役目をになった。

ついで、十九年二月十日に飛行第十七戦隊が愛知県小牧で、翌十一日に十九戦隊が明野で編成を完結。十七戦隊長には試作以来三式戦に携わってきた荒蒔少佐が任命された。両戦隊はともに第二十二飛行団を構成する兄弟戦隊で、フィリピンの第十四軍の直轄部隊であり、やがて同地へ向かう予定になっていた。以後、十七戦隊は小牧で、十九戦隊は瀬戸六朗少佐の指揮のもと三月なかば兵庫県伊丹に移動して、それぞれ錬成を続ける。

二月十日には、飛行第十八戦隊も調布で編成を終えた。独飛二十三中隊、十七戦隊、十九戦隊が外戦用部隊なのに対し、十八戦隊は第十七飛行団司令部の隷下に入った防空部隊だ。二百四十四戦隊が編成を担当したため、第一中隊長だった川畑稔大尉や、川村春雄中尉らが編成要員の立場で十八戦隊へ転属した。重爆の七戦隊から転出、明野飛行学校で戦闘機に転科した磯塚倫三（りんぞう）少佐が戦隊長として着任し、川畑大尉が飛行隊長を命じられた。

海軍とは異なり、陸軍航空部隊にはもともと飛行隊長というポストはなかった。航空戦が激化し消耗が増すにしたがって、機数が減った中隊単位での行動をとりにくくなり、昭和十九年に入ってから、三個中隊をひとまとめに運用する飛行隊編制が、戦隊ごとに逐次採用された。同時に、各中隊に付属していた整備班も、整備隊として一つにまとめられた。飛行隊のリーダーが新ポジションの飛行隊長で、戦隊長に次ぐ空中勤務者のナンバー2（ツー）である。

ただし、この時点ではほとんど消耗していない内地の戦隊は、飛行隊編制に移ったのちも

「さきもりあらわしひかへじよ」（防人荒鷲控え所）の札が立ったテント張りのピストをバックに、一服する飛行第十八戦隊の一中隊長・川畑稔大尉。悪天候下に落命する。

中隊編制を受けついで、便宜上、飛行隊を三隊に分け、飛行隊長の下に中隊長格を三名置く（うち一名を飛行隊長が兼務するケースもある）場合が多かった。

最重要地・東京を守る第十七飛行団司令部は三月八日に廃止され、あらたにワンランク上の第十飛行師団司令部が編成された。飛行団から飛行師団に格上げし指揮力を高めて、戦力強化、すなわち隷下部隊の増加に備えたわけである。

十八戦隊は三式戦の慣熟に続き、夜間訓練に重点を置いて錬成を進める。対爆戦闘ならなんとか可能なレベルにようやく達した五月末、第十飛行師団長「心得」・吉田喜八郎少将を検閲に迎えた。見習いを意味する「心得」が付くのは、師団長が親補職の中将だからだ。

十八戦隊では、未明の二機編隊による邀撃発進を見せる手はずだった。しかし、雲高一〇〇メートル以下と条件が悪く、まっ先に離陸した川畑大尉は雲中で機位を失って墜落し、殉職。僚機の坂下憲義少尉機は、計器を頼りに雲中を飛んで神奈川県厚木方面の林の中に落ちた。続いて上がった川村中尉は、雲の下を大きく左旋回し飛行場にもどったけれども、後続機が降りてきて接触し、乗機は破壊された。

悪天候下の夜間演習では、すでに二百四十四戦隊で浜田道生中尉が鉄塔にぶつかって殉職している。航空兵科の出身者が少ない軍上層部の面々は、飛行機を歩兵や大砲と同様に考え、どんな天候でも出撃させうる兵器と見る傾向があった。状況をわきまえない演習で、部下の信望あつい飛行隊長を失った十八戦隊の痛手は大きかった。

東京を守る十飛師の戦力が増したのにくらべ、関西と中部の第十八飛行団、九州と中国地方の第十九飛行団は、昭和十九年三月に入っても、それぞれ一個戦隊が配属されていただけだった。とりわけ十八飛団は、阪神と中京という広域の防空を担当するため、一個戦隊では空襲時に手の打ちようがない。

ようやく三月二十六日、大阪・大正飛行場で編成を終えた飛行第五十六戦隊が十八飛行団長の隷下に入り、戦隊長・古川治良（はるよし）少佐以下が明野で錬成を開始。四月下旬に伊丹に移動して阪神防空の任務についた。かたわら、整備隊長・谷本政武中尉以下の整備隊員二九名は、五月五日から立川航空整備学校に派遣され、三式戦取り扱いの伝習教育を進めた。

残る名古屋の防空のため、同じ十八飛団に組みこまれる飛行第五十五戦隊の編成が、五十六戦隊と同時に大正で始められ、一ヵ月遅れて四月末日に完結した。当初、一式戦と九九式高等練習機で錬成を開始。ついで明野で三式戦を未修し、五月二十四日にまだ造成中の愛知県小牧飛行場に展開した。

戦隊長は重爆から転科の岩橋重夫少佐。操縦者の平均技倆は高くなかったが、審査部でハ四〇の伝習教育を受けたベテラン・増田政十少尉の指導のもと、連日の訓練にはげんだ整備隊の努力もあって、三式戦のトラブルや事故は比較的少なかった。

超重爆に初見参

以上の五個戦隊と一個独飛中隊は、いずれも新編の三式戦部隊だが、既存の一個戦隊が昭和十九年四月末から三式戦への機種改変に取りかかった。東部ニューギニアのブーツを基地として戦い、戦力を消耗して、二月下旬に内地にもどった飛行第五十九戦隊である。

福岡県の芦屋飛行場に集まった五十九戦隊は取りあえず、それまで使用していた一式戦「隼」の補給を受けた。しかし、帰還した隊員たちの多くはマラリアなどの熱帯病をわずらっており、飛行場に隣接の病院ですごす者も多かった。新任の整備隊長・川久保博孝大尉が芦屋に着任し、戦隊長に申告しようにも入院中で会えず、第二中隊長・飯島正矩(まさのり)大尉はマラリアが癒(い)えぬ身体で、病院の庭に新入隊員を集めて戦技の地上教育を手がける、苦しいありさまだった。

四月末、操縦者は明野で三式戦への機種改変に移り、川村博中尉らの整備隊は東京都下の立川航空整備学校へ新機材の講習を受けに出かけた。五月中には三式戦への改変をほぼ終了し、昼間、ついで夜間の戦闘訓練を進めた。滑走後かるがると浮き上がる一式戦になれてい

19年初夏の芦屋飛行場に準備線を作った飛行第五十九戦隊機。手前の2機だけが新機材の三式戦、先の2列は旧来の一式戦二型で、九七式輸送機がまじっている。右方の暗緑の4機は同居する飛行第五十二戦隊の四式戦闘機で、やがて9月に決戦場のフィリピンへ進出していく。

た、ニューギニア以来の操縦者たちは、車輪が地を離れてもなかなか上昇しない三式戦にとまどい気味で、また若手操縦者による事故も少なくなかった。

五十九戦隊は、それまで一個戦隊しかもたなかった第十九飛行団長の隷下に入り、劣勢に苦しんだ外戦部隊から一転して、北九州の防空部隊へと立場が変わった。だが、病欠者が多く、機材の故障も頻発して、五月の時点で二五機ほどの保有機のなかで、常時出動可能が七～八機、さらに夜間作戦に使えるのは四機という、期待されがたい状態だった。

ところで、アメリカが日本本土空襲をめざして生産を進めていた超重爆ボーイングB－29は、五月上旬に第20航空軍隷下の第20（正しくはローマ数字のXX）爆撃機兵団・第58爆撃航空団の一三〇機が、東部インドに進出。このうち少数機は、四月下旬から四川省の成都近郊の前進基地に姿を見せた。

苦しいヒマラヤ山脈越えの物資空輸や、タイのバンコクへの初爆撃作戦ののちの、六月十五日の午後。八幡製鉄所を目標に、成都飛行場群を発進したB－29六二機が、東へ向かった。

レーダーで捕捉した不明機群を、大陸からの敵機と判断した西部軍司令部は、翌十六日の午前零時二十四分に空襲警報を発令。これを受けた第十九飛行団司令部は隷下二個戦隊のうち、長らく北九州の防空任務にあたっていた二式複戦の飛行第四戦隊だけを発進させ、本多辰造少佐が率いる五十九戦隊には、練度不充分として出動を命じなかった。夜間飛行の困難、空域の錯綜(さくそう)を考えれば、当然の判断だろう。

B－29は七月七日の夜にも九州北部へ飛来し、こんどは五十九戦隊にも出動命令が出た。一中隊のベテラン・緒方尚行少尉を含む三式戦四機が邀撃に上がり、ついで明野からもどった一中隊長・吉田昌明大尉が、残っていた一機を駆って出撃したが、五機とも会敵できずに終わった。

この七日にはサイパン島が陥落した。絶対国防圏はもろくも破れ、また九州が二度目の空襲を受けたことから、防空能力強化のため七月十七日、第十八飛行団は第十一飛行師団に、第十九飛行団は第十二飛行師団にそれぞれ拡充され、本土防衛の航空戦は三個飛行師団で受けもたれる態勢に移行した。

五十九戦隊の初交戦、すなわち三式戦にとって初めての対B－29戦闘は、八月二十日の昼間邀撃だった。七月から八月にかけて戦隊は錬成を進め、このとき出動可能機は二一機(う

上：8月20日、第58爆撃航空団のB－29が成都近郊の飛行場から、八幡製鉄への昼間空襲をめざして出動する。この機は撃墜をまぬがれて帰還している。下：川辺の葦原に不時着した五十九戦隊の飛行隊長兼三中隊長・小林賢二郎大尉機。泥ハネはすごいがきれいな胴着で、一型乙の機体上面に傷みがない。三式戦の主敵の一つ、超重爆との戦いはこの日に始まった。

ち夜間可能一五機）にまで増えていた。

午後四時半の空襲警報発令ののち、九州北部に展開する陸海軍戦闘機部隊は、全力出撃にうつる。五十九戦隊は四戦隊とともに、要地の小倉、八幡地区上空が担当空域だった。

一時間にわたる戦闘で、五十九戦隊は撃墜確実一機、同不確実三機、撃破五機の初戦果をあげた。損失は小瀬川耕中尉機が未帰還、ほかに三機が不時着で壊れた。

不時着破損には、飛行隊長兼第三中隊長の小林賢二郎大尉機が含まれていた。陸士卒業後に飛行機操縦を望んで転科し、戦闘分科に選ばれて九七戦、一式戦に搭乗。三月に戦隊に着任して三式戦に乗り、スマートかつ頑丈な機体とカン高い爆音を好んだ。

八月二十日の出動で小林大尉は、エンジンから激しく煙を噴き続ける一型乙の脚を、いったん出したのち再収容。遠賀川河畔の葦原(あしはら)にきれいな胴体着陸で滑りこんだ。

陸軍および海軍戦闘機部隊と西部高射砲集団の報じた合計戦果は、撃墜二四機、同不確実一三機、撃破四七機におよぶ。しかし、こうした大型機攻撃、それも各種各隊入りまじっての戦闘では、誤認や重複が生じるのは当然だ。

米第58爆撃航空団からは全四個航空群の七五機が出撃し、事故機をふくめ一四機を失った。ほかに、出遅れた一三機が翌日未明に投弾したが、天候不良のため日本機との交戦はなく、こちらは全機帰還した。両方を合わせても、出撃機に対する損失は一五・九パーセントに達し、B-29の爆撃・機雷投下作戦三八〇回のうちの最高率を記録している。

五十六戦隊の推進邀撃戦

八月二十日の邀撃戦ののち、陸軍は北九州方面の戦力増強をはかった。その先陣を切って翌二十一日、福岡県の大刀洗(たちあらい)飛行場に前進したのが、伊丹にいた三式戦装備の飛行第五十六戦隊である。五十六戦隊は一部を伊丹に残して、主力の一七機が大刀洗に展開。十一飛師師団長の隷下部隊のまま、十二飛師司令部の指揮を受けるかたちがとられ、九月一日にはB-29の往復途上を襲うため、朝鮮半島の南の済州島に進出した。

南京・大校飛行場で第五錬成飛行隊の三式戦一型乙。敗戦後だから国府軍の青天白日マークが塗られ、部隊マークと戦地標識の白帯が消してある。

しかし、成都の第20爆撃機兵団はその後二ヵ月のあいだは北九州に侵入せず、矛先を満州・鞍山（あんざん）の昭和製鋼所へと向けた。

大陸には三式戦の戦隊はなかったが、南京の独立第百十教育飛行団に属する第五錬成飛行隊が装備していた。錬成飛行隊とは、飛行学校、ついで教育飛行隊を卒業した操縦者（明野で訓練する士官学校卒業の将校操縦者を除く）が実戦用の技術を学ぶ、実用機装備の練習部隊で、教官と助教は臨時戦力とみなされ、機会を得て出撃した。春のうちにひととおり実戦部隊への配備を終えた三式戦は、昭和十九年なかばから錬成飛行隊への装備が進み始めていた。

九月八日、成都基地群を発したB－29一〇八機のうち、九〇機が昭和製鋼所を空襲。その帰途を襲うため、五錬飛からは三式戦四機が山東省済南（さいなん）に派遣されて邀撃したが、戦果は定かでない。ついで九月二十六日にもB－29七三機が製鋼所を爆撃。五錬飛の三式戦二機は往復途上で交戦し、二機撃破の戦果をあげた。

米第20爆撃機兵団はこの二回で満州への爆撃行を中断し、戦略爆撃目標を「鉄」から、より早く効果が表われる「飛行機」に変更。十月二十五日に長崎県大村の第二十一海軍航空廠を襲った。

済州島東部の飛行場に展開する五十六戦隊主力は、早朝からの支那派遣軍情報を受けて待機。午前十時のレーダー情報で一七機が出動し、同島の東方〜南方空域を索敵した。しかし、さらに南の空域を東進するB－29群の往路は捕捉しきれず、燃料不足からいったん飛行場にもどってきた。

再発進ののち、こんどは帰路を済州島南方一〇〇キロ、高度四〇〇〇メートルでつかまえた。B－29編隊の強力な火網をくぐって全力攻撃を加え、右眼失明の岩下俊一大尉ほか被弾七機と引き換えに、一機撃墜、六機以上撃破の初戦果を記録する。

済州島への進出当初は、十二飛師司令部の不手ぎわもあってか副食はカボチャばかりのひどさも、逐次改善され、この邀撃戦での出動、帰還ぶりが知れわたって、地元民に敬意の感情が増したのを、隊員たちは知らされた。

一部の基幹操縦者をのぞいて未熟練者の多い五十六戦隊は、戦隊長・古川少佐の指導で前側方攻撃を主戦法に定め、前上方、前下方攻撃も訓練に加えていた。だが、三式戦の全速とほとんど変わらない帰還時のB－29の高速と、一一梃の機関銃砲およびゴム製耐弾タンクがなす防御力の高さに、撃墜は容易でないと知らされたのである。

十一月十一日、ふたたび大村の航空廠を目標にB－29九六機が発進。目標上空が雲におおわれていたため、九州上空での交戦はなされず、往復途上の南京上空（二四機は南京に投弾）で、独立第百十教育飛行団の三式戦と一式戦が邀撃した。

第五錬成飛行隊の大保（おおぼ）安造軍曹は、三機編隊のB－29に前上方から接近する。主翼下に付けた夕弾（空対空用の親子式空中飛散爆弾）二発を同時に投下したけれども外れ、反転ののち追撃した。だが、急いで離脱をはかるB－29には、なかなか追いつけない。思わず身体が前へ出るほどあせりながら、ようやく回りこんで斜め前上方から一撃を加え、右端の機の右翼外側エンジンから白煙を吐かせるのが精いっぱいだった。

この空戦で五錬飛は、実戦部隊とは言えないながらもよく三機撃破を果たしたが、隊長の野口伍郎少佐が一機を撃破ののち戦死した。

済州島にいた五十六戦隊は、十一月十五日にいったん本拠地の伊丹に帰り、五日後にふたたび大刀洗に進出した。このような他の軍管区へ進出、加勢する作戦は航号戦策と呼ばれた。防空戦力の少なさを、戦隊の移動で補おうという苦肉の策で、中部軍管区から西部軍管区へ移動した五十六戦隊の場合は、航「イ」号だった。

B－29一〇九機は十一月二十一日、三たび大村をねらって成都を離陸、六一機が第一目標の第二十一航空廠へ投弾した。五十六戦隊は有明海上空で敵の帰路を襲い、海軍機とともに激しい空戦を展開。涌井俊郎中尉の小隊が機首部への命中弾で一機を撃墜したほか、撃墜二機、撃破一機の戦果を得た。被弾した今田良三中尉機は不時着およばず嘉瀬川河畔に墜落し、中尉は戦死にいたった。

左：伊丹飛行場で飛行第五十六戦隊長・古川治良少佐が戦闘時の機動を示している。後ろは左から小野伝軍曹、大箸育夫少尉、不明、三中隊長・永末昇大尉。
下：11月21日の大村空襲を前に、インド北東部の根拠基地からヒマラヤ山脈上空の雲海空間、を成都の前進基地へ向かって飛行する第677爆撃飛行隊のB－29。

五十六戦隊が引き揚げた済州島へは、芦屋飛行場の五十九戦隊から岡順造大尉指揮の三式戦三～四機が派遣され、十二月から翌二十年一月までB－29の邀撃と対潜哨戒にあたったけれども、めだった交戦はなかった。

大陸からのB－29の邀撃は二十年一月六日で終わり、本土防空戦隊の主敵は十九年十一月以降、マリアナ諸島からの超重爆に変わるが、それまでに戦局に大きな変化が起こっていた。

第二十二飛行団、ルソンへ向かう

昭和十九年四月下旬にホランジアに上陸ののち、ニューギニアをほぼ制圧した米軍が、続いて指向するのはフィリピンの可能性が大、と判断した大本営陸軍部は五月十二日、満州にあった第二および第四飛行師団のフィリピン進出を下命した。四飛師には主として飛行場大隊や整備隊など地上勤務部隊の掌握と、地上戦闘部隊への直接協力を担当させ、戦闘機や爆撃機部隊は二飛師の序列に編入し運用する方針が定められた。

フィリピンの陸軍航空部隊を統轄する第四航空軍司令部は、ニューギニアからセレベス島メナドに後退ののち、六月初めにルソン島マニラに移動した。四飛師がフィリピン転用発令と同時に四航軍司令官の隷下に入れられたのに対し、航空戦力の過半を占める二飛師は、枝葉の作戦に使われての逐次消耗を避けるため、四航軍の上部組織である南方軍の直轄下に置かれた。なお、四航軍にはほかに、ニューギニア以来の第七飛行師団があり、蘭印（インドネシア）方面に展開していた。

不時着した大破状態の三式一型戦闘機丁。詳細は不明ながら、右端に転がる落下タンクから、飛行第十九戦隊がフィリピンへ進出する途中に内地で起こした事故と思われる。

錬成を進めていた小牧の飛行第十七戦隊と伊丹の飛行第十九戦隊からなる第二十二飛行団は、四飛師師団長の隷下に編入され、かねての予定どおり、六月上旬のうちにフィリピンへ進出するよう指示を受けた。両戦隊は定数分の三式戦一型をそろえはしても、練度はいまだ充分とは言えなかった。

たとえば、十七戦隊長・荒蒔少佐は編成完成後まもなくのころ、隊員の素質は優秀で磨けば光ると見て、「内地であと一年、せめて半年の錬成期間がほしい」とがんばったが、結局は受け入れられなかった。二月十日に編成完結といってもあくまで形式的な日付にすぎず、当初は機材もなくて、各務原の航空廠から九九式軍偵察機を四機ほどもらい訓練を開始。三式戦の支給が捗(はかど)り出すまでに一ヵ月もかかり、飛行学校を出た新人操縦者の着任完了は「編成完結」から一ヵ月以上たってからだった。

まず十九戦隊が五月二十日から伊丹を発進し始め、戦隊長・瀬戸少佐以下の一〇機は三十日に離陸、六月三日にマニラ北西のクラークに到着した。この間に那覇で小松善一郎少尉が、負の特質とも言える離陸直後の出力低下で落ちて死亡した。六月十日にはマニラ近郊のマンダリヤンに移動。故障で遅れた機も下旬までに集まり、錬成を続けた。

小牧の十七戦隊は六月二日、全力で宮崎県新田原へ向かう。那覇〜台北（一中隊と三中隊）〜台湾南部の屏東を経由ののち、六月四日にマニラ近郊のサブランに到着し、すぐにほど近いニルソンに移った。練度の向上を急いで、早朝四時半からマニラ湾上空で空戦訓練を進め、七月初めには三中隊のみ海軍のニコルス基地に移動。ここでは、同じ系列の液冷エンジンを付けた「彗星」艦上爆撃機隊と同居した。

戦闘機の集中使用によって、フィリピン戦の初期段階で米航空戦力の各個撃破を考えた荒蒔少佐は、六月末、南方軍の参謀副長に「三式戦一〇〇機（二〜二・五個戦隊分）と、それに見合う人数の操縦者をもたせて下さい」と申し出た。南方軍総司令官・寺内寿一元帥の賛同は得られたが、第四飛行師団長・木下勇中将に「一個戦隊の規模を、指揮官の意向で変えるわけにはいかん」と断わられた。

兵力の集中使用は航空戦の原則であり、少佐の案を早期に実行に移していれば、戦局を変えることはできなくても、練度も高まって手ごたえのある威力を発揮したと思われる。一〇〇機の戦闘機を、指揮官が二名存在する二個戦隊よりも、一人の戦隊長のもとに統一運用した方が、効果があがるケースは少なくないからだ。

航空戦力を逐次投入した東部ニューギニアの戦いでは、戦隊ごと、飛行団ごとに空中の直接指揮に差が出て、数だけは数十機まとまっても行動の連係を欠き、期待を裏切る作戦はしばしばあった。一個戦隊の出動可能機数が一〇機未満にすり減ってから、三〜四個戦隊を合体させて飛んだが、にわか仕立ての単なる寄せ集めにすぎず、質でも量でも勝る米軍に敵うすべはなかった。この轍を踏まないためには、意思の疎通がとれた大規模集団を、初来攻の前に用意しておく必要がある。

整備隊や川崎の技術陣がいかに努力しようとも、条件の悪い外地で三式戦が一式戦なみの稼働率を保てないのは、ニューギニアの戦いで実証ずみだ。可動機数はせいぜい三分の二がいいところだから、敵の第一撃をつぶし航空優勢を得るのに最低五〇〜六〇機、予備に一〇機と考えれば、どうしても一〇〇機の保有が必要だろう。

戦力の小出しは陸軍航空のお家芸とはいっても、どうせ〝五月雨〟式に部隊を送りこむのなら、状況に余裕があるうちに試してみるべきだった。そして、有効な大規模戦隊を編成するチャンスは、航空決戦の開始までに二ヵ月半を残すこの時期がすぎれば、あとはなかったと言えよう。

のちにフィリピン決戦が始まってから、あわてて四式戦「疾風」六個中隊（二個戦隊分）編制の飛行第二百戦隊を明野で編成して、十月下旬に送り出したが、機材の故障とひどい訓練不足のため集中使用など夢のまた夢で、強力化した米航空兵力の前にたちまち壊滅してしまった。緒戦時に速やかに投入しうる準備を怠った、上層部の手落ちと見なしてよく、荒蒔戦隊長の申し出を拒否した姿勢の裏返しと言えるだろう。

このころ、ルソン島北部のラオアグで第十二教育飛行隊が、甲種幹部候補生（幹候と略称）の九期生と特別操縦見習士官（特操と略称）の一期生の訓練を進めていた。幹候も特操も下級将校操縦者の不足から採用された、前者は中学校卒業以上、後者は大学、高専卒業の〝学鷲〟である。幹候の操縦者は徴兵に応じたのち受験して、いったん地上兵科の将校要員になり、さらに航空に転科したが、特操は当初から操縦者として募集された。

戦力倍増をあきらめた荒蒔少佐は、少しでも操縦者を増やしておこうと、七月にラオアグの十二教飛に出かけ、幹候九期と特操一期の優秀者二〇名を選抜し、臨時に三式戦の速成教育をほどこす手を打った。十七戦隊三中隊付の佐藤信男少尉（八月一日付で中尉）がこの指導を担当。十七戦隊と十九戦隊から下士官三名ずつを出して、七月下旬からアンヘレス南飛行場で臨時の未修教育を開始した。

このとき二〇名の選抜者は、ようやく九七戦での射撃訓練を終えた程度で、飛行時間は七〇～八〇時間にすぎなかったが、八月末までの訓練によって三式戦の編隊飛行ができるまでに上達した。昭和十九年七月下旬における第一線機への移行は、特操一期の見習士官はもちろん、幹候九期出身の新任少尉のなかでも最も早かったと思われる。

米川光春見習士官は「これで十二教飛へ帰るのか」と思っていると、そのまま十七戦隊と十九戦隊へ一〇名ずつ転属が命じられた。このとき十七戦隊も、ニルソンからアンヘレス南に移動してきた。

一方の十九戦隊は七月七日、船団掩護のため瀬戸戦隊長の率いる主力二〇機が、マンダリ

ルソン島アンヘレス南飛行場で三式戦一型丙の整備が進む。濃緑色を手あらく塗り流したニューギニア式迷彩を用いている。まだ比島決戦が始まる前。

ヤンを発進する。ミンダナオ島ダバオ、ハルマヘラ島ミティをへて、十一日にバンダ海のブルウ島ナムレアに到着し、すぐにアンボン島（セラム島に隣接）リアン飛行場に移って、一時的に南西方面の第七飛行師団の指揮下に入った。直距離でも二一五〇キロの大航程であり、操縦者をはじめ整備隊、支援関係者の移動と諸作業の苦労がしのばれる。

アンボン泊地掩護初日の十九日、第5航空軍第V[5]爆撃機兵団のB－24一機が来襲。上空哨戒中の三式戦五機に地上待機の四機が加わって連続攻撃を試み、山本計曹長を失いながら重爆一機を撃墜した。

船団は七月二十四日に出港したため、二日後の二十六日にナムレアを離陸、帰途につき、中継地のハルマヘラ島ミティに到着した。だが翌二十七日午前、第90、第43爆撃航空群のB－24とP－38からなる戦爆連合の大空襲にあって、地上で四機が炎上、二機が大破してしまった。瀬戸戦隊長は、人員・機材の損失を考えて邀撃発進をひかえた判断を、日記に「一大失策」

空戦が、この日である。

と記し、以後は率先垂範でつねに出撃するよう心がけた。前章で述べた六十八戦隊の最後の空戦が、この日である。

捷一号作戦の可能性高し

これ以前の七月五日、第二十二飛行団を含む第二飛行師団は、南方軍直属のまま第四航空軍の指揮下に編入されたため、在フィリピンの全航空部隊は四航軍司令官の指揮のもとに動く態勢ができた。

二飛師の各部隊も七月中旬にはフィリピン進出を終え、八月上旬に戦爆連合演習、中旬には師団の総合演習が実施されて、不充分ながらも邀撃準備を進めつつあった。決戦まぢかとみた大本営陸軍部は九月十四日、二飛師を南方軍から四航軍の隷下に編入した。

サイパン島が陥ちて絶対国防圏を破られた大本営は、防衛線をフィリピン、台湾、南西諸島、内地、千島列島に張り、いずれの方面へ敵が来攻しても、空海陸の大兵力で決戦を挑む捷号作戦を七月二十四日に決定。地域によって捷一号から捷四号までに四分したが、このうちフィリピン方面の捷一号を最も重視し、ついで台湾から南西諸島にかけての捷二号も可能性大として、八月末までに作戦準備を整えるように定められた。

その八月末、最重要区域フィリピンを守る四航軍の可動戦力（インドネシア方面をふくむ）は三一六機。このうち三式戦は、十七戦隊が一四機（うち夜間作戦可能八機）、十九戦隊が一八機（同一一機）である。海軍の方は、マリアナで敗れて再建中の第一航空艦隊が担当

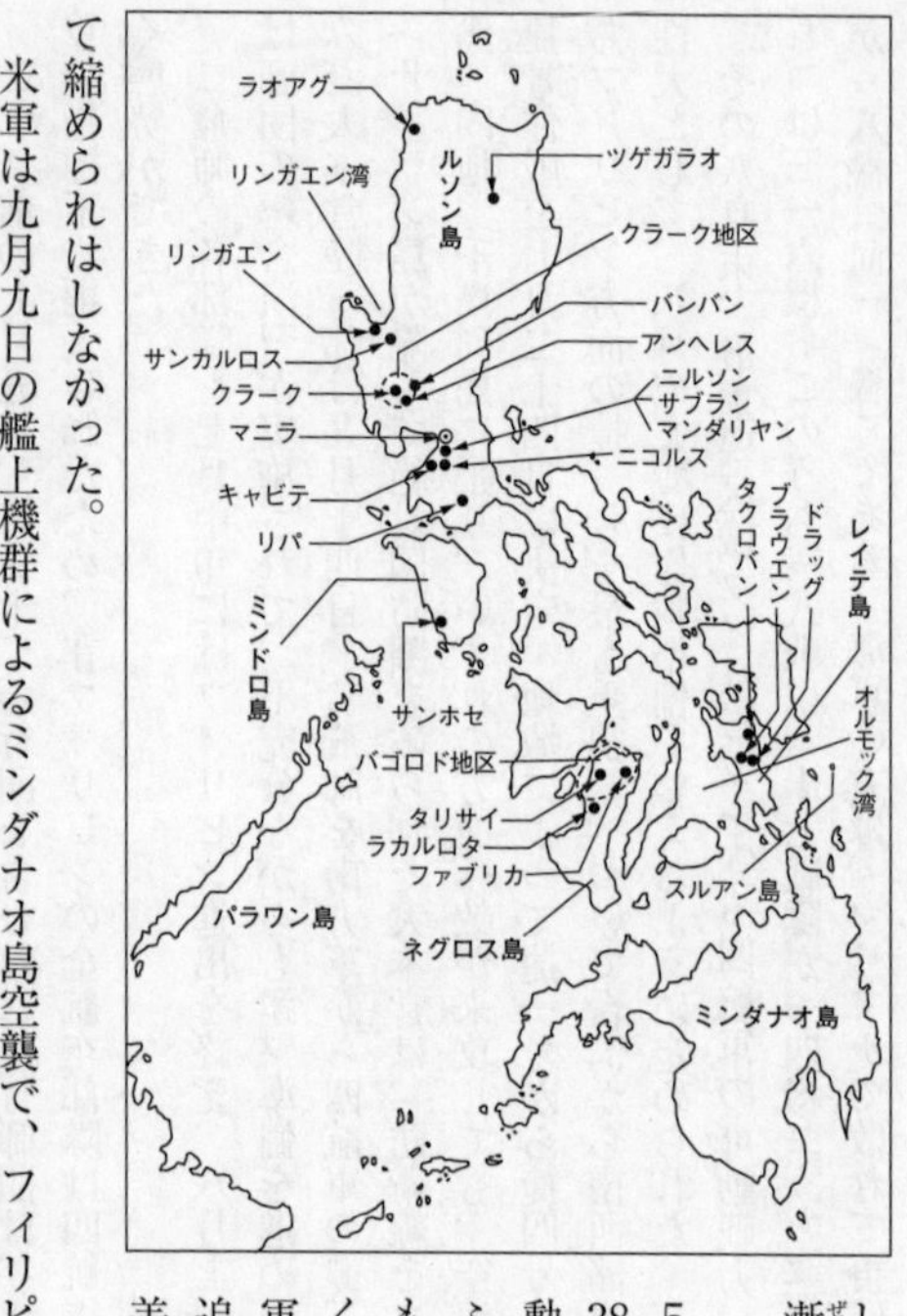

し、可動数は二四一機まで漸増（ぜんぞう）していた。

対する米軍は、陸軍の第5、第13航空軍と海軍の第38、第77任務部隊（タスク・グループ）（空母機動部隊）で、フィリピンへふり向ける平均戦力だけでも、日本軍航空兵力のかるく三～四倍はあった。日本軍は負け始めてから戦力を追加投入していくが、この差は広がりこそすれ、決して縮められはしなかった。

米軍は九月九日の艦上機群によるミンダナオ島空襲で、フィリピン決戦前哨戦の嚆矢（こうし）を放った。ついで十二～十三日、レイテ、セブ、ネグロスの各島を襲撃。これに対し二飛師は機動部隊攻撃の「カン」作戦を下命し、十二日の夜に十七戦隊から小林曹長機が、十三日払暁には十九戦隊から田中直彦中尉指揮の三機が、それぞれ爆装で攻撃に向かったが、敵を見ずに終わった。

当時フィリピンにあった実戦用戦闘機部隊は、二飛師隷下の二個飛行団がもつ四個戦隊だけだ。しかも、そのうちの第十三飛行団の一式戦二個戦隊は、十二〜十三日のネグロス空襲で一時的に壊滅状態におちいったため、第二十二飛行団の三式戦二個戦隊だけが頼みの綱だった。以後、十七戦隊はアンヘレス南で、十九戦隊はアンヘレス西（主力）とサブラン（第一中隊）で、スクランブル待機の警急態勢に移行する。

ほかに第四飛行師団の隷下にある訓練部隊のうちで、マニラ北西のデルカルメン飛行場の第七錬成飛行隊だけが戦力をいくらか期待できた。保有三十数機（定数は五〇機）のうち第一線用機の三式戦は一〇機前後あって、空戦可能な教官、助教が九〜一〇名いた。

三式戦闘機対F6F

九月九日の南部フィリピン、十二〜十三日の中部フィリピンへの空襲は、フィリピン攻略の布石である十五日のペリリュー島、モロタイ島の米軍上陸を助けるための作戦だったが、続いて北部フィリピンのルソン島へ来攻する可能性は高かった。

九月二十一日、二十二飛団は「敵機来襲の公算大」として、午前六時から警急態勢に移行していた。この日、アンヘレス上空は雲におおわれ霧もかかっていて、午前八時半から十七戦隊の三式戦四機が哨戒に上がっただけだった。九時すぎ、雲上に爆音が聞こえ、ついで北方のクラーク方向から爆弾の炸裂音が響いてきた。

二十二飛団は午前九時半から出撃を開始する。十七戦隊は警急中隊の二中隊がまず発進し、

アンヘレス南飛行場で十七戦隊のピストから駐機場を望む。準備線で整備中の三式戦が、草むらから機影を現わしている。交戦開始まであと1ヵ月ほどの19年8月。空も地も暑かった。

十九戦隊は可動全力の二〇機が出動。不利な態勢のなかで、三式戦とグラマンＦ６Ｆ（操縦者の多くはＦ４Ｆと誤認）との決戦が始まった。

霧が晴れるつどの逐次離陸を余儀なくされた十七戦隊は、連係が取れないまま混戦に引きこまれた。連係がとれた多数機に高空からかぶさられて、反撃できないまま苦戦に追われてしまう。敵弾から逃れられた機が、着陸しては再出撃をくり返すうちに、不時着や行方不明が増えていく。

こうして中村大四郎中尉と幾田逸男曹長の両ベテラン、赤嶺敏男曹長、岩間勝巳少尉、田中邦男曹長、花田実曹長ら中堅を含む一二名を失った。初交戦で一個中隊分が消えてしまったのだ。彼らの戦死した場所はマニラ湾、ニコルス飛行場北東、クラーク、アンヘレス南飛行場などのそれぞれ上空に散らばっていて、少数機ずつによる不利な邀撃だった様相をうかがわせる。

荒蒔戦隊長も発進し、一撃かけては雲に逃げこむ戦法をとったが、多勢に無勢で撃墜を果たせる状況ではなかった。

訓練時のエンジン停止による不時着事故で、右目を腫らした三中隊の佐藤中尉は、「片方の目だけだからだめだ」と戦隊長から待機を命じられたが、出動を熱望して午後には許可され、包帯を巻いたままの隻眼で三機をつれて離陸した。四つの機影を認め、零戦隊かと思って接近すると急に射弾を浴びせられ、あわてて急降下、運よく被弾なしで離脱に成功した。

アンヘレス南の路面を蹴って十七戦隊の三式戦一型乙が舞い上がった。上空哨戒か船団掩護か落下タンク2本付きだから、高度をとるのに時間がかかる。上昇力ではF6Fに敵わない。

前日の邀撃演習が功を奏し、可動全機がまとまって行動できた十九戦隊は、午前十時十分、キャビテ軍港上空で低位のＦ６Ｆ群に襲いかかった。有利だったのは第一撃だけで、上昇力で三式戦に大きく勝るＦ６Ｆは劣位を挽回、敵味方が入り乱れての混戦を展開した。午後三時からも田中直彦中尉以下の五機が出撃、午前の戦果と合わせて撃墜七機、撃墜不確実三機を報じはしても、二回の空中戦で幹部クラスがあいついで倒れた。

飛行隊長・矢野至剛大尉はキャビテ上空で二機を撃墜後に被弾、戦死し、一中隊長・福山凡人大尉、二中隊長・小笠原行夫中尉も撃墜された。バターン半島東方上空で単機奮戦した平田敏彦中尉も散って、中島正雄准尉と橋本八郎伍長を加えた合計六名を失い、空戦ののち残存機は臨時に南方のリパに移った。

通信状態が悪くて、マニラの四飛師司令部からの情報を適確に得られなかった第七錬成飛行隊が、敵襲を知ったのはクラーク地区への空襲を望見したときだ。隊長・近藤明邦少佐をはじめ、対戦闘機戦の可能な操縦者が三式戦で出動して、クラーク上空でF6Fと交戦。量も質も優れる敵に抗しがたく、ほとんど戦果を得られずに中川繁一大尉と織田昌旻中尉を失い、大谷准尉が被弾により負傷した。

この九月二十一日にルソン島東方沖一三〇キロから、米第38任務部隊が放ったF6F-5は、日本機撃墜一四五機、撃墜不確実一六機という大戦果を報告した。二十二飛団の三式戦とおもに戦ったのは、午前中が空母「ホーネット」からの第2、「イントレピッド」の第18、「プリンストン」の第27、「ラングリイ」の第32戦闘飛行隊、午後が「レキシントン」の第19、「キャボット」の第31戦闘飛行隊と、午前中にも出た第18および第32戦闘飛行隊である。

戦果のうち半分は三式戦に対するもので、なんと撃墜七三機、撃墜不確実九機にものぼる。この数字は、十七戦隊と十九戦隊、それに七錬飛の保有機全部が落とされたのに等しい。三個部隊の戦死操縦者の合計は二〇名だから、これに落下傘降下や不時着大破を加えれば、空戦による損失機数は二五機前後。したがって米軍の発表戦果は、実際の三倍強もの水増しと評しうる。とはいえ、数の大差に性能と戦法の優劣、態勢や天候の不利も加わって、三式戦対F6Fの初めての大規模空戦は、敵に功をなさしめた事実に変わりはない。

翌二十二日も朝から艦上機群が、延べ八〇〇機（日本側判断）でルソン島に波状攻撃をかけてきた。十九戦隊は第一波邀撃のため、瀬戸戦隊長以下七機がリパを発進、途中で二機が離れ、五機がマニラ湾上空で敵一〇〇機に突入した。衆寡敵せず、前日奮戦した田中中尉と滝沢吉男曹長が戦死、戦隊長機も被弾してプロペラが止まり、乾田に不時着した。

十七戦隊は可動機をかき集め、荒蒔戦隊長以下の二個小隊八機が出動する。マニラ湾上空で敵戦爆連合の一二機を発見した戦隊長は、巧みに後上方に占位しルソン島東岸まで追撃したが、思うように距離が縮まらず、有効弾を与えられないままで終わった。

両日の空襲で、マニラに停泊中の艦船や市街も大打撃を受け、搭載機一二〇〇機をくり出せる第38任務部隊の威力を、日本軍は痛感せねばならなかった。

9月21日、空母「バンカー・ヒル」に載せた第8戦闘飛行隊のF6F－3が、マニラ攻撃の掩護と周辺沿岸部上空での日本機索敵にあたる。眼下に広がるのはマニラ西方のスビック湾。

沖縄、台湾での防空戦

ルソン島への艦上機の大挙来襲で、米軍のフ

南西諸島の航空施設や飛行機の破壊を担当する第44戦闘飛行隊のF6F－3が、軽空母「ラングリイ」で発艦の合図を待っている。フィリピン上陸の前哨戦初日である10月10日の撮影。

ィリピン指向をほぼ確実視した大本営は、捷一号作戦に没頭し始めた。陸軍は戦力の七～八割を投入してでも、ここで必勝態勢を確保する覚悟を固めた。

米軍はフィリピン上陸作戦を前に、機動部隊を使って、日本軍が後方基地に用いる沖縄と台湾の航空兵力をつぶしにかかる。まず十月十日、早朝から合計五波、延べ九〇〇機（日本側判断）で沖縄の飛行場や軍施設、市街地に猛攻をかけてきた。

沖縄、台湾方面の第八飛行師団は、海軍の第二航空艦隊司令長官の指揮下にあり、沖縄には八飛師・第二十五飛行団長の隷下部隊として、独立飛行第二十三中隊が北飛行場に展開していた。独飛二十三中隊は一式戦二機をふくみ保有一六機、可動一二機前後の戦力で、三式戦による対艦船爆撃の訓練を進めていた。

午前七時まえに来襲した第一波の攻撃を受けながら、隊長・木村信大尉と隊員はテント張りのピスト（控え所）に集合。敵機が引き揚げたあと、握り飯をほおばりつつ作戦を練った。

先任の馬場園房吉大尉が機動部隊の動向をさぐり、その間に三式戦への爆装をすませて、敵機が空母にもどったのち薄暮攻撃をかける戦法に決定。第一波の空襲が収まってから、馬場園大尉は手なれた故障知らずの一式戦に乗って単機発進した。だが、飛行中に多数の敵機を認め、雲に隠れてやりすごした大尉は、昼間強行偵察は無理と判断し、機首を返した。無線はろくに整備していないから使いようがなく、帰還する以外に状況を伝える手はない。北飛行場は第二波の攻撃を受けていたため、いったん伊江島に降りて燃料を補給ののち北飛行場へ向かった。

馬場園機がなかなか帰らないので戦死と判断した木村部隊長は、三式戦可動一〇機による全力出撃にうつった。このとき、F6F約二〇機が侵入、離陸してまもない部隊長、星竹治郎曹長、大森重明伍長らの五機は交戦しつつ洋上に出たところで撃墜され、三機は被弾ののち不時着大破した。着陸した一機も銃撃で燃やされ、中隊は一回の出動で戦闘能力のほとんどを失ってしまった。

抵抗多からぬ沖縄を蹂躙した第38任務部隊は、続いて台湾へ向かった。台湾への来攻を確実視していた八飛師司令部は、劣勢ながら師団をあげての全力邀撃を決意した。その戦闘機戦力は、一式戦と四式戦の各一個戦隊、合計五四機が主力で、ほかに第六、第八教育飛行隊の一式戦八機、三式戦七機による集成防空第一隊と、対戦闘機戦には非力な二式複戦一二機の第二隊を加え、総計八一機にすぎない。海軍も、ほぼ同数の戦力しかなかった。

このうち三式戦を備える集成防空第一隊の、操縦者は教官と助教。操縦歴はいずれも中堅以上ではあっても、実戦経験者は隊長・東郷三郎大尉ほか数名だけだった。しかも訓練専従で、敵対行動から遠ざかっていれば、攻撃力を発揮できない。

十月十二日早朝、敵機来襲の情報がもたらされ、東郷大尉指揮の三式戦五機と一式戦八機が台中飛行場を発進。南方の嘉義（かぎ）上空でF6F編隊（空母「ホーネット」からの第11戦闘飛行隊と思われる）を発見し、攻撃に入った。高位から襲われた敵機は全速離脱にうつったため、第一隊主力は交戦にいたらず、深追いした三式戦と一式戦一機ずつが未帰還のままだった。

第一隊主力が帰還する前に、台湾南方洋上を北進する敵編隊四〇機のレーダー情報が入り、脚の故障で引き返して待機する田形竹尾（たけお）准尉と真戸原（まとはら）忠志軍曹の三式戦二機に、再度の出動命令が下った。死力をつくすべく発進した二機は、台湾中央部の空域にF6F三六機を認め、高度をとって接敵する。

操縦歴満八年を超える田形准尉は、真戸原軍曹をリードしつつ交戦に入った。まず、初陣の真戸原機が突進して一機撃墜。以後、軍曹の行動を制し、敵の状況を冷静に把握しながら准尉は、三式戦の性能を生かして格闘戦と一撃離脱をくり返し、二十数分間の空戦で撃墜五機、撃破四機を記録。ついに力つきて被弾し、准尉は鹿港（ろっこう）、軍曹は屏東（へいとう）に不時着した。二対三六の空戦で合計六機撃墜、五機撃破を報告しえた要因は、つねに敵の編隊行動の先手をとって、緩急自在の機動を続けた准尉の技倆の高さにあった。

この空戦結果は田形准尉の主観、判断による。実際の敵の規模や戦果を知る手がかりはないが、不時着して乗機は壊れても、二人が生還できたのは確かであり、例外的な敢闘と言えよう。

報道班員に依頼されて、台中飛行場での12日の出撃時のようすを再現する田形竹尾准尉（三式戦機上）と真戸原忠志軍曹。

Ｆ６Ｆと戦った台湾の戦闘隊は、いずれも戦力の過半を失った。第38任務部隊との交戦は十五日まで続けられ、台湾沖空戦と呼ばれたが、日本側の痛手は大きく、軽傷を受けただけの敵艦隊は目的を充分に果たして台湾を離れた。

米軍、レイテ島に上陸

十月に入ると内地や南西方面から、航空部隊がフィリピンに集結し始めた。三式戦の第二十二飛行団も戦力回復を進め、十月十日には飛行第十七戦隊の可動機は二二機に、十九戦隊は二五機にまで増えていた。

七錬飛隊長の近藤明邦少佐は戦闘可能な教官、助教五～六名と三式戦をもって、荒蒔十七戦隊長の指揮下に入りたい旨を、四飛師師団長・木下勇中将に直訴したが容れられなかった。逆に、危険なフィリピンを離れて、ビルマのタボイ飛行場へ移動し訓練続行の命令が出たため、三式戦をデルカルメンに移し、人員は十七日にマニラ港を発つ。

十月十五日午前、米第38任務部隊の支隊がルソン島を襲撃。「敵艦載機、約一〇〇機西進中」の情報により、一式戦二型二個戦隊を含む約四〇機が、マニラ湾上空周辺で、空母「フランクリン」からの第13および「ベロウ・ウッド」からの第21戦闘飛行隊のＦ６Ｆ－５群と銃火を交えた。

アンヘレスからルソン島西方の洋上へ向かった十七戦隊では山根一夫軍曹がマニラ北部の上空で戦死した。来襲四〇分前に情報が入っていたため、充分に高度をとっての有利な条件を生かして五機を撃墜した十九戦隊も、二宮則光中尉と大久保豊軍曹の二機を失った。

午後には一式戦、四式戦、海軍機と協同して、ルソン東方海域の機動部隊攻撃に向かい、洋上で軽空母「サンジャシント」から出た第51戦闘飛行隊のＦ６Ｆ群と交戦に入って、十七戦隊は一機、十九戦隊は折本敬一中尉と奥田孫右衛門曹長の二機が帰らなかった。瀬戸十九戦隊長機も燃料タンクに被弾し、自爆を覚悟しながらも、かろうじてツゲガラオに不時着した。

敵は艦上機ばかりではない。中部フィリピンのレイテ島周辺へ、九月中旬以降、西部ニューギニアのビアク島方面から第5航空軍のＢ－24重爆が、しばしば偵察に飛来するようになった。第二飛行師団はこれを撃墜しようと、十七戦隊にレイテ島への一部戦力の派遣を命じ、十月一日に佐藤信男中尉指揮の三式戦四機が、アンヘレスからレイテ島へ向かった。途中で佐藤中尉機はエンジンに不調をきたし、スコールを避けつつ全機が同島ドラッグ飛行場に不時着陸。雨上がりの滑走路に降りたため三機は脚をとられ、つんのめって壊れてしまい、無事だったのは目測を高くとってうまく接地できた佐藤機一機だけ。このあと、ほど近いブラウエン南飛行場へ移動して、下士官三名は輸送機でアンヘレスに帰り着いた。中尉は単機で邀撃待機を続けたものの、上がれば敵が来ないという状況で、捕捉の機会を得ないまま十月十七日を迎えた。

レイテ島ドラッグ飛行場に降着して、軟弱な地盤のため左主脚を折り落下タンクもねじれた十七戦隊の三式戦一型丁。修理は不能な大破状態だ。19年10月1日の午後3時頃の撮影。

レイテ湾口のスルアン島に米軍が上陸を開始、との報を受けた佐藤中尉は、独断での索敵を決意し、垂れこめる密雲の下を東へ飛んだ。やがて視界が悪化、島影にひそむ艦艇四隻を見つけたが、機位も定かでなく、そのまま航過し、どうにかブラウエンまでもどってきた。

二十日、敵は続いてレイテ島に上陸。ブラウエン飛行場が敵手にわたるのは、時間の問題だった。

その前に帰してやりたいと願う飛行場大隊長の厚意で、艦砲射撃で穴だらけの滑走路が椰子(やし)の木と砂糖袋を埋めて応急修復され、奇蹟的に無傷の佐藤機は、翌二十一日未明にアンヘレスへ向けて発進した。一日遅ければ、脱出は不可能になっていた。

第一線の空中勤務者は、地上勤務者にくらべて死に直面する可能性がはるかに高い。しかし、負け戦(いくさ)の撤退時には、これが逆転する事例がしばしば生じる。その理由の一つは、人数が少なく〝希少価値〟の空中勤務者を、特別な理由がないかぎり先に後退させるのが、軍（陸軍、海軍とも）の不文律の方針だからだ。

飛行部隊の構成人員の大半を占める地上勤務者は、一部の幹部を除いてあとまわしにされ、残留のまま地上部隊とともに敵弾や飢(う)えに倒れていく。日本軍が総くずれの戦場では必ず起きる事態と言え、フィリピン戦ではおびただしい数の整備隊員や飛行場大隊員がとり残されて、航空の〝棄兵(きへい)〟はピークに達する。救出手段は飛行機によるしかなく、残置隊員を全部助けようとすれば、航空兵力の壊滅を招きかねないのは確かではあったけれども。

理由のもう一つは、地上軍への直接協力を根幹とする陸軍航空に顕著な、最前線の近くに前進飛行場を設けるパターンにある。地上戦闘の前線がどんどん先へ進む進攻時にはこれでかまわないが、守勢時にはたちまち敵の矢面(やおもて)に立たねばならず、先遣の地上勤務者（先に進出していないと飛行機を活動させられない）を引き揚げるいとまなく、飛行場を占領されてしまう。

十月二十日の敵のレイテ島上陸時に、これに類する事態が生じた。十七戦隊の三式戦が派遣された場合に面倒をみるため、同島北東部のタクロバン飛行場にいた整備隊員・松尾甚右衛門軍曹、池田輝明伍長ら五名は、上陸初日に奪取された同地区で守備隊とともに敵弾に倒れた。戦隊としても助けようのないケースだった。

長距離移動か長時間哨戒のため、統一型落下タンクを付けて待機する十九戦隊の三式戦一型丁。落下タンクは下塗りだけの暗灰色だ。アンヘレス西飛行場での撮影といわれる。

スルアン島への敵上陸部隊を攻撃しようと、十八日の朝アンヘレスを離陸した十七戦隊の一二機と十九戦隊の一四機は、悪天候に妨げられて前進できず、十七戦隊はマニラ南方のリパに不時着陸。十九戦隊はアンヘレスへ引き返し、途中マニラ上空で、空母「フランクリン」から来襲中の第13戦闘飛行隊のF6F群と空戦に入って、第三中隊長・三田村正一大尉がフランクリン・W・サイアス中尉の射弾で戦死した。これで十九戦隊は、編成以来の飛行隊長と三名の中隊長をすべて失ったのである。

力つきた第二十二飛行団

十月十九日午前零時、大本営は決戦場をフィリピンと決めた捷一号作戦を発動。三式戦の二十二

故障のまま放置され中破状態に壊れていた十九戦隊の三式戦一型丁が、クラーク地区の集積所に集められた。米軍の航空技術情報隊がこの機を飛行可能に修復する。

飛団はルソン島からネグロス島へ南進し、十七戦隊は同島北部のファブリカ、十九戦隊は中西部のラカルロタに展開した。

十月二十日の敵のレイテ島上陸により、南方軍はそれまで計画していたルソン島での地上決戦を変更。敵のフィリピン攻略の基盤確立をはばむために、主戦場をレイテに切り換えた。作戦地域変更の要因にされたのは、台湾沖航空戦での敵機動部隊に対する撃沈あいつぐ大戦果（大半が誤認）で、情勢は有利との大きな誤判断を下したためだった。以後、泥沼のようなレイテへ、なしくずしの増援が始まる。

レイテ湾の敵艦船への小規模な攻撃に加わって、二十二飛団の戦力は減耗し、早くも十月二十一日の可動機は十七戦隊六機、十九戦隊ゼロ。翌二十二日には十七戦隊も可動機がなくなった。第二飛行師団の全力をあげてのレイテ湾総攻撃が決行された二十四日、最も戦力が少ない二十二飛団は、整備を終えた二〜三機でバコロド地区（ネグロス島北部）からの出撃機の上空掩護を実施。同日、艦上機約二〇機がラカルロタに来襲し、十九戦隊長・瀬戸六朗少佐が地上で戦死した。

この時点で十九戦隊の将校操縦者は一人もいなくなった。月末に着任した高原忠敏中尉と、十九日のレイテ湾攻撃でいったん未帰還と認められたのち生還した遠藤正博中尉を加えたけれども、十一月一日付で大本営から戦力回復のための内地帰還を命じられた。一〇名ほどの生存操縦者は三日に、九七重爆二機に乗ってクラークを発った。

制空権を奪取された日本機は夜間飛行を主体にしたため、レーダーを装備する米夜間戦闘機のノースロップＰ－61Aがそれなりに活動した。リンガエンの滑走路に降りるところ。

四航軍隷下の二飛師と四飛師の可動数は、八月末の二七〇機が十月末には一五〇機に半減しており、新鋭部隊の編入で戦闘機戦力こそ九二機から一〇〇機強へとわずかに増してはいても、強化されつつある敵に対しては明らかに劣勢だった。

本来なら十九戦隊に代わって内地へもどるはずだった十七戦隊は、感情的で私的観念が強い四航軍司令官・冨永恭次中将の意見具申で残留が決まり、アンヘレスで待機していた特操一期生と、空輸された補給機材を加えて、戦闘を続行する。すでに十月下旬、三中隊長・一井秀夫大尉と一中隊長・岩品要蔵大尉をたて続けに失い、十一月一日にはレイテ島タクロバン飛行場への夕弾攻撃で、飛行隊長・加藤三吉大尉が戦死。四日の邀撃戦では由本秀夫中尉がP-38を撃墜後に散るという漸減状況のもとで、ネグロス島ラカルロタからレイテ島逆上陸の船団の掩護を実施した。

十七戦隊にとって船団掩護作戦中の最悪の日は十一月十日。午前中に出た組がオルモック湾のすぐ南にあるポンソン島の上空で、P-38および双発夜戦のノースロップP-61に襲われ、川瀬正夫少尉、原子改造少尉、杉田造軍曹、下忠夫伍長の四機が帰らなかった。敵はいずれも奪取したレイテ島の飛行場から発進した第5航空軍機で、ドラッグからの第432戦闘飛行隊のP-38が三式戦九機、タクロバンからの第421夜戦飛行隊のP-61が同二機の撃墜を記録している。

このとき飛んでいた三式戦の機数は、おそらく四機だったと思われ、その全機が落とされたと見ていいだろう。明るい朝、敵が四機を相手に、合計一一機撃墜と実際の三倍近い戦果を報じた誤認と重複の原因は、敵機の数が多く、かつ三式戦がしぶとく抵抗し戦闘が長引いたためだ。飛行学校を出て三年および二・五年の中堅二名（川瀬少尉、杉田軍曹）と、八ヵ月および一四ヵ月の若鷲二名（原子少尉、下伍長）は、苦闘ながら存分に戦って敵弾に倒れたに違いない。

船団掩護は一時間交代で受けもった。この当時、二飛師の戦闘機戦力は三式戦が一個戦隊、四式戦が四個戦隊、二式複戦が一個戦隊、それに残存機を集めた一式戦の一個隊を加え、合わせて七個隊あったが、可動機は全部合わせても四〇機程度にすり減っていて、一回四機平均（二～八機）の船団直衛機を出すのも苦しい台所にまで衰えていた。

　十日の午前に続いて、午後にも十七戦隊から一個小隊四機が船団掩護に出た。長機は一ヵ月前にレイテ島に派遣された佐藤中尉、その僚機が川中子（かわなご）敏夫伍長、分隊長（海軍のそれとは異なり、四機編隊のうちの二機の長で、小隊長に次ぐ。僚編隊長とも言う）が難波国治曹長、その僚機が小仁田（こにた）博伍長という、小牧を出て以来一人も欠けない固有の小隊を維持していた。ラカルロタから二〇〇キロほど飛んでオルモック湾の上空に達し、掩護飛行を開始する。

　しばらくして佐藤中尉は、一〇〇メートルほど下方をP－38八機が飛んでいくのを見た。超低空で船団に迫る双発爆撃機B－25や双発攻撃機ダグラスA－20を防ぐのが主務だから、P－38を追いかけるわけにはいかない。

　そのうちにP－38がふたたび現われた。こんどは敵の方が一〇〇メートルほど高度が高く、数も八機ずつの三個編隊に増えている。敵がいるタクロバンとオルモック湾との距離は五〇キロほどしかないから、P－38は入れ替わり立ち替わりやってきては船団掩護中の日本機をねらうのだ。

　船団の周辺にも注意を払いつつ、佐藤中尉が敵の出方を見ていると、どの編隊も三式戦をめざして飛んでくる。機数が多すぎるP－38の連係がとれず、ぶつかりそうになって攻撃態勢を崩すので、中尉らはそのつど息を抜くことができた。敵にとっては気楽なミッションなので、戦場なれしていないパイロットばかりを出してきたのではなかろうか。

輸送船団の上空警戒中にP－38編隊との機動指揮をこなした佐藤信雄中尉。アンヘレスの飛行団／戦隊施設で。

しかし、やがて敵も呼吸を飲みこみ始めたようで、二個編隊がうまく間隔をとって接近してきた。まもなく受け持ちの時間も終わる、これ以上の直衛飛行は危険とみた佐藤小隊は、二機ずつに分かれ断雲を縫いつつ離脱にうつる。中尉と川中子伍長がまず帰還し、遅れて難波曹長ももどってきたが、小仁田伍長機は姿を現わさなかった。第432戦闘飛行隊のP－38は同じ時刻に、オルモック湾上空で三式戦二機の撃墜を報告した。一機は小仁田機に間違いなく、もう一機は難波機が落ちたと判断したもののようだ。

東部ニューギニアで戦った米第5航空軍のP－38は、フィリピンで再度三式戦と敵対した。しかし、火力がいくらか向上しただけで、同一エンジンゆえに飛行性能はむしろ低下した三式戦とは違い、P－38はかつてのF型、G型にくらべ、エンジン出力の三五〇～四五〇馬力もの増大により二〇～三〇キロ／時も速く、上昇力が大幅に向上したJ型、L型に更新されて、彼我の性能差はいちだんと開いていた。

十一月二十日ごろに十七戦隊はルソン島アンヘレスに下がり、戦隊長・荒蒔義次少佐は血液中に充満したマラリアの発病で入院した。

疲弊しきった戦隊に、ようやく十二月八日付で出された内地への帰還命令は、すぐには実行に移されず、十二月十四日には佐藤中尉以下の爆装三式戦八機が、特攻同様の対艦船攻撃にボホール島へ向かう（敵影を見ずにバコロドに降着時、第340戦闘飛行隊のP－47Dと交戦し、近藤憲一少尉が戦死）など作戦に従事。ミンドロ島上陸作戦支援のF6F群が十五日にしかけたクラーク周辺への空襲により、豊川克郎軍曹、河田善光伍長ら整備の一五名がアンヘレスで倒れた。

内地帰還が始まったのは十二月下旬。残務のため空中勤務者として最後まで残留した荒蒔戦隊長が、中華航空のMC－二〇輸送機でクラークを離れた昭和二十年一月九日、米軍はマニラ占領をめざしリンガエン湾上陸を開始した。

ルソン島の高原地帯にP－38後期型（おそらくJ）が落下タンク状のナパーム弾を投下する。優越した速度、上昇力と火力、無線による連携で三式戦を追いこみ圧倒した。

防空戦闘機隊もフィリピンへ

フィリピンの消耗戦は本土防空部隊（防空専任飛行部隊）をも呑みこんでいく。

十一月六日付で、東部軍管区の第十飛行師団から飛行第十八戦隊が、中部軍管区の第十一飛行師団から五十五戦隊と二百四十六戦隊が抜かれ、一時的に第四航空軍の指揮下に入る処置がなされた。このうち、十八戦隊と五十五戦隊が三式戦部隊である。

編成以来、調布飛行場を基地にしていた十八戦隊は、十月に入って千葉県柏(かしわ)に移動。下旬には北九州防空に協力するため大刀洗に進出し、会敵しないままフィリピン出動の内命を受けた。急いで柏飛行場に帰ったところへ、サイパン島からのB－29偵察機型のF－13が東京上空に侵入し、この邀撃のために出発をやや遅らせたのち、十一月十一日に戦隊長・磯塚倫三少佐の指揮で三五機が発進した。一型丙のマウザー二〇ミリ砲は、現地での弾丸の入手が困難と予想され、一二・七ミリ機関砲に換装されていた。

伊豆半島沖で磯塚戦隊長機はエンジンから火を噴き、落下傘で真鶴沖に着水した少佐は、二中隊機が誘導して連れてきた船舶部隊の船に引き上げられた。この間に一中隊と三中隊は先行し、二中隊は明野で燃料を補給後に再発進。いったん柏にもどった戦隊長も翌日、第十飛行師団司令部の九七軽爆で追いかけ、新田原飛行場で集結できた。その後、雨中飛行をこなして那覇経由で台湾・屏東にいたり、追及機の到着とマニラ方面の敵情の静穏化を六日間待ってから、九七重爆の先導を受けて、十八日に主力の三一機がルソン島アンヘレス西飛行場に進出した。

整備隊は三式戦の取り扱いにかなり慣熟していたけれども、機材の不調・故障はどうしても出る。屏東着陸時にエンジンが停止、飛行場の手前に落下して頭を打った市川公重中尉は記憶を失い、また不時着のさいに片眼の視力を失った中野少尉の例もあった。「やはり空冷のほうが安心」と磯塚少佐が述べる、ハ四〇の信頼性不足はぬぐえなかった。ただし「機体が頑丈なので不時着もやりやすい」（中尉で一中隊長だった川村春雄さん）おかげで、フィリピンで生命を救われた操縦者が何人もいたはずだ。

小牧に展開する五十五戦隊は十一月十日、雨あがりの飛行場で空地両勤務者八〇名の出陣式を終え、戦隊長・岩橋重夫少佐指揮の三式戦三八機と、整備隊長・鈴木清章中尉以下の整備兵、器材を乗せた輸送機七機が離陸。大刀洗〜那覇〜屏東経由で、十八戦隊と同じく十八日にアンヘレス西飛行場に約三〇機が着陸した。あらかじめ故障を考慮して、よぶんに機材を持っていったが、経由地に三式戦を扱える飛行場大隊がいなかったため、予想以上に故障機が増えた。

輸送機も途中、十四日に二機が失われた。一機は雲上飛行中の針路ミスで華南の山中に不時着、整備の古財克美少尉、山田栄一伍長ら四名は機と運命をともにした。東シナ海に降りたもう一機は、海軍の艦艇に全員が助けられた。

なお、十八戦隊では幹候や特操の学鷲の全員を残置隊として残したが、五十五戦隊では前田秋信少尉が岩橋戦隊長に膝詰め談判で頼みこんで、三分の一の五名がフィリピン行きに加わっている。

到着後、十一月十九日に早くもF6F－3または－5艦戦による攻撃の洗礼を受けたのち、五十五戦隊は第二飛行師団の指揮下に入って、ネグロス島バコロド地区へ早期進出を命じら

フィリピン進出をひかえ、小牧飛行場で五十五戦隊の武装係が三式戦一型丁の射撃装置をチェック中。中島や三菱の戦闘機と異なって、搭乗用の足掛けが右側にも付いている。

れ、二十三日の夕方にタリサイへ戦隊長以下二〇機が前進。喜代吉(きよよし)忠男少尉、松田豊軍曹ら数名は、内地から来る補充機のテストのためアンヘレスに残った。

質・量ともに不利

二飛師は十一月二十四日の朝、戦闘機、襲撃機、軽爆撃機の合計五二機で、レイテ島タクロバン飛行場への総攻撃をかけた。主力の戦闘集団は四式戦を最上空に置き、三式戦、一式戦の順に三層配備で進撃する。

三式戦は岩橋戦隊長が率いる五十五戦隊からの一二機で、戦隊長は乗機が故障のため、二中隊長・大西彰中尉の機を借りていた。五十五戦隊は九九双軽を直掩し、高度五〇〇〇メートルでレイテ島に侵入したとき、雲間からP－38多数（第49、第475戦闘航空群機）の奇襲を受けて編隊が乱れた。岩橋少佐は被弾、自爆し、ほかに島倉俊樹中尉、塩崎奎吾曹長、小川千代造軍曹らも戦死して、一挙に七機を失ってしまった。

小牧を出発して以降、南進の連続だった五十五戦隊の三式戦は、翼下の落下タンクを付けっぱなしで、投下テストを試みる暇もなかった。この空戦のさい、タンクが離れず鈍い機動のために敵に捕捉された機があったという。

その数日後、バコロド地区に侵入した戦爆連合を、緒方畩重少尉と原庄作軍曹が迎え撃つ。原軍曹はP－38二機を協同撃墜ののち、燃料が切れて不時着、負傷したが、ノモンハン以来の歴戦の緒方少尉はさらに三機を落として賞詞を受け、レイテでの鬱憤を晴らした。

レイテ作戦で出撃をかさねた五十五戦隊の原庄作軍曹と三式戦一型。頭当て、防弾鋼板の形状が知れる。

第四飛行師団の指揮下に編入されてアンヘレス西に残った十八戦隊は、四式重爆「飛龍」の特攻隊・富嶽隊の掩護を打ち合わせていた。

十一月二十五日払暁から、敵艦上機の来襲に備えて戦隊全力の約二〇機が出動し、マニラ付近上空を遊弋待機中だった。朝日が昇りかけたころ遠くに機影が見えてきたが、敵味方を識別できず、三式戦はまだ落下タンクを付けたままで機関砲の装填も終えていなかった。F6Fと分かって隊形を整えている間に、敵に先手の第一撃をかけられ数機が墜落。

19年11月末、アンヘレス西飛行場のピストで飛行第十八戦隊・二中隊長の川村春雄中尉(大尉進級直前)。

各中隊はクラーク上空で態勢を立てなおし、敵機群に襲われた川村春雄中尉が率いる二中隊を、左後方にいた富部誠之大尉の三中隊がカバーするなど、午前八時半ごろには中隊ごとに空戦に入った。しかし、ロッテ戦法を訓練してはいても四対四がせいぜいだ。無線を駆使し、相互支援に徹した米側の動きには対抗しがたく、まもなく十八戦隊の各編隊は散りぢりにされてしまった。

数的な差も考慮して、川村中尉は「F6Fに対しては、態勢が有利でないかぎり三式戦では不利」と感じた。のちに、捕虜の立場で訊問を受けた敵パイロットが、「三式戦を見ると『しめた。負けない』という気持ちがわく」と語ったという。

三式戦がF6Fに劣るのは、ハードとソフトの両面である。ハード面、つまり飛行機の性能は運動性が互角なだけで、速度、上昇力ともにF6Fが勝り、相当な好条件を得られないと勝ち目がうすい。火力も、弾道特性がいいブローニングM2一二・七ミリ機関銃六梃の、F6Fに軍配が上がる。編隊空戦時は格闘戦よりも射距離が広がるから、なおさらだ。三式戦の一型丁では重量の増加により、とりわけ上昇力で一段と差がついてしまった。

ソフトの運用面、すなわち空戦技術についても、高性能無線機に支えられ、編隊機動を叩きこまれたF6Fのパイロットと、手と指のおおまかな合図で付け焼き刃に近いロッテ戦法をなぞる三式戦の操縦者とでは、違いが出ない方が不思議だ。そのうえ、十八戦隊（五十五戦隊も）は本土防空部隊として対重爆戦闘を中心に訓練してきたから、いっそう分が悪い。十一月二十五日の空戦でも、自分の僚機はくっついているだけなのに、こちらが一機を攻撃しようと思うとすかさずもう一機が邪魔に入る、F6Fのチームワークのよさを、川村中尉に痛感させている。

敵パイロットにとってみれば、三式戦より低速でも思いがけない運動性を発揮する一式戦や零戦のほうが、やりにくい面があっただろう。機数で格段の劣勢という絶対的なハンディを背負う三式戦が、F6Fの追撃から逃れる普遍的な手段は、突っこみのよさと機体強度を利した急降下以外になかった。

二十五日の朝の空戦がすんだあと、富嶽隊の敵空母への特攻攻撃が決まって、十八戦隊が直掩を命じられた。いったん隠蔽した三式戦を集めたが、戦闘後の出動可能機は、白石則男大尉、富部大尉、川村中尉の一〜三中隊長に、新居梅雄軍曹、高野軍曹を加えた五機だけ。午後四時すぎ、四式重三機の離陸に続いて、白石機、新居機、富部機が上がった直後に、右方向からF6F六機（空母「エセックス」からの第4戦闘飛行隊機）が侵入した。

敵は二手に分かれ、四機が離陸後の三機を襲撃。まず第一旋回中の白石大尉機が襲われて墜落し、二機にかかられた富部大尉は、落下タンクを付けたまま射弾をかわしていたが、ついに被弾して落ちた。この間に新居軍曹は超低空で離脱し、となりの飛行場へ向かう。まだ地上にあった川村中尉と高野軍曹は操縦席からとび出して無事だったが、F6F二機の銃撃を受けて乗機は燃え上がった。

夕方までに届いた一機に乗って単機出動するつもりの川村中尉に、ヤシの実の椀に入ったアイスクリームが届けられた。「戦隊長からの末期(まつご)の水か」と思って食べ、出動にかかったら赤旗が振られて、夜間攻撃の中止を知らされた。

翌日も十八戦隊では、川村中尉が二～三機をつれて富嶽隊の掩護で出撃した。富嶽隊の四式重は同乗者を降ろし、防御武装をはじめ不要品を外したかわりに、海軍の八十番(八〇〇キロ)爆弾二発を積んでいるから、全備重量は満載状態の通常爆装機と変わらない。その重い重爆の上昇にすら、落下タンク装備の三式戦はついていけず、取り残されて単独での航進を余儀なくされてしまった。なれない洋上を心細く思いつつ飛んで、往路の燃料を使い切って引き返し、富嶽隊機も敵が見つからず帰ってきた。

フィリピン航空戦の終焉(しゅうえん)

十二月二日には十八戦隊もネグロス島に進出。バコロド飛行場を使って、六日の空挺特攻・高千穂降下部隊の掩護など、五十五戦隊とともにレイテ進攻に参加する。しかし、船団掩護に三機出すと一機しか帰らない、という状況で消耗が続き、五十五戦隊二中隊長の大西彰大尉（十二月一日進級）も、オルモック湾の対艦攻撃で燃料タンクに被弾ののち、バコロドに胴体着陸して大火傷を負った。

米軍は十二月十五日にマニラの喉元（のどもと）にあるミンドロ島へ、ついで昭和二十年一月九日にはリンガエン湾からルソン島への上陸を開始。

20年1月5日に戦死した高島喜久治准尉は、補充が困難な腕きき操縦者だった。アンヘレス西で撮影。

この間に磯塚少佐、川村大尉（十二月一日進級）以下の十八戦隊はアンヘレスにもどり、緒方少尉指揮の五十五戦隊の一部はアンヘレスにもどり、空輸された三式戦でミンドロ島、ついでリンガエン湾の艦船へ五〇キロのタ弾による襲撃を続けた。だが、ミンドロ夜間攻撃でシャワーのような対空射撃にやられた新居軍曹機が、真っ赤に燃えて敵飛行場に突入。ベテラン・高島喜久治准尉も敵弾を受けて帰らず、川口光彦軍曹がリンガエンの空に散って、十八戦隊の戦いはもはや焼け石に水の状態でしかなかった。

内地帰還の大本営命令が一月十五日付で出されたが、ネグロス島に残っていた五十五戦隊飛行隊長・矢野武文大尉は二日後、単機タ弾を付けて戦死覚悟のタクロバン飛行場攻撃に出たまま未帰還。後事を託されネグロスを発(た)った三中隊長・上村一(うえむらかずと)大尉も、二月四日にパラワン島でP-38に追われ戦死した。

アンヘレスに集まった両戦隊の操縦者は二月以降三々五々、陸路をルソン島北部のツゲガラオまで歩き、輸送機や重爆に救われて台湾へ向かった。また、同島北東端のバトリナオで二月十日に呂号第四十六潜水艦に乗り、台湾・高雄に入港できた五十五戦隊の前田秋信少尉の稀有(けう)な例もある。

しかし、整備兵など地上勤務者の大半と、脱出便に間に合わなかった空中勤務者の一部は、現地に残って地上部隊に編入された。山にたてこもった彼らはつぎつぎに倒れていき、喜代吉少尉のように翌二十年の十月下旬になってようやく敗戦を知り、病気と栄養失調にやつれはてた身体で這(は)いながら下山する者もいた。

ところで、十一月上旬に戦力回復のため内地にもどった十九戦隊は、柏から小牧飛行場に移動して人員と機材の受け入れを進めた。新戦隊長には本田辰造少佐が任命されていたが、病身なので、十二月五日付で五十九戦隊一中隊長だった吉田昌明大尉と交替し、整備隊長も五十九戦隊から川村博大尉が着任した。

B-29が名古屋に初めて来襲した十二月十三日には、村上孝軍曹が十九戦隊の初撃墜を、渥美半島上空で記録。十八日にも撃破二機が報じられるなど中京地区の防空も担当しつつ、フィリピン戦線への復帰を急いだけれども、エンジン始動困難や冷却水漏れなど故障が完治せず、可動機の定数がそろわない。三式戦を扱いなれた整備隊員は、フィリピンに残されたままなのだ。

参謀本部第二課が作った進出予定表では、十二月二十日に出発、二十七日に現地到着とされていた。十二月下旬に来隊した大本営の参謀から、「いつ比島へ行くんだ」と聞かれた川村博大尉は、修理していたらきりがないと判断して、「年内に行きましょう」と答えた。

フィリピン再進出まえの19年12月、小牧で戦力回復中の十九戦隊・三中隊員たち。手前は左から倉沢和孝少尉、安福正之少尉、中隊長・高原忠敏中尉、渡部国臣少尉。

こうして大晦日の朝、一〇機ほどの不調機を残し三十数機で小牧を出発。新田原に降りて昭和二十年の元旦を迎え、整備ののち一月二日に那覇経由で台湾・台中飛行場に到着した。

翌三日の午前、艦上機来襲の知らせを受けた川村整備隊長は、旅館からトラックに乗って飛行場へ急ぐ。ならべた三式戦から燃料を抜こうと車で滑走路を横切っているときに、急降下爆撃が始まった。

さいわい格納庫が被爆しただけで、戦隊の機材に被害は出ず、続いてやってきた第二波の水平爆撃でも、二機が破片で滑油タンクをやられたにすぎない運のよさである。トラックで駆けつけた操縦者たちが、川村大尉の飛行機分散の指図にそって土盛りの掩体(えんたい)に隠しにかかったところで、第三波が来襲する。朝からの活動と緊張により、にわかにニューギニア以来のマラリアが出て、激しく震えだした大尉を、操縦者たちが両側から支えて逃げてくれた。

機動部隊を発艦したF6Fおよび海兵隊のF4U、TBM「アベンジャー」などの空襲は翌日も続いた。戦隊の整備隊はまだ追及していないので、飛行場大隊に頼んで人手を出してもらい整備と修理を進め、なんとか十数機の可動機を用意できた。一月五日にフィリピンへ向けて離陸したが、吉田戦隊長機が羅針儀の故障のため引き返し、二ヵ月ぶりにアンヘレスに進出したのは第二中隊長・遠藤正博中尉指揮の一隊だけだった。

アンヘレスで第三十戦闘飛行集団の指揮下に入った遠藤中尉は、浜田清准尉、村上孝軍曹とともに、戦死した瀬戸戦隊長の分骨を抱き、「皇国の弥栄(いやさか)を祈り奉るのみ」と遺書を残して、爆装の三式戦で艦船攻撃に発進、ふたたび帰ってこなかった。続いて十二日、渡辺与史夫軍曹、小川定雄軍曹、小山拾春伍長の三名は特攻・精華隊に編入されて出撃、戦死し、フィリピンでの十九戦隊の航空戦の幕を降ろした。

台中に残った戦隊長・吉田大尉以下の主力は、ルソン島への前進を図っていたが、敵機が群れ飛ぶバシー海峡を突っ切るのは不可能に近く、またクラーク地区も連日の空襲で、進出する好機を得られなかった。待機するうちに一月十五日、「比島への前進を中止し、台湾に留まれ」との新たな命令（台湾の八飛師司令部からか）が出され、さらに二月十六日付で第八飛行師団長の隷下に組み入れられた。

吉田戦隊長は航空病にかかっていたため、翌十七日付で職を離れ、フィリピンで活動の場を得られずに壊滅した二百戦隊から、ニューギニア以来の三式戦経験者・深見和雄大尉が着任した。また、フィリピンから台湾に脱出した十八戦隊、五十五戦隊の操縦者たちも、十九戦隊に転属の処置がとられた。

第三十戦闘飛行集団の幹部もルソン島エチアゲを引き上げて、臨時に台中の旅館にいた。明野教導飛行師団で四式戦装備の六個戦隊を作り、二百戦隊もそのなかに入っていた。準備不足、機材損耗のひどさ、米航空部隊の威力をいくども味わわされた集団長・青木武三少将たちは、フィリピン進出の助力を願い訪ねてきた川村大尉に言った。

「比島で死ぬのも、台湾で死ぬのも同じだ。十九戦隊を盛り立てるのが君の任務だぞ」

やむなくフィリピン行きを断念した川村大尉の手配で、九九式軍偵一機をネグロス島へ飛ばし、整備の軍曹と曹長を後方席に乗せて救出（二度目は未帰還）。十八戦隊にいた下士官二名を加えてこの四名を基幹に、整備隊の陣容を整え始めた。

整備力なくして戦力なし

ニューギニアに続いての三式戦部隊の苦戦は終わったが、ここで補給状況について触れておく。

各務原の川崎・岐阜工場で完成した三式戦は、平均六日でクラーク地区に到着した。九州

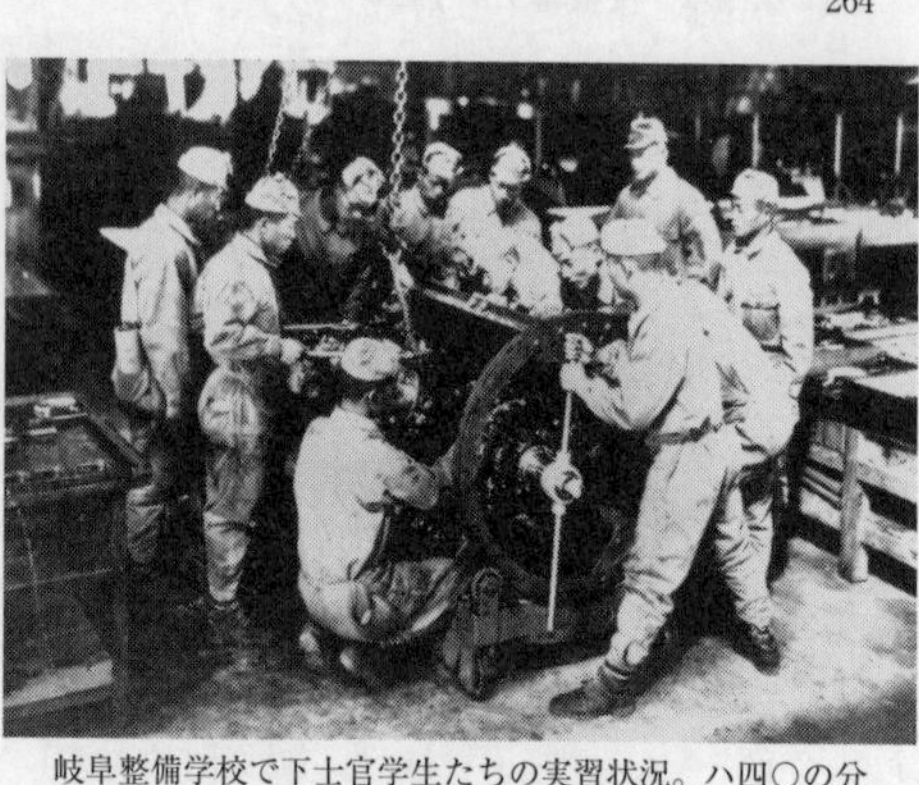

岐阜整備学校で下士官学生たちの実習状況。ハ四〇の分解、組立を机上と実践で学んだ彼らの部隊着任で、かんばしからざる三式戦の可動率が逐次あがっていく。

〜沖縄〜台湾を飛ぶあいだに出る落伍機は、一式戦が最も少なくて四パーセントにすぎず、三式戦は一三パーセントにのぼっている。その原因の第一は整備の難しさにあった。ただし、フィリピン決戦の命運を担うとして「大東亜決戦機」とまで呼ばれた四式戦は、二〇パーセントと最も高い。空冷機とはいえ、装備エンジンの中島ハ四五の複雑さと品質低下が災いしたのだろう。故障多発は日本の新鋭機の宿命である。

逆に言えば、陸軍唯一の液冷機ながら、一三パーセントの落伍率で収まったのは、三式戦の制式戦闘機としての存在が、ようやく定着した証だと見なし得るのではなかろうか。

補給機は逓信省乗員養成所の出身者、すなわち民間航空の操縦士たちによっても運ばれた。屏東からの空輸を担当した軍依託の組織に「佐藤編隊」と俗称された隊があり、隊員の角舘喜信予備下士（伍長待遇）は、ガリ版刷りの諸元表を見ての慣熟飛行で取りたてて難点を感じず、故障を修理した三式戦でマニラへ飛んだ。離陸するとき黒煙を引いたが、これは不足しつつあるアメリカ製の潤滑油の代わりに、ヒマシ油を使ったからだと聞かされた。純正オイルを使わなくても動くまでに、ハ四〇の完成度が高まっていたものと思われる。

航空審査部飛行実験部の戦闘隊で三式戦班の整備将校を務めた元少尉の疋田嘉生さんは、量産の促進と工員の質の低下による粗製化の傾向を認めたうえで、「三式戦はどの機も、確実な整備をすればちゃんと飛びます。未熟練者が扱ったための油漏れの多発はあったが、審査部で手に負えないと思ったことは一度もない」と言い切る。

川崎の技術陣との連係と部品の補給に充分な利点があるにしろ、立川航空整備学校でハ四〇をがっちり学んだ少尉と、キ六一に習熟した部下たちの高い技倆がこの発言を支えている。

実際、審査部の三式戦はよく飛んだ。

実戦部隊の可動率の低さの原因を、疋田少尉はこう語る。

「戦力回復や機種改変で帰ってきた部隊は、整備兵の大半を現地に置きっ放しにしてきます。敗走のときなら、いっそうひどい。内地で新しい機付を配しても、空冷機から液冷機に変わってとまどい、なかなか上手くならないのです」

操縦者の腕がいかに優れていても、故障機を飛ばすことはできない。戦隊がいくつあっても、また保有機が何機あっても、戦力になるのは可動機だけだ。その可動機を一機でも多くそろえる、部隊の基盤たる地上勤務者を軽視し、あるいは軽視せざるをえず、置き去りにした陸軍航空の姿は、ニューギニア戦に続いてフィリピン決戦でも変わるところはなかった。

臨時にできた防空部隊

予備役将校と下士官の操縦要員に、実用機の未修飛行および戦技教育を施す錬成飛行隊のうちで、既述の第五、第七のほか、第十一、第十七、第十八の三個部隊が三式戦を訓練機材に用いた。ちなみに第七錬成飛行隊の略記は「七錬飛」が主だが、「ななれんせい」と呼ぶ場合が多かった。

満州・牡丹江の歩兵連隊で大隊長を務めた原強少佐は、転科命令を受けて航空を志望した。鉾田飛行学校で九五式中間練習機と九七式軽爆撃機の操縦訓練を終えた昭和十九年五月末の時点で三十二歳。航空転科の限界をこえる年齢なのに、さらに戦闘分科に転じ、明野飛行学校で三式戦を未修したのは、よほど適性にそっていたようで驚異的ですらある。

三式戦は当然ながら「九七軽よりずっと難しかった」が、持ち前の反射神経でひととおりの機動を習得して、八月にジャワ島東部のバンドンへ。独立第百六教育飛行団の司令部付をへて、九月十三日付で第十八錬成飛行隊長に任じられた。同部隊の編成はバンドンで進められ、十月末に完結する。

装備機は少しずつ空輸されてきた。十八錬飛（略呼称は「十八錬成」）の新編をひかえて三式戦の構造把握を命じられていた松本武治郎見習士官は、最初の一機をバンドンの第二十野戦航空修理廠で、かんたんな取扱説明書を見ながら分解・組立てを実施。特性を覚えこんで以後、整備隊の教官的立場に任じた。

「ふだん『ろくいち』『飛燕』と呼びました。独特の外形に興味をもったが、残念ながらパワーがなく、上昇に時間がかかる。反対に降下速度は大で、機体も頑丈。一式戦だと翼にシワがよる急降下でも、〔『ろくいち』は〕平気でした」

メッサーシュミットのエンジンと聞かされた八四〇が、特に故障多発とは感じなかった。松本元少尉（二十年初めに進級）の記憶では、エンジン故障が直接原因の事故は、カム軸の後端部の歯車を止めるロックリングが外れて停止した一例だけでは、と語る。

少尉任官後まもない特操一期出身者二十数名が、十月のうちにバンドンにやってきた。フィリピンやジャワの教育飛行隊で、九七戦またはその類似練習機型である二式高等練習機の操縦を身につけた彼らは、十八錬飛での当初の日々を九七戦で訓練し、やがて逐次飛来した三式戦の未修飛行を開始した。

ついで訓練とスラバヤの防空を兼ねて、近郊のグリッセに移駐。同地の飛行場造成は飛行場設定隊が担当したが、主な指揮は原少佐がとった。地上部隊指揮、多人数の差配に手なれた強みである。十二月下旬に原少佐は陸軍大学校入校のため内地へ向かい、後任部隊長に山下一助大尉（のち少佐）が発令された。

グリッセは滑走路の状態がよくなく、路外へ外れると車輪がめりこんでしまう。そこで翌二十年二月に南のマランに飛行場を移した。

三式戦について、特操一期出身の少尉だった安田晋一さんは「操縦はそれほど難しくはなかった。故障が多いイメージもないですね。操縦性（運動性）は九七戦より、だいぶ劣ります。呼び方は『飛燕』が主で、ときに『ろくいち』」と話す。のちに特攻に備えての突入訓練にも従事したが、降下して速度がつくと引き起こせないので、九七戦を使ったそうだ。マランでは飛行隊長・香川貞雄（金貞烈）大尉の指揮のもと、選抜者が僚機について、あるいは単機で、東方洋上で船団の上空掩護を受けもった。海の上を飛ぶ不安は言うにおよばず、船を見つけるのがそもそも容易でなかった。朝鮮出身の香川大尉は特操の少尉たちを時に厳しく叱ったが、次席の境敏男中尉は学鷲の心情を理解して対応してくれた。

十八錬飛の三式戦は多いときでも七〜八機（五〜六機ともいう）にすぎず、それらを可動状態に維持したのは、藤高隆大尉指揮の整備隊の努力である。各機には、「度胸の据わった」（松本さん評）特操の島野誠少尉の発案で、「つくば」「よしの」「うねび」など内地の山の名を、島野少尉が端正な字で機首に書きこんだ。

島野誠少尉は歩兵部隊に配属ののち特操の募集に応じて合格、戦闘分科に進んだ。暗緑に塗った第十八錬成飛行隊の三式戦一型丁に搭乗して。

穏やかな地域のうえ、作戦飛行は二義的任務なので、交戦らしい交戦はなかった。しかし二月二十八日、当直で待機中の中村民樹少尉は、B-24来襲の報に、不良な天候にかまわず単機「つくば」でマラン飛行場から出動した。

その後、現地人から墜落機の知らせがもたらされた。整備隊がトラックで飛行場から五〇キロ離れた現場へ向かい、機内にあった中村少尉の遺体を確認をすませて埋葬する。機体には弾痕が認められたという。親しかった島野少尉らは木製の墓標を作って、現場に立てて弔い、果敢な行動をしのんだ。

四月、十八錬飛はスマトラ島南部のパレンバンへ飛行場を移す。松本少尉が整備兵を指揮して、九七重爆で先遣進出した。移駐の目的は、この著名な製油所をねらうであろう機動部隊とB－29に対する防空戦力の強化、それに豊富な訓練用燃料にあった。

フィリピンの航空決戦に小規模な戦闘で加わった第七錬成飛行隊は、その後ビルマからタイへと基地飛行場を変え、五月にパレンバンにやってきた。七錬飛と十八錬飛は同月下旬、合体・改編されて邀撃戦力たる「飛燕戦闘隊」を編成し、七錬飛部隊長の近藤明邦少佐が隊長に任じられた。実戦部隊を生んだこの改編は、第五十五航空師団長・木下勇中将の意向による措置といわれる。

当時パレンバン防空には、二式戦の飛行第八十五戦隊、二式複戦の二十一戦隊、一式戦の独飛七十一中隊が従事していた。これら各部隊にとっても苦しい強敵を相手に、教官と助教主体のにわか実戦部隊を作ったところで、さほどの戦力増にはいたるまい。

結局は交戦の機会もわずかしかなく、スマトラ南端のタンジュンカラン上空でB－24一機を撃墜しただけだった。八月一日付で飛燕戦闘隊に終止符が打たれ、十八錬飛は解隊、人員は七錬飛に転属した。ニューギニアおよびフィリピンでの三式戦の惨状を思えば、武運は乏しくとも、幸運な結末だったのではなかろうか。

第五章　本土上空の奮戦

苦難の高高度飛行

昭和十九年（一九四四年）七月七日に、マリアナ諸島のサイパン島が陥落する。ついで八月一日にテニアン島の、十日にはグアム島の守備隊が音信を絶った。マリアナが敵手に落ちたなら、すなわちB－29の基地化を意味しており、遠からず太平洋からの大規模な本土空襲が始まるのは必至であった。

すでに北九州は大陸からの空襲を受けていたけれども、東京、阪神、中京地区は無傷のままだった。しかし、マリアナからのB－29群がねらうのは、当然これら大都市と周辺の工業地帯である。陸軍首脳部は国軍決戦の捷号作戦に没頭しかかっていたが、防空関係者は直面した難題への対処に余念がなかった。

東京をふくむ東部軍管区を守る第十飛行師団は、前身の第十七飛行団当時から、機動部隊の艦上機に対する戦闘を重視していた。ところが、北九州にB－29が来襲し、サイパンを奪われるにおよんで、対爆撃機の邀撃訓練に切り替えた。

超重爆B－29の性能推算は昭和十八年後半から進められており、十九年三月にはかなり正確なところまで割り出されていた。算出された諸性能のうち、最も対処が困難と予想されたのが、排気タービン過給機（ターボ過給機）の駆動によって高度一万メートルを飛ぶ、という高高度性能であった。

基礎工業力が劣る日本では、排気タービンの設計はできても、実用に耐えうる製品の量産は容易ではない。この十九年春にはなんとか使える試作品を百式司偵に付けて、テスト飛行を始めた程度にすぎず、アメリカにくらべ実用状況が一〇年近く遅れていた。ターボ過給機がない日本軍戦闘機にとって、高度一万メートルへの上昇は性能の限界に近い。熟練操縦者が快調な機で五〇分前後をかけてようやく一万メートルまで到達しても、ただ浮いているだけが精いっぱいで、急な機動に入れればたちまち一〇〇〇メートル以上も滑り落ちてしまうのだ。

彼我の高高度性能の格差を教えたのは、B－29が北九州に来襲してまもなくの七月二十九日、満州・鞍山を二式戦で防空した飛行第七十戦隊からの「一撃が限度。追撃不可能」の報告だった。ついで八月五日、北九州を単機で偵察にきたF－13A（B－29の偵察機型）を、飛行第四戦隊きってのベテランが操る二式複戦三機が、あらかじめ高空に待機し追撃したが、高度一万メートルでの捕捉ははなはだ困難で、ついに撃墜できなかった。ターボ過給機装備のエンジンと与圧式気密室を持つB－29に、歯車式の二速過給機エンジンと酸素マスクで立ち向かう難しさを、陸軍戦闘隊はこのとき初めて痛感した。

陸軍の航空関係の組織のなかで、防空に関する研究と教育は水戸にある明野飛行学校の分校が担当していた。この明野飛校分校は十九年六月二十日付で常陸(ひたち)教導飛行師団に改編され、実施学校から軍隊へと変わった。教育研究機関の作戦部隊化は、予備戦力の不足を補うための苦肉の策で、常陸教飛師は防空戦闘のさい十飛師の指揮下に入り、教官、助教が戦闘機で出撃する。もちろん明野の本校も明野教導飛行師団に変わり、中京地区防空の補助戦力に組みこまれた。

B－29の来襲以前、その高高度性能への対策研究会が水戸東飛行場で開かれた。手前は二百四十四戦隊幹部が乗ってきた三式戦一型丁、前方に飛行場を主用する常陸教導飛行師団の二式複座戦闘機が駐機している。

分校のときからの流れを汲んで、常陸教飛師は高高度戦闘と夜間戦闘の研究を重視し、それぞれ研究班が作られていた。

高杉景自(けいじ)大尉を長とする高高度戦闘研究班では、搭乗前に操縦者が酸素ボンベを背負って吸入しつつ駆け足をし、体内の余分な窒素にかえて少しでも酸素を残留させる「体内窒素洗い出し法」を実験。加えて、ふつうは高度四〇〇〇メートル前後から自動的にマスク内に出てくる酸素の吸入を、離陸時から始めることで、高高度での判断力低下を防ごうとした。これにより、研究班の早乙女(さおとめ)栄作中尉らは、一式戦二型を使って高度九五〇〇メートルで編隊飛行をなし得たが、着陸時にさらに酸素を吸入し体力回復をめざしても、容易ならない耳鳴りなどに悩まされた。

収集したデータは、第十飛行師団長や隷下各戦隊の幹部が水戸で高高度戦闘研究会を開いたおりに提出され、対B－29戦闘の難度の高さを参加の面々に教えた。同時に、隷下、指揮下の各部隊による高度一万メートルへの到達競争も実行され、七〇〇〇メートルあたりまでは快調に上昇した三式戦も、その先はガックリとペースが落ち、五〇分前後でようやく所定高度に達するありさまだった。

ところで、常陸および明野にあった第一線用単座戦闘機の可動率は七月十日の時点で、一式戦、二式戦、四式戦が六〇～九〇パーセントだったのにくらべ、三式戦は五〇パーセントでしかなかった。しかし、両教導飛行師団は各機種混合だったから、三式戦が唯一の液冷機として整備面で不利な立場にあった事情が、かなり影響している。

三式戦だけを装備する各防空戦隊では、内地なので部品や滑油などの補給が充分なうえ、川崎航空機から技術者を招くのも容易だったため、整備隊がようやく三式戦になれてきたこととあいまって、可動率は七〇パーセント前後にまで向上していた。また、防空戦闘に欠かせない無線機も、外地の前線とは比較にならない好条件のもとでよく整備され、空対空ではともかくも、地上からの通信はほぼ確実に聴取できた。

敵偵察機を捕捉できず

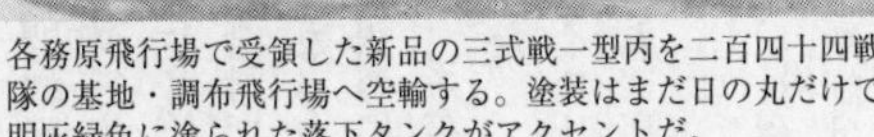

各務原飛行場で受領した新品の三式戦一型丙を二百四十四戦隊の基地・調布飛行場へ空輸する。塗装はまだ日の丸だけで、明灰緑色に塗られた落下タンクがアクセントだ。

サイパン島占領ののち、すぐさま基地設営にかかった米軍は、十月中旬に滑走路を完成。中旬から、第20航空軍・第21（正しくはローマ数字のXXI）爆撃機兵団に所属する、第73爆撃航空団のB－29が進出し始めた。第73爆撃航空団は機数がそろうのを待って、十月下旬にトラック島を空襲してウォーミングアップをすませるなど、日本本土空襲の準備を進めた。

第21爆撃機兵団では初空襲の目標を、戦闘機用エンジンの三〇パーセントを生産する中島飛行機・武蔵製作所（現・東京都武蔵野市）に定め、高度九〇〇〇メートルからの高高度精密爆撃を加えようとしていた。サイパンから二二五〇キロ離れた東京まで、随伴できる戦闘機はもちろんなく、B－29の高高度性能と強力な防御火網で、日本戦闘機をふり切る算段だった。

迎え撃つ第十飛行師団隷下の戦闘機戦力は、十月下旬の時点で五個戦隊の可動約一四〇機。このうち三式戦装備は千葉県柏の飛行第十八戦隊と調布の二百四十四戦隊で、それぞれ約四〇機が可動状態にあった。ほかに、臨時に十飛師の指揮下に入る常陸教飛師（一部が三式戦）などの東二号部隊の可動機が合計で約五〇機あり、さらにフィリピンへ出る前の四式戦二個戦隊も邀撃に参加する措置がなされていた。

十飛師の任務目標、すなわち戦闘の根幹は、最初に来襲した敵機をかならず粉砕し敵の気勢をそぐ、「初撃必墜」にあった。また、皇居上空は敵を入れない不可侵空域として、二百四十四戦隊の一部が直衛にあたった。

十一月一日の早朝にサイパン島イスリイ飛行場を離陸した、一機のF－13偵察機は、午後一時すぎに秋晴れの関東地方に侵入。高度九八〇〇メートルから要地の写真撮影に取りかかった。

「敵機、勝浦から侵入」の情報が、対空監視哨から入ったのは午後一時八分。東部軍司令部はただちに警戒警報を発令し、十飛師は隷下の各戦隊に警戒戦備甲（緊急発進態勢）への移行を命じた。まず当直部隊の二式戦と百式司偵が発進し、空襲警報に移行ののち三式戦、二式複戦と、海軍横須賀鎮守府所属の第三〇二航空隊が出撃にうつる。

だが、事前のレーダー情報もなく、目視監視哨の通報を受けて離陸したところで、間に合うはずはない。F－13は高度を一万メートル以上に上げて、上昇しようともがく日本機を尻目に、房総半島・勝浦から太平洋上へ抜けていった。

F－13は続いて十一月五日、七日、十日と関東上空に現われた。七日には十飛師の面目をかけて隷下・指揮下部隊の全力出撃を命じ、海軍三〇二空も発進したが、一万二〇〇〇メートルの高空を離脱していくF－13は捕捉できなかった。

まだ明けきらない調布飛行場で、整備中の空対空特攻機を二百四十四戦隊の操縦者が見つめている。手前の三式戦は機首上部カウリングが外されて、ホ一〇三の銃身が見える。

実情を理解しない参謀本部や防衛総司令部から「防空部隊はふがいない」の声が上がるなかで、第十飛行師団長・吉田喜八郎少将は特殊戦法の採用に踏み切った。すなわち、高高度まで上がれるように武装や防弾装備をはずした軽量化機による、空対空体当たり特別攻撃隊の編成である。十一月七日付で隷下各戦隊に、四機ずつの体当たり隊選出命令が下った。

三式戦装備の二百四十四戦隊では、第二中隊付の四宮（しのみや）徹中尉を長とし、吉田竹雄伍長、板垣政雄伍長、阿部正伍長が選ばれた。体当たり隊員の希望者を募（つの）ったとき、「操縦者全員が志願した」と板垣さんは言う。

11月24日の早朝、サイパン島イスリイ基地の誘導路を滑走路へ向かう第497爆撃航空群のB－29。ひびく爆音が第20航空軍にとって、初めての東京空襲へのプレリュードだった。

超重爆の高高度来襲にそなえて、上昇限度を競ったり、高空での空戦訓練でつけられた成績が、隊員を選ぶ参考データに用いられたようだ。板垣伍長については、飛行隊長・村岡英夫大尉らの三機で上昇し、大尉の到達高度に二〇〇メートル及ばない一万二〇〇〇メートルを記録したのが、選出の一要因だったと思われる。

他戦隊の体当たり隊は防弾鋼板や耐弾ゴムを取りはずし、武装も全廃したのに対し、二百四十四戦隊では主翼のマウザー二〇ミリ砲だけを除去し、機首の一二・七ミリ機関砲ホ一〇三を残して撃ちながら突入する方針を採った。

もう一つの三式戦部隊である十八戦隊は、F－13邀撃に二〜三度出たのち十一月十一日、戦隊長以下の主力がフィリピンへ向けて柏をあとにした。残された山中三造大尉（庶務。操縦者の先任は小宅（おやけ）光男中尉）以下の残置隊は、錬成しつつ防空作戦に従事する任務を与えられたが、可動機が一二機と少ないため、空対空特別攻撃隊の編成を命じられなかった。

無理をしてでも一万メートルへ

日本軍が使ったアスリート飛行場を拡張したサイパン島イスリイ飛行場で、天候待ちをしていた第73爆撃航空団のB－29群は十一月二十四日、東京初空襲をめざして発進。故障機をのぞく九四機が北上した。

午前十一時、小笠原諸島の対空監視哨は大編隊で北上するB－29を発見し、すぐに東部軍司令部へ通報した。十飛師はまず当直戦隊を発進させ、八丈島レーダーが不明機群をキャッチしたのち、各戦隊に全力出撃を命じた。西方からの侵入にそなえ、十飛師隷下、指揮下のほぼ全力が高度一万メートルで伊豆半島から東京間に展開、体当たりの空対空特攻隊は一万一〇〇〇メートルに待機する策が採られていた。

B－29は富士山上空で右に変針、十数機ずつの梯団（B－29数個編隊からなる集団の日本側呼称）を組んで高度八二〇〇～一万メートルで東へ向かった。高高度で待機する陸軍戦闘機は、迫りくる敵機をはばもうと努めたが、時速二二〇キロ（秒速六〇メートル強）ものジェットストリームに襲われた。偏西風帯の中の特に強い気流を指す呼称である。

風向きに正対すれば機はほとんど前進せず、角度を変えればたちまち流されてしまう。B－29は高速気流に乗って異常に速く、近づくだけでも容易でない。初めて体験する過酷な条件のなかで、命中弾を与えて撃墜するのは非常に困難だった。十飛師司令部の期待した投弾前の撃滅など、とうてい不可能だ。B－29群は武蔵製作所とその周辺を爆撃して、鹿島灘から洋上へ去っていった。

「はがくれ隊」と自称していた二百四十四戦隊・空対空特攻隊の四宮中尉は、水戸上空で右旋回して南南西方向へ離脱をはかる敵七機編隊を左前方に認めた。即座に体当たり攻撃を決意した中尉は左へ旋回、先頭の敵編隊長機をめざして対進（向かい合う）で突っこんだ。だが、相対速度一〇〇〇キロ／時の高速で目測が狂い、わずかに右へひねったために、B－29の右主翼の下を抜けた。

その瞬間、強烈なプロペラ後流に巻きこまれた三式戦は、木の葉のように横転する。機の姿勢を立てなおし、この編隊を沿岸から五〇～六〇キロの洋上まで追撃して断念。帰途に出会った梯団にもう一度、前下方から体当たりを試みたけれども、高度差が大きすぎて未遂に終わった。

西郷隆盛を想わせる風貌の四宮中尉は、温和で肝が太く、行動に邁進する武人肌の青年将校だった。左翼に弾痕を残して帰還した彼は、B－29が直前に迫ったとき思わず目を閉じた、自分の信念の不足を悔いた。だが、初めから体当たりするつもりで敵機に迫るとき、衝突するまで目をあけているのは人間業とは考えられない。二十二歳の若者にこんな思いを抱かせる攻撃法は、案出した師団長とそのスタッフが、まず自分たちでやってみせてから命令を下すのが当然ではなかったか。

この日、四宮中尉は日記の末尾に「今後更ニ奮闘　必ズ成功セン」と大書した。

十飛師の戦果は特攻機（二式戦）の体当たりを含めて撃墜五機、撃破九機。うち三式戦によるものは、二百四十四戦隊二中隊の鷲見忠夫曹長が、印旛沼付近の松林に落とした一機だけだった。米第73爆撃航空団の喪失は二機で、ほかに被弾一一機という軽い損害だったが、B－29も偏西風にもまれて爆撃精度は高くなかった。

二百四十四戦隊で多用された赤いイナズマ付きの一型甲。操縦席に入った鷲見忠夫曹長は闘志に満ち、十飛師、十一飛師各部隊のうちでの三式戦によるB－29初撃墜を記録した。

「鉄桶の陣」と呼ばれ、「空に帝都の砦あり」と歌われた東京の守りは、必死の防戦にもかかわらずもろくも崩れた。すでに敗色歴然のフィリピン決戦へ抜かれて、戦力の増強を望めず、高高度戦闘機も持てない状況のもとで、吉田第十飛行師団長が採りえた唯一の策は、体当たり隊の四機から八機への倍増であった。

二百四十四戦隊であらたに空対空特攻「はがくれ」隊員に選ばれたのは、佐藤権之進准尉、遠藤長三軍曹、中野松美伍長らである。指名されれば戦隊から転属し、事故で重傷を負う以外は任務を変更されない対艦船特攻隊とは異なり、空対空特攻隊は戦隊長の判断によって、隊員を入れ替える場合があった。二百四十四戦隊も同様で、遠藤軍曹はその後まもなく、佐藤准尉も三ヵ月後には特攻任務を解かれた。

逆に、負担が倍加したのが四宮中尉だ。十一月末、第十、第十一、第十二の防空専任三個飛行師団の隷下各戦隊から数名ずつを募って、対艦特攻の振武隊を編成するよう命令があり、二百四十四戦隊からも将校四名、下士官二名が選出された。そのなかに、四宮中尉と阿部伍長の「はがくれ」隊メンバーが入っていた。対B－29体当たりは、運がよければ落下傘降下などで生還の可能性が残されているのにくらべ、爆装のまま突入する対艦船特攻は人機もろとも砕け散る必死攻撃である。

十二月一日に振武隊長の内示を受けた中尉は、よほどのアクシデントがない限り戦死は免れないから、転出までのあいだ戦隊内で特別待遇がなされても、どこからも文句は出ないはずだ。また、内示の段階であっても、振武隊員に指名されたのなら、もう空対空特攻に出撃する必要はない、と考えるのが自然だろう。しかし四宮中尉は、なおもB－29体当たりをめざして待機を続ける。

B－29の空襲は十一月末までに二回あったが、ともに天候不良で邀撃はできなかった。十二月初めまでのあいだに十飛師の各戦隊は、少しでも高度を稼げるように努力した。二百四十四戦隊と十八戦隊残置隊の三式戦に共通して実施されたのは、川崎の技術者を呼んでの過給機の改修だった。翼車の回転をより高速にし、吸入空気の密度を高めて高高度での出力をいくらかでも増そうと図ったのだろう。

十八戦隊残置隊で少尉の操縦者だった、米満毅さんは「防弾鋼板と二〇ミリ機関砲二門をはずしました」と語る。同じく少尉の中村武さんによれば「防弾鋼板と燃料タンクの〔耐弾防漏用の〕ゴムを取り、二〇ミリは残して一二・七ミリを降ろした」という対応内容だ。記憶にやや差異はあっても、通常攻撃用機を体当たり機の仕様に近づけたのは間違いない。

調布飛行場で飛行第十八戦隊の武装係が、三式戦一型丙の機首に付けた12.7ミリ機関砲の同調と弾道調整を進めている。

二百四十四戦隊でも軽量化による高高度への上昇をめざし、まず防弾板を除去。冷却器下面の鋼板もはずし、弾丸を一門あたり五〇発に減らしたうえ、一部の機はやはり機関砲を二門にしている。ベテラン整備少尉の鈴木茂さんは「燃料を減らす案もあったが、一万メートルへ上がるのに多量に使うため、減らせませんでした」と回想する。

三式戦は昭和十九年後半から「飛燕」の愛称でも呼ばれていた。スマートな燕は空の巨鯨に対抗するため、涙ぐましい減量を強いられたのだ。

二百四十四戦隊は十月上旬に、それまで陣頭指揮をとっていた飛行隊長の村岡英夫大尉が飛行第二十戦隊長に任命されて抜け、意気消沈ぎみだったが、十一月末に藤田隆少佐にかわる新戦隊長・小林照彦大尉が着任した。九七戦しか乗らず出撃もしない藤

固有の乗機、三式戦一型丁の赤く塗った垂直尾翼に、「必勝」を書きこんだ笑顔の小林照彦大尉。つねに陣頭に立つ空中指揮、有言実行を不変の旨とする果敢な戦隊長だった。

田少佐よりも、ひとまわりも若い小林大尉は、このとき二十四歳。軽爆撃機からの転科ながら闘志にあふれ、隊員の士気は上がった。

彼は着任して開口一番、「戦闘隊は空中指揮が本来だ。俺に続け！」と訓辞を発し、体当たり戦法に対しても「よし、これで行こう」と即断した。特攻隊が垂直尾翼と方向舵、水平尾翼を赤く塗っているのを見て、鈴木少尉に言った。

「俺が率いるんだから、俺の尾翼も赤く塗ってくれ。部隊マークを白で目立たせろ。敵の度肝を抜くんだ」

三式戦の軽量化を促進したのも小林大尉だ。新戦隊長を迎えた戦隊は、まもなく激烈な奮戦を展開する。

壮絶！　空の体当たり

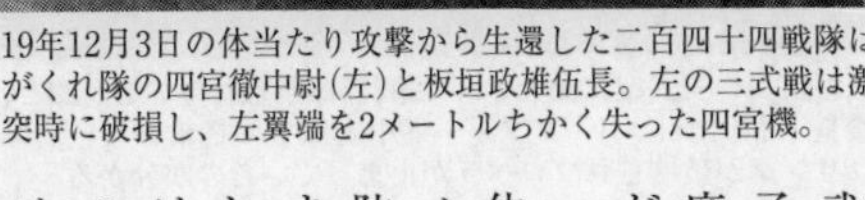

昭和十九年十二月三日の朝、B－29八六機は三たび中島・武蔵製作所を目標にサイパン島を発進。午前中に母島の監視哨から、午後に入って八丈島レーダーから、「敵、北上中」の

連絡を受けた十飛師は、武装司偵（百式司偵を改造した防空戦闘機）を高高度哨戒に上げたのち、全力出動にうつった。

19年12月3日の体当たり攻撃から生還した二百四十四戦隊はがくれ隊の四宮徹中尉（左）と板垣政雄伍長。左の三式戦は激突時に破損し、左翼端を2メートルちかく失った四宮機。

B－29一〇個梯団は富士山を目標に午後二時三十分以降、相模湾から侵入した。高度を五〇〇〇～一万メートルと広くとり、うち六〇機が武蔵製作所をねらって三鷹付近に投弾しては、銚子沖へ抜けていく。高度一万メートル、零下四〇度の関東上空で、二百四十四戦隊「はがくれ」隊が襲いかかった。

隊長・四宮中尉は、同高度での敵七機編隊への体当たりを二度失敗したのち、東京上空で五〇〇メートル下方の五機編隊に接近。敵のすさまじい防御火網をくぐって、直前方から外側のB－29へまっしぐらに突進し、直前で機を右に傾けて激突した。右翼外側の第四エンジンに当たられた敵機は白煙を噴き出し、これが黒煙に変わった東京湾の上空で、一中隊長・小松豊久大尉機の射撃で止めを刺されて落ちていった。

四宮機の体当たりは、調布飛行場から望見され

板垣伍長の三式戦に突入された第875爆撃飛行隊のB－29と、機長・ドナルド・J・ダフォード中尉以下の搭乗クルー。カウリングが破壊されプロペラが止まっていたのが分かる。

た。銀のツブテのようにB－29に迫り、翼をきらめかせて十文字の形でぶつかった瞬間、地上の隊員たちは息を呑んだ。

左翼のピトー管の位置から先を失った四宮機は、いったんキリモミに入ったのちに回復し、巧みな操縦で飛行場に帰ってきた。傷ついた三式戦一型丙に駆けよった整備兵たちを驚かしたのは、体当たり時にもげてなくなった左翼端と、もう一ヵ所、左翼の付け根部だった。激突の衝撃でフィレットに打ってあったリベットが抜けとび、わずかに二～三本が残っているだけだったからだ。

偏西風のため、上昇中に東京から印旛沼上空へ流されていた板垣伍長は、高度一万二〇〇メートルから一一機梯団に目標を定めた。機首の一二・七ミリ機関砲でまず一撃を加えようとしたが、故障で弾丸が出ない。

ぐんぐん近づく敵を見て「ちくしょう！」と憤った伍長は、周囲が真っ赤に染まるほどの敵弾の雨をついて前側上方から肉薄、最後尾機の右翼付け根と内側エンジンのあいだにぶつかった。激しい手ごたえと同時に板垣機は空中分解したが、伍長はショックで操縦席から放り出され、軽傷を受けただけで落下傘降下により生還した。

第498爆撃航空群・第875爆撃飛行隊の、ドナルド・J・ダフォード中尉機「ロングディスタンス」が受けた被害が、板垣機の体当たり状況に合致する。前上方からB－29に迫った「トニー」（三式戦の連合軍側呼称）は、きわどく胴体をはずれ、第三エンジンにぶつかり左翼がちぎれて落ちていくのを、搭乗クルーが目撃。ダフォード機はカウリング、エンジンともに手ひどく傷つきながらも、かろうじてサイパンにたどり着き、クルーは報道班員の質問ぜめにあった。

「お世話になりました」。機付整備の四名と握手ののち、最後に離陸した中野松美伍長。二度の体当たりが外れたあと、地上から最後の梯団の接近を知らされ、高度九五〇〇メートルから必死の覚悟で降下、一二機編隊の中央の機に迫った。しかし命中にはいたらず、B－29の胴体の直下にもぐりこんだ。何秒かそのまま同航したのち、意を決してスロットルを全開にし、機首を思い切り引き上げる。強い衝撃とともに三式戦のプロペラは敵の水平尾翼を噛り取り、中野機はそのままB－29に張り付くように上方に出た。

数秒間、姿勢を保っていた敵機は、ガクリと機首を下げて突っこみ始めた。伍長もいま一撃とこれを追ったが、激しさを増す乗機の振動を止められず断念し、茨城県稲敷郡の水田に不時着した。

戦隊長の小林大尉は、公約どおり率先して出撃。高度八〇〇〇メートルで対進（向かい合う）の直前方攻撃をかけたが、敵編隊の強力な防御火網にあい、エンジンに被弾して調布飛行場にもどった。予備機を駆って再出撃したものの、完全装備の重い三式戦だったので、七五〇〇メートル以上の高度を取れず、追撃をあきらめざるを得なかった。

柏飛行場の十八戦隊残置隊も、少数機の出動ながら戦果をあげた。

小宅中尉と次席の角田政司中尉は二機ずつの編隊で高度九三〇〇メートルまで上昇したところで、右前方に対航のかたちで北上する八機のB－29編隊を視認。小宅編隊二機がこれを捕捉しようとゆっくりと大きく右へ回り始めた。その後方を飛んでいた角田中尉は敵の進路をはばむため、日見田友一伍長機をつれて左へ旋回する。機動力が極度に落ちる高高度で、自機より高速のB－29をつかまえるには、敵の進路を予測して先まわりするほかはない。

武蔵製作所に投弾した敵編隊は、角田中尉の予想が当たって東へ針路を変え、角田編隊が待つ方向へ向かってくる。その後方に、後尾機を攻撃しつつ引き離されていく小宅編隊が見えた。

高度差は八〇〇メートル、角田中尉は一〇〇〇メートルの距離から反転して背面に変わり、小宅編隊が襲った後尾機をめざし直上方攻撃にうつる。三式戦一型丁の機首から二〇ミリ弾を放ちつつ、B－29の尾翼をかすめるようにきわどく下方へ抜け、高度五〇〇〇メートルで水平にもどして見上げると、両翼根部から白煙を吐いている。もう一撃、と上昇しつつ見るうちに、白煙の中に炎が現われチラつき出し、しだいに降下するB－29が一気に火を噴いて三つに割れた。

この機は千葉県神代村（現・東庄町）に落ちて、東部軍司令部から戦果を祝う清酒一升と金一封が柏飛行場に届けられた。角田機の使用弾は機首砲の二〇ミリのみで、合計四八発。四門斉射のつもりが、初めての交戦でアガって操作を間違えたのか、一二・七ミリ弾の消耗はゼロだった。

この日、十飛師は六機損失に対し、撃墜一一機（うち不確実四機）の戦果を報じた。高射砲部隊と海軍第三〇二航空隊の戦果を加えれば、撃墜二二機（うち不確実七機）にものぼる。しかし実際には、B-29六機が落とされ、六機が被弾しただけだった。対大型機攻撃の場合、戦果が重複するのは避けられず、またB-29は白煙を噴いたり、エンジン一基が止まったぐらいでは墜落しないのだ。

だが、体当たりを致命部にまともに受ければ、超重爆といえども大破墜落につながる。合計で撃墜六機、撃破二機の戦果を記録し、三機が体当たり生還に成功した二百四十四戦隊は、小林戦隊長の「われわれは全部、特攻隊だ」「戦隊全員が一対一の体当たり特攻精神で行く」のかけ声のもと、しだいに全機特攻の様相をおびていく。

二日後の十二月五日、防衛総司令官・東久邇宮稔彦王（ひがしくにのみやなるひこおう）大将の名で、十飛師の空対空特攻隊は震天隊（震天制空隊とも呼ばれた）と総称されるよう定められた。同様の隊が十二飛師でも編成されており、こちらは回天隊と名付けられた。三式戦部隊では、二百四十四戦隊の体当たり隊が第五震天隊、福岡県芦屋の五十九戦隊のそれが第二回天隊の呼称を受けている。

同じ五日、十飛師の隷下部隊から選抜の対艦特攻・振武隊の編成完結が下命され、四宮中

対艦特攻訓練に向かう振武隊員6名の出陣式。画面左端で敬礼する四宮中尉に、右手前で向き合う小林戦隊長が答礼する。左後方は尾翼を赤く塗った震天隊・遠藤長三軍曹機。12月10日、調布飛行場での状況だ。

尉、阿部伍長、一般隊員の小林龍軍曹ら編成要員六名は、あわただしく送別式を催(もよお)されたのち、神奈川県相模飛行場へ向かった。B－29体当たり生還の英雄として、当日の新聞のトップを飾った四宮中尉は、ひと息いれるいとまもなく、二度目の特攻待機に入らねばならなかった。第五震天隊の後任隊長は、航空士官学校で一期後輩の高山正一少尉だった。

一個中隊程度の規模でしかないために、空対空体当たり要員の選出を命じられなかった十八戦隊残置隊でも、空中指揮官・小宅中尉の決断により、月末に〝学鷲〟の陣内健光少尉と赤井敏爾(としじ)少尉が呼ばれて「震天隊になれ」と言いわたされた。編成は翌二十年一月四日に制式化し、第六震天隊と命名される。

中京防空戦の開幕

東京が初空襲を受ける以前の十一月十三日と二十三日、名古屋上空へもF－13偵察機が侵入した。名古屋とその周辺の中京地区は、川崎・岐阜工場をはじめ三菱・愛知、中島の工場が集まった、航空工業の中心地である。東京に続く爆撃目標に選ばれるのは当然だった。

関西・中部の中部軍管区を担当する第十一飛行師団にとって不利なのは、防空すべき要地が阪神と名古屋に分かれていて、戦力を集中させにくい点だ。そこで隷下の四個戦隊を二個戦隊ずつに分けて両地区に配置し、阪神地区は十一飛師司令部の直轄、中京地区は隷下に新編の第二十三飛行団司令部を小牧に置いて指揮させる措置をとった。

阪神地区に置かれたのは三式戦の飛行第五十六戦隊と二式戦の二百四十六戦隊、中京地区が三式戦の五十五戦隊と二式複戦の五戦隊だが、二百四十六戦隊と五十五戦隊の主力は、捷一号作戦に加わりフィリピンに進出していた。つまり両地区を守るのは、それぞれ一個戦隊と残置隊あるいは留守隊にすぎず、これに十一月上旬にフィリピンから戦力回復にもどった十九戦隊（小牧）と、明野教導飛行師団が加わる程度だった。

十二月十三日午前、小笠原諸島から敵北上中の第一報が入り、正午すぎには八丈島のレーダーが捕捉した。第十飛行師団は東京へ来襲するものと見て邀撃態勢を整えたが、この日B－29群は伊豆半島のはるか南で変針し、名古屋へ向かった。目標は三菱重工・名古屋発動機製作所である。

大阪・大正飛行場に置かれる十一飛師司令部に、中部軍からの情報が入ったのは、すでに敵の先頭機が沿岸から侵入したときだった。隷下の各隊はあわてて発進する。伊丹の五十六戦隊は、阪神地区空襲の可能性があるとして、いったん阪神上空に待機ののち、敵目標が名

射撃照準具からB－29の模型を見て、形の特徴と距離感を覚える。飛行第五十六戦隊が伊丹飛行場で報道班員に公開した。右端の三中隊長・永末大尉と3人目の照準器をのぞく羽田文男軍曹はともにB－29撃墜5機を記録する。

古屋と分かって東進したが、そのころB－29は単縦陣で爆撃コースに入っていた。

B－29群は一時間近くにわたって投弾し、午後三時には名古屋を抜けていった。情報の遅れから、防空戦闘の主力たる五十六戦隊の三式戦と五戦隊の二式複戦は充分な高度に達する時間がなく、そのうえ来襲高度が八〇〇〇～九七〇〇メートルと高かったので、接敵するだけでも苦しかった。北九州で対B－29戦闘を経験ずみの五十六戦隊も、高度八〇〇〇メートル以上の高高度戦闘は初めてで、機関砲や操縦桿基部のグリースの凍結、酸素の不足に災いされ、戦果は撃破二機だけにとどまった。

五十六戦隊は編成当初から飛行隊編制を採っていて、地上では指揮官職は飛行隊長だけだが、空中では中隊長を決めて三個隊に分かれて行動した。第三中隊長の永末昇大尉は僚機三機を後方につけて単縦陣攻撃をかけ、内側エンジンから白煙を噴かせて一機を撃破。その後、三式戦との速度比較を試みるため、高度八五〇〇メートルほどでB－29の側方についた。一・五キロ離れているから、敵の弾丸は届かない。B－29は投弾を終えたばかりで、爆弾倉を開いてわずかに降下姿勢をとっている。永末大尉の三式戦一型丙も機首を下げてエンジン全開、計器速度五一〇キロ／時でやっと並航でついていける状態だ。重爆撃機からの転科である大尉は、九七重などは比較にならないB－29の高性能を目のあたりにして、「すごい飛行機だ！」と驚いた。

三式戦の高高度性能ではB－29に太刀打ちしがたいと知った戦隊長・古川治良少佐らは、師団司令部からの要請もあって、即日、防弾鋼板と主翼（一型丙は胴体）の一二・七ミリ機関砲二門を取り除いた。永末大尉の記憶では、この軽量化機でも計器高度八五〇〇メートルまで三七〜三八分、同じく一万メートルに達するには五二〜五五分を要したという。一万メートルの高空では、水平姿勢での飛行を維持できない。機首上げ姿勢でなければ浮いていられず、前方が見えないので蛇行すると、すぐに高度を失ってしまう。

五十五戦隊留守隊長・代田実中尉。つねに積極的に戦った。

一方、小牧の五十五戦隊留守隊は、偵察機F－13の邀撃経験から、すでに三式戦と敵機の高高度性能の差を知っており、一二・七ミリ機関砲と防弾鋼板をはずし、二〇ミリ機関砲の弾数も減らしていた。

また、重い酸素ボンベを下ろして、塩素酸カリウムと促進剤の二酸化マンガンをブリキ缶に入れた、化学反応式で三〇分ほど有効な酸素発生剤だけに取り替えた。上昇力が劣る一型丁では、これでもなお高度一万メートルまで四五分はかかるのだった。

この十二月十三日の空戦では、フィリピンから早期にもどって留守隊長を務める代田(しろた)実中尉が一機撃墜。凍結手前のホ五を撃った遠田美穂(とみほ)少尉が、エンジンから煙を吐かせ一機撃破を記録した。

同じ小牧で戦力回復中の十九戦隊も出撃し、村上孝軍曹が渥美半島を眼下に一機を落としたのは、前章で述べたとおりだ。

十一飛師の他の部隊の戦果は、一式戦で邀撃した明野教飛師のものも含めて撃破八機にとどまり、海軍の第二一〇航空隊も撃破二機を報じただけだった。だが、米第73爆撃航空団は帰途の洋上で四機を失い、ほかに三一機が被弾して、高射砲弾を受けた分をふくむのか、損害は日本側の判断をかなり上まわっている。

早く高高度戦闘機を！

五日後の十二月十八日は三菱・名古屋航空機製作所、続いて二十二日には再び三菱・発動機製作所と、B－29は立て続けに名古屋を襲った。

可動機が一〇機に満たない五十五戦隊留守隊は、両日にわたって大いに奮戦する。十八日の空戦では隊長・代田中尉、遠田少尉、安達武夫少尉がそれぞれ一機を撃墜。

一型丙に乗る遠田少尉は、名古屋上空でB－29二個編隊を発見し、後方の六機編隊の右端機に前上方攻撃をかけて、ドイツ製の二〇ミリ弾で煙を噴かせた。やや傾いて編隊から遅れる被弾機を追撃、後側方（ななめ後方）からの第二撃を加えると火を発し、三河湾内の佐久島の上空で片翼がねじれて、緩いキリモミで海面に向け落ちていった。文句のない確実撃墜だ。しかし、鈴木三郎少尉機が被弾、墜落し、留守隊で初めての戦死者が記録された。

二十二日には〝学鷲〟として技倆最右翼の安達少尉が撃墜二機、代田中尉が撃墜一機、撃破一機を果たした。乙種学生（航士卒業者の実戦用教育期間）を終えて一年強の航士五十六期の隊長と、実戦部隊配属後わずか三～四ヵ月の幹候九期、特操一期の学鷲が主体の小規模戦力から考えれば、予想を超えた活躍と言える。

五十五戦隊の遠田美穂少尉と3つの撃墜破マークを描いた乗機・三式戦一型丙。昭和20年1月、小牧飛行場で写す。

五十六戦隊の方も十八日の第二回空襲では情報を早期に入手し、有効な攻撃をしかける態勢をとれた。一型丁を駆った永末大尉は、豊橋沖の小島へ一機を撃墜。これを含めて戦隊は撃墜二機、撃破二機を記録し、損害は不時着大破一機、被弾一機と比較的軽微だった。

二十二日の交戦でも撃墜・撃破各一機の戦果をあげた五十六戦隊だが、高高度でB－29一〇機梯団に突進した小合節夫伍長が防御火網に倒れた。二百四十四戦隊にとっての初戦果をあげたのち転属してきた鷲見忠夫曹長は、真下静作軍曹、日高康治伍長、宮本伍長との四機編隊で、投弾前の敵編隊を一列縦隊で襲ったけれども、有効弾を得られなかった。

小牧に〝仮住まい〟で、十一飛師司令部の指揮を受ける十九戦隊は、十八日の邀撃にも参加。三中隊長・高原忠敏中尉らが敵が高度を下げる沿岸海面の上空で、撃破二機を記録している。彼らの念頭を離れなかった、フィリピンへの進発は一三日後、大晦日の朝である。

中京地区の戦力不足を補うため、十飛師は敵が名古屋をねらうと分かると、一部戦力を差し向ける処置をとった。

調布の二百四十四戦隊は十二月十九日から主力が浜松飛行場に進出、二十二日に渥美半島上空で初めてB－29を捕捉し、撃墜二機、撃破一機と敢闘した。小林戦隊長は、部下たちがあっけにとられるほど、編隊からぐんぐん抜けだして敵を追い、一機を撃破。三中隊長・白井長雄大尉の僚機で飛んだ鈴木正一伍長は、一撃で左翼の両エンジン間から白煙を吐かせ、これが黒煙に変わって初撃墜を果たしたが、酸素不足で目がくらみ、そのまま浜松飛行場に降着した。

この空戦でも、痛感されたのは彼我の高空性能の差だった。小林大尉はこれまでの防空戦をかえりみて、この戦闘後つぎのように日記に残している。

「高々度一〇〇〇〇米ニ於テハ三式戦ヲ以テスル戦闘ハ最大限ナリ。更ニ高々度性能ノ飛行機ヲ欲シキモノナリ」

航士校を出て、実用機の教程と戦技を学ぶ乙種学生を卒業。作戦補充要員としてそのまま明野教導飛行師団に残った池本愈少尉は、三式戦一型を駆って中京防空戦に加わった。「九〇〇〇メートルを超えるとアップアップの感じで、一万メートルまでは容易に上がれない」乗機で追撃し、過負担のフルパワーを出し続けたためエンジンが止まって、滑空で小牧飛行場に不時着した。

B-29と同高度へ昇りたい。三式戦に限らず、高高度戦闘機の出現を期待する声は、すべての防空戦闘機隊から上がっていた。五十六戦隊長・古川少佐は、すでに開発が進められている三式戦二型の配備を渇望した。

二百四十四戦隊がいったん調布飛行場に復帰したのちの十二月二十七日、東京上空の邀撃戦で震天隊員・吉田竹雄曹長が、都民注視のうちに体当たり攻撃に成功。墜落する超重爆を見て地上では歓声がわき上がったが、曹長は三式戦とともに大空に散った。逆に、通常攻撃の畑井清刀伍長の最期は誰にも見届けられず、全弾を撃ちつくした愛機の残骸で、その戦いぶりを偲ぶほかはなかった。

二型が制式化

川崎航空機では、三式戦の性能向上をめざす努力を放棄していたわけではなかった。昭和十八年八月に初飛行し、十九年一月末までに八機作られたキ六一-Ⅱが不振に終わった経過はすでに述べた。ハ一四〇エンジンの故障が多発し、また主翼面積を増しても予期した性能を発揮できなかったためである。「空戦性能をはじめ、むしろ全体によくない」との印象を、大和田技師に与えた。

そこで翌二月、大面積の主翼をあきらめて一型と同じものを取り付ける案が決まり、キ六一−Ⅱの胴体（通算九号機）に一型の主翼を装着した、キ六一−Ⅱ改の試作一号機が十九年四月に完成した。三式戦一型丁にくらべ、重量が自重で二二五キロ、全備重量が三五五キロ増したが、調子を充分に吟味したハ一四〇を搭載して、片岡操縦士の飛行によりデータを測定したところ、高度六〇〇〇メートルで六一〇キロ／時の最大速度を記録。高度八〇〇〇メートルでも五九一キロ／時を出せ、上昇力、高高度性能ともに一型丁を上まわった。

昭和60年代の前半、各務原からの輸送のため主翼をはずされた三式二型戦闘機。結合部のボルト孔が7ヵ所に増えている。

武装は一型丁と同じく、胴体砲が口径二〇ミリのホ五、翼砲が一二・七ミリのホ一〇三だが、機首部の再延長、弾倉の大型化により、二〇ミリ砲一門あたりの弾数が一二〇発から二〇〇発へと増加している。機首延長のバランスをとるため、主翼はさらに四センチ（一型甲

キ六一－Ⅱまたは Ⅱ改が記録映画用に、岐阜工場で低空飛行を見せる得がたいシーン。一型の外形を大幅に手直ししても尾脚を引き込み式にもどさなかったのが、わずかな性能向上よりも効率を求める土井流処置だろう。

～丙に比べて八センチ）前方にずらされた。

燃料タンクの耐弾能力を向上させたため、容量は左右内翼部の第一タンクが各一九〇リットルから一七〇リットル、主翼中央部の第二タンクが一七五リットルから一六〇リットルに減り、一型丁にくらべて合計五五リットル少ない。胴体内の第三タンクは九五リットルで変わらず、その左側に同量のメタノール・タンクが置かれた。

キ六一－Ⅱ改試作一号機がまずまずの成果を収めたので、続いて増加試作機三〇機が作られ、昭和十九年九月から量産型の生産に入って、三式二型戦闘機（キ六一－Ⅱ改）の名で制式機に採用された。二型の生産作業が進むにつれて、本来はピンチヒッターだった一型丁の量産は当然ながらしぼんでいく。十九年七月の月産二四五機をピークにして、十二月には五三機にまで落ち、二十年一月の一九機で生産ラインを閉じる。

しかし、危惧されていたように、金属材質が低下した八一四〇には完全な製品が少なく、機体の生産だけが先行した。順調に行けば、二型の部隊配備は十九年末には始まるはずだったが、実際には二十年四月以降に遅れてしまう。また、量産型の機体は三七四機作られながら、八一四〇を付けた完成機は九九機にすぎず、このうち実戦部隊にわたされたのは六〇機ほどに止まったといわれる。

三式戦二型の量産が進み始めたころ、空冷機キ一〇〇への一大転換作業が開始されるのだが、これについては次章で述べる。

「陸に落ちたか、海か」

明けて昭和二十年（一九四五年）。B-29の作戦は一月三日の名古屋空襲で始まった。今回は、いつもの工場に対する通常爆弾による精密爆撃ではなく、第20航空軍司令部の要求で初めて第21爆撃機兵団が手がけた、市街地への実験的な焼夷弾攻撃だった。それぞれが三五〇ポンド（約一六〇キロ）の集束焼夷弾一四発と四二〇ポンド（約一九〇キロ）破砕爆弾一発を積みこんだ、超重爆九七機がサイパン島を離陸。うち一機はまもなく墜落し、一八機は引き返して、七八機が名古屋をめざす。

第十飛行師団が震天隊、第十二飛行師団が回天隊を作ったのに対し、第十一飛行師団長・北島熊男中将は空対空特攻隊の編成を命じなかった。だがこの日、中京地区上空には三式戦の体当たり攻撃があいついだ。

偏西風に乗って、伊丹からたちまち名古屋上空に達した五十六戦隊は、いったん機首を西へ向けて高度一万メートル近くに上昇ののち、攻撃を開始した。このうち涌井(わくい)俊郎中尉は、体当たりでB-29とともに名古屋東方に墜落して戦死。高向(たかむき)良雄軍曹は射撃しつつ敵の尾部にぶつかり、左翼端を失いながらも飛行場にもどってきた。

名古屋防空で三機を撃墜、一機を撃破していた五十五戦隊残置隊長・代田中尉は、見学に来た陸軍幼年学校の生徒に手ずから飲み物を作ったのち出動命令を受け、「B-29〔へ〕の攻撃を見ておけ」と言い残して乗機へ走った。岡崎北方上空で直上方攻撃をかけてエンジンから火を噴かせ、離脱をはかる手負い機を追撃して、まっしぐらに体当たりを敢行。B-29は墜落し、中尉は重傷を負いながら片翼がもげた三式戦から落下傘降下した。

森林内の墜落現場に駆けつけた警防団員らに、彼はたずねた。「ぶつけたんだ。陸に落ちたか、海か」

B-29は致命傷を受けても、大半は洋上まで逃れるため、市民から「B-29は本当に落ちているのか」との声が上がっており、疑問を晴らしたいとの願いがあったのだ。陸に落ちた、と聞いた中尉は「ああ、よかった」と安堵(あんど)し、未帰還と伝えられた清水豊勝少尉（のち帰還）を心配しつつ昏睡(こんすい)におちいり、墜落現場に近い愛知県挙母(ころも)の名古屋海軍航空隊の病院で、翌四日未明に息を引き取った。

最大の戦果をあげたのは、浜松に進出中の二百四十四戦隊だった。戦隊長・小林照彦大尉は要務で調布へ帰っていたため、第二中隊長の竹田五郎大尉が率いて損失なく撃墜五機、撃破七機を報じ、新年を飾る活躍ぶりに、東部軍司令官・藤江恵輔大将から表彰状が授けられ

二百四十四戦隊三中隊付の積極果敢な鈴木正一伍長と乗機・三式戦一型丙。調布飛行場で写された正月写真だ。主脚カバーに大きく描かれた黄色の「15」は製造番号の下2桁。

た。戦隊の戦果のうち半分（撃墜三機、撃破一機）は、綿密な連係のもと、名古屋北方から渥美半島まで攻撃を加え続けた、三中隊長・白井大尉、鈴木伍長、太田金次伍長の編隊がもたらした手がらだった。

「新年早々コノ戦果。今年ハ調子良イゾ！　充分アバレテ見ヨウ」。いかにも少年飛行兵出身の若者らしい、鈴木伍長のこの日の日記である。

二百四十四戦隊では一〜三中隊の無線呼び出し符号を、それぞれ「そよかぜ」「とっぷう」「みかづき」と定めた。これらに「隊」を付け、地上でも三中隊の代わりに「みかづき隊」と呼ぶ場合が多かった。

第20航空軍・第21爆撃機兵団はふたたび精密爆撃にもどり、六日後の一月九日には五度目の中島・武蔵製作所爆撃に挑んだ。

午後一時十五分に出動した二百四十四戦隊のうち、鈴木伍長は日記の予告どおり、江戸川上空でB－29八機編隊の七番機から発火させ、銚子東方の洋上一五キロまで追撃して一機を葬った。安藤喜良伍長も同様に、銚子沖に撃墜を果たした。

震天隊も活躍を見せる。対艦特攻へ転出した四宮中尉の後任隊長・高山正一少尉と、新たに隊員に加わった丹下充之(みつゆき)少尉は、小平付近の上空で体当たり。高山少尉は落下傘降下で生還したけれども、丹下少尉は帰ってこなかった。

八機編隊の右側を飛ぶ後尾機に、後上方から射弾を浴びせたのち、そのまま突っこんで左翼外側の第一エンジンにぶつかり、衝撃で放り出された丹下少尉は落下傘が半開のまま墜死した。少尉の体当たり攻撃と、左翼を折られたB－29が畑に落ちるのを、僚機の佐藤権之進准尉が確認している。

震天隊員・中野伍長はこの日は通常攻撃の二中隊員にもどって、前側上方攻撃で撃墜一機、不確実撃墜一機を報じた。離脱するB－29を追った小林戦隊長は、館山西方で一機撃破ののち被弾して不時着。重爆に乗せてもらい調布に帰ってきた。

中島、三菱と、飛行機およびエンジン工場への爆撃を続ける第20航空軍が、続いてねらったのは川崎航空機だった。

一月十九日、第73爆撃航空団のB－29八〇機がサイパン島を発進、うち六二機がエンジンを生産する明石工場へ投弾した。厚い雲に妨げられて毎回効果が低かった中島、三菱への空襲にくらべて、川崎にとっては皮肉にもこの日の天候はよく、前年十一月二十四日の東京空襲いらい最も有効な爆撃を記録した。

投下された一五〇トン以上の通常爆弾により、建物一一一棟が全損、電源七割と送電線八割が破壊され、工作機械三〇〇台、飛行機六六機が被害を受けた。全体で見れば、施設の三分

闘志あふれ敵に後ろを見せない小林照彦戦隊長。随伴する僚機の安藤喜良伍長(右)はつねに戦死を覚悟し、20年1月27日にそのときが訪れた。安藤機・一型丙を背にした記念写真。

の一以上を失って、生産能力は一〇分の一に急落。明石工場は十二月から分散疎開を始めていたところで、この空襲を受けてハ一四〇の生産は一層の窮地に立たされたのである。

さらに、日本側の邀撃はふるわず、B-29は全機サイパンに帰っている。一月三日の空戦でも一機を撃墜していた五十五戦隊の学鷲・安達武夫少尉は、右肩から貫通銃創を受けながら、被弾した三式戦を小牧飛行場の近くまで持ってきたが、力つきて墜落、戦死した。

体当たり機と化して

昭和二十年一月二十七日、関東上空の邀撃戦は凄絶(せいぜつ)をきわめた。中島・武蔵製作所への六度目の空襲をめざしたB-29六二機に、防空戦闘隊がつぎつぎに体当たり攻撃を加えたのだ。

とりわけ二百四十四戦隊の三式戦は、すさまじい奮戦ぶりを見せた。

まっ先に離陸した戦隊長・小林大尉は、三式戦では限度の高度一万五〇〇〇メートルまで昇りつめ、哨戒中の午後二時に、富士山西方を北上するB－29一四機梯団を発見、僚機・安藤伍長とともに降下に入る。まず先頭の敵編隊長機を襲ったのち二番機に目標を移し、射撃しつつ激突した。小林大尉は衝撃で失神したが、落ちゆくうちに蘇生。落下傘降下で生還し、防空戦隊の戦隊長として唯一の体当たり撃墜をはたした。

戦隊長とともにB－29に向かった安藤伍長も、そのまま体当たりを敢行。乗機は千葉県松戸付近に落ちて、伍長は戦死をとげた。

原町田（現・東京都町田市）上空で直上方からの第一撃をかけ、一機に黒煙を吐かせた二中隊の田中四郎兵衛准尉は、後続梯団の右端機に前下方から突進して体当たりした。撃墜ほぼ確実の戦果を得た田中准尉は、同時に気を失った。東京湾に落ちて漁船に助けられたけれども、頭蓋底骨折の重傷を負ってこの日の記憶を失い、以後ふたたび飛ぶ機会を得られなかった。准尉の活躍に対し、東部軍司令部から表彰状と武功徽章が贈られている。

十二月七日付で制定・施行された陸軍の武功徽章は、授与までにかなりの日時を要する論功行賞の金鵄勲章とはまったく違って、階級の上下にかかわらず、顕著な戦功をあげた者（生存者）に、軍司令官以上の高級指揮官がただちに与えるバッジである。通常、武功章の略称で呼ばれた。

武功徽章には一部が色の異なる甲と乙の二種類があり、武功徽章甲は感状クラス、乙は表彰状クラスの戦功者にわたされた。B－29に体当たり攻撃を加えた生還操縦者については、ほとんどが乙に該当し、戦功がさらに著しい場合、たとえば複数機を撃墜破ののち体当たり

二百四十四戦隊の第五震天隊員が体当たりを期して、ピストから乗機へ向かう。左から高山正一少尉、佐藤権之進准尉、板垣政雄軍曹、中野松美軍曹。12月～1月の情況写真か。

すると甲に選ばれた。どちらにせよ数はごく少なく、年功序列的な勲章よりもはるかに重みがあった。ドイツ軍の騎士鉄十字章に似た性質と思えばいいだろう。

体当たり戦法が専門の第五震天隊も、三機が突入した。二代目の震天隊長の高山正一少尉は、一月九日の邀撃で体当たりののち生還していたが、この二十七日はB－29に激突、散華した。十二月三日の初回に続いて、二度目の体当たり生還という放れ業を演じたのが、板垣政雄軍曹と中野松美軍曹である。少年飛行兵が同期の二人は、前回の体当たりにより一月二十日付で特別進級していた。

板垣軍曹は千葉県市川付近、高度一万一〇〇〇メートルに待機し、二〇〇〇メートル下方を東へ飛ぶB－29一〇機編隊を認めた。板垣機に一二・七ミリ機関砲は残されていたが、好位置に捕捉できたため最初から体当たり攻撃に決め、直上方から背面降下に入って編隊左端の敵機の尾部銃座に命中した。左翼タンクから発火しつつ落ちる愛機から、軍曹はふたたび脱出して、落下傘で地上に帰ってきた。

後上方から迫った中野軍曹のねらいは、ややそれて、敵機の胴体下面にもぐりこむ。前回と同様に、機首を上げて敵の胴体と水平安定板を削り取り、壊れた三式戦をあやつって不時着に成功した。

武功徽章は戦功そのものに対して与えられる勲章だから、同一人物が複数個を受けても差し支えはない。両軍曹は二週間後、航空本部へ出かけて二個目の武功徽章乙を授与され、まれに見る闘志を称えられた。

こうして、二百四十四戦隊の一月二十七日の体当たり攻撃は六機にも及び、三式戦は空対空特攻用機と化した感があった。しかし、その後B－29が爆撃精度向上のため高度を下げ始め、ついで夜間空襲に移行したため通常攻撃で対抗でき、戦隊の操縦者全員が特攻隊という雰囲気に染まった実情から、震天隊は名のみ残されたかたちに変わった。他戦隊でもこの傾向が見られ、震天隊はやがて自然消滅していく。

航空戦を知らない参謀たちは、なにかというと体当たりを持ちだしたが、やっと飛んでいる高空で、まれな好位置に占位できても、自機よりも優速なB－29に三次元のラインを描いて命中する飛行が、容易にできようはずがない。わずかでも目測を誤ればそれてしまうし、強力な火網に食われる可能性も高い。

この日、柏から発進した十八戦隊・第六震天隊の陣内健光少尉の場合がそうだった。必中の決意で前上方攻撃にうつったのち、B－29との高度差が大きいのに気づき、直上方攻撃に

十八戦隊の第六震天隊員・陣内健光少尉。後ろの一型乙または丙は他の操縦者が見ているが少尉の乗機で、1月27日に敵弾を受け、不時着により大破して失われた。

切り替えた。ところが、背面飛行に入るのが早すぎて、命中できず敵編隊の中央をすり抜ける。「いま一度！」と引き起こしにかかったとき、集中火網を浴びてエンジンに被弾、プロペラが止まった。滑空で千葉県八街飛行場に不時着を試み、畑の中に突っこんでエンジンと胴体後部がちぎれ飛んだが、陣内少尉は奇蹟的に重傷を負わずにすんだ。

第六震天隊は二〇ミリ機関砲を下ろし、一二・七ミリ機関砲二門と弾丸一五発ずつを積んでいるだけだった。「あれだけ接近できるなら、二〇ミリを持っていけばよかった」と陣内さんは淡々と回想する。

十八戦隊のもう一人の震天隊員、赤井少尉はこのころには、角田広少尉と交代していた。自発的ではなく、指名を受けて体当たり要員に異動した角田少尉だが、精神的重圧に悩まず、「B－29が来たら、ぶつかってやる」と闘志を抱いて、強風の空で接敵のチャンスを待ち続けた。このすさまじい邀撃戦闘を、地上でながめ騒ぐ

命をかえりみない覚悟の空中勤務者たち。

だけの大本営参謀や軍司令官、師団長および司令部の高級部員に、体当たり攻撃を命じる資格があったとは、とうてい思えない。

　ともあれ、三式戦のB－29体当たりは、二百四十四戦隊の二〇回を筆頭に、各隊合計で約三〇回におよび、他のどの機種をも引き離している。

ひと足早い二型の参戦

　B－29邀撃戦には正規の防空戦隊のほかに、航空士官学校や飛行学校までをふくめ、使える戦力はすべて駆り出されたと表現できよう。これらのなかで、早くも昭和十九年末から三式戦二型（キ六一－Ⅱ改）およびキ六一－Ⅱを、実戦に用いた二つの〝隊〟があった。すでに述べたように、二型の部隊配備は二十年四月ごろからだから、五ヵ月ほども早いわけである。

　一つは、新型機や搭載兵器の実用研究を担当する航空審査部飛行実験部だ。航空審査部は軍隊ではなく官庁だが、任務上、将校、下士官とも選り抜きの腕達者がそろっているから、当然、戦力として期待されるし、操縦者たちも進んで邀撃に発進する。

　三式戦二型は新型機材としての評価を受けるため、十九年の秋ぐちには福生の審査部に運びこまれており、超ベテランの坂井菴少佐が主担当者を務めていた。審査部飛行実験部の戦闘隊で邀撃戦に使われたのは、主にこの二型と四式戦だった。

　川崎としても、ここへわたす機には出来のいいエンジンを取り付ける。審査部戦闘隊・三

本来は研究機関である飛行実験部戦闘隊も、キ六一－Ⅱ改または四式戦を主用して邀撃戦をくり返した。操縦席内の作業を左端の操縦者・熊谷彬技術大尉が翼上から見まもる。

式戦班の整備を受けもつ疋田嘉生少尉は、二型のハ一四〇を扱ってみて、遠心式の蒸気分離器（エンジン前部の両側面に付く）が改良してあるなど、若干の相違はあるけれども、構造はハ四〇とほとんど同じで確実に動き、整備困難とは特に感じなかった。

機付の兵や工員（民間人の軍属）に指示を与え、自らもエンジン整備にあたったのが、岐阜航空整備学校でハ四〇を専門に学んだ小島修一軍曹。「ハ一四〇が特に整備しづらいことはありません。狭いところの点検に手鏡を使い、工具を曲芸的に扱う必要があるのは、ハ四〇と同じ。二型は大体ちゃんと動かした」と小島さんは回想する。

ガソリンの逼迫を補うため、アルコール燃料で三式戦を飛ばす研究を、広川幸治大尉（二十年一月に十七戦隊の整備隊長として転属）がやっていて、燃料噴射ポンプのノズルの穴の大きさを種々検討ののち、各種戦闘機のなかでも最も早く成功をおさめた。

荒蒔義次少佐を補佐して、ロケット戦闘機「秋水」の特兵隊を率いる有滝孝之助大尉は、戦闘隊の三式戦二型にしばしば搭乗し、アルコール燃料を入れた三型で不時着したトラブルも経験していた。アルコールでも、ガソリン使用機とほとんど同じ速度が出たという。練習機に主用されたこの燃料でりっぱに飛んだのだから、疋田少尉の言うとおり、ハ一四〇の完品は確かな信頼性があったわけだ。

もちろん、ガソリン機だからといってトラブル皆無とは行かない。竹沢俊郎少尉が岐阜工場で二型を受領のおり、試飛行で連続上昇をやってみたところ、過給機が焼けて回転軸が抜け、割れた部分から滑油が噴出した。これが前部風防にかかって前方が見えず、ちょうど各務原(かがみがはら)の飛行場に降りかかった重爆の翼の下をくぐるように、きわどく着陸した。しかし福生では、水もれ程度はあったものの、エンジン故障は一度も経験しなかった。

福生は都下の飛行場では最も西寄りで、その上空で待てば投弾前のB-29を捕捉できる。富士山上空まで出迎えて第一撃、東京上空で第二撃のパターンも常用された。三式戦二型は馬力が強く高空性能がいいので、上昇中の二百四十四戦隊の一型を、あとから発進して追い抜いた。戦闘機操縦者が満足感にひたる束の間(つかま)だ。

昭和二十年一月の邀撃戦で三機を僚機に付けて上がった有滝大尉は、福生上空、高度一万メートルに占位する。急機動すれば高度が落ちるのは同じだが、二型は完全武装でも一万メートルまで楽に上昇できた。高度八五〇〇メートルほどで向かってくるB-29に、彼が先頭に立って単縦陣で突入、有効弾を撃ちこんだ。離脱時、有滝機は被弾して右補助翼が半分ちぎれとんでいたが、操縦にまったく影響はない。機首を起こした大尉が第二撃をかけようと思ったとき、敵機はグラリと傾いて落ち始め、すぐに爆発が起きて空中分解した。ピストで若いパイロットの緊張をたくみな話術でほぐす坂井少佐も、試作機以来の乗りなれた二型を駆って邀撃に出動。竹澤少尉や、試作キ六一でB－29を追った梅川亮三郎中尉ら豪華メンバーを従えて、前下方攻撃で一機を撃墜している。また、フィリピンからもどり審査部付に復帰した荒蒔少佐も、特兵隊の任務が忙しくなる前の一時期、二型に搭乗した。

十九年末から新型のキ六一で戦ったもう一つの〝隊〟は、陸軍の編成表には絶対に出てこない。民間人による戦力だからである。

十一月中旬にB－29偵察機型のF－13が名古屋上空に現われると、川崎・岐阜工場への空襲が確実視された。そこで、各務原飛行場でなおテスト継続中の、主翼が大きなキ六一－IIに、機関砲を積んで実弾を入れ、敵来襲時は邀撃に加わる姿勢をとった。これが「川崎防空戦闘隊」と呼ばれ出す民間戦闘機隊のスタートである。

岐阜工場のすぐ近くに設けられた各務原航空廠は、航空本部の管轄下で武装を取り扱った。川崎の飛行整備課・試験操縦士、すなわちテストパイロットたちは航空本部嘱託を兼ねる身分なのと、リーダーがもと准尉で陸軍に知己が多い片岡載三郎掛長（係長）だったのが、特異な行動の主因だろう。片岡掛長が率いる〝隊員〟は、太刀掛（たちがけ）俊雄、水口（みなくち）国彦、蓑原源陽（みのはらげんよう）各操縦士である。片岡操縦士のほかは軍航空の経験がないから、攻撃法の演練は未経験だった。

初出撃は、第一回名古屋空襲の十二月十三日。すでにこのころキ六一の空冷化作業が進んでいたが、液冷戦闘機を買う片岡操縦士は、なんとかキ六一－IIを大成させようと試飛行に余念がなく、この日もテストに出かけるところで警報を聞いた。ただちに発進、高度八〇〇〇メートルでB－29を捕らえ攻撃に移った。しかし機関砲が故障のため、いったん各務原に降り乗機を取り替えて離陸し、ふたたび捕捉に成功。名古屋南方の半田上空から知多半島南端まで追撃して、一機に黒煙を吐かせた。

三回目の十二月二十二日の空襲時には、太刀掛操縦士も加わって二機で上がったけれども、戦果なく終わった。

続く一月三日の邀撃戦で、片岡操縦士は八機編隊の二番機と四番機を撃破。太刀掛操縦士も後続の九機編隊の二番機に直前方攻撃でいどみ、一機撃破をはたした。キ六一はⅠ型でのB－25追撃、Ⅱ型でのB－29撃破と、二度にわたって試作機が交戦する、稀有な記録を残したわけである。

川崎航空機の太刀掛俊雄操縦士

合計三機撃破の戦果をあげ、航空本部長から感謝状を、軍需管理部長から表彰状を授与された片岡操縦士は、しかし一月十九日、不帰の客となった。前夜も北野純技師らと改修対策を話し合っていた彼は、午前十時にキ六一－Ⅱで試飛行に離陸。やがて木曽川の河原に墜落し、殉職した。原因は主翼中央部の第二タンク、あるいはエンジンと操縦席のあいだにある滑油タンクの爆発（後者は大和田技師の判断）と推定された。

キ六一の実用化に全力を注いだテストパイロットは、液冷の三式戦シリーズとともにその生涯を閉じた。

バトンを引き継ぐ、空冷型キ一〇〇の試作一号機はすでに完成し、二週間後に初飛行するのである。

艦上戦闘機を迎え撃つ

昭和二十年に入ると、国軍決戦とまで呼号したフィリピンの戦局は、完全に負け戦の様相を呈していた。すでに絶対国防圏構想は夢と去り、捷号作戦も崩壊して、一月中旬にまとめられた陸海軍作戦計画大綱では、最終的に本土決戦に持ちこむ方針が明文化された。

大本営は本土防衛のための確保域を、南千島、硫黄島をふくむ小笠原諸島、沖縄、台湾、華南・上海と定めた。上海を除けば日本固有の領土ばかりであり、追い詰められた日本軍の苦境を端的に物語っている。

二十年秋の本土決戦準備の概成予定を前に、一月下旬、組織強化をはかって内地軍の改編が取り決められた。すなわち、これまでの東部、中部、西部の三個軍管区制から、東北軍管区と東海軍管区を独立させて五個軍管区制とし、それぞれに第十一〜第十三および第十五、第十六方面軍を設置。

第十飛行師団は東部軍管区（関東、甲信越）の第十二方面軍に、第十一飛行師団は中部軍管区（近畿、中国、四国）の第十五方面軍に、第十二飛行師団は西部軍管区（九州）の第十六方面軍に配属され、各方面軍司令官の指揮を受けるかたちが決まった。ただし十一飛師のうち、五十五戦隊を含む名古屋近郊の第二十三飛行団は、地理的関係から、警報発令中は東海軍管区（東海、北陸）の第十三方面軍司令官の指揮下に入るよう定められた。

だが、指揮系統がどのように変更されようと、実際に戦う部隊が強化されなくては意味がない。各防空飛行戦隊はなんらの補強も受けないまま、上部組織の変更に煩わされるだけだった。

大本営は、フィリピンを確保したのちの米軍が、ついで沖縄方面へ迫るであろうと推定し、また本土空襲強化のため、硫黄島の奪取に出る公算も強いと判断していた。この予測は二つとも当たった。

米統合参謀本部は、フィリピンのルソン島を攻略ののちは、まず硫黄島を、ついで沖縄を奪取する計画を立てていた。硫黄島占領の目的は、マリアナ諸島から作戦するB－29の不時着用基地に使うとともに、ノースアメリカンP－51D戦闘機を置いてB－29に同行、掩護させるところにあった。

二月十六日の早朝、米海軍は硫黄島への艦砲射撃と護衛空母搭載機による空襲を開始。同時に、主力の第58任務部隊（第38任務部隊と同一。第5艦隊へ編入後の名称）の空母群の搭載機は、硫黄島への増援をはばむため、関東各地の陸海軍飛行場に襲いかかった。

二月十三日の西カロリン諸島ウルシー環礁の敵泊地を偵察した海軍偵察機「彩雲」の報告と、その後の情報により、米機動部隊が硫黄島または関東へ空襲をかけてくるとみて、陸海

2月16日、「レキシントン」から発艦した第19爆撃飛行隊のカーチスSB2C－3が、機動部隊の上空を攻撃目標の東京へ向かう。

軍航空部隊は警戒を厳重にしていた。

十六日午前七時五分、千葉県白浜の対空監視哨から「敵小型機編隊、北上中」の報告が突然もたらされた。敵の来襲高度が低くてレーダーが捕捉できないため、いきなりの侵入につながった。

艦上機の空襲には当然、戦闘機が随伴する。十飛師は機動力が劣る二式複戦をはずし、残る各戦隊の即時出撃を下命した。防空戦闘機隊は初めての対小型機戦闘をめざして、くもり空へ舞い上がる。

敢闘、小林戦闘隊

二百四十四戦隊は、ほぼ全力の四〇機で浜松に前進していたが、敵機動部隊接近の報を受け、未明に全機発進、東京へ向かった。関東上空に達したとき、敵第一波はすでに侵入しており、千葉県北部の印旛沼付近でそのままF6F多数機（「ヨークタウン」からの第3戦闘爆撃飛行隊機）と交戦に入った。だが、他の戦隊と同じく、たれこめた雲による視界の悪さと、なれない対戦闘機用の機動空戦のために、次第に編隊が崩れて紛戦にもつれこむ。

進撃隊形の最後尾にいた三中隊・藤沢浩三中尉以下の四機は、下方に入ってきたＦ６Ｆ編隊に襲いかかった。一撃して雲中に逃げ、ふたたび攻撃。一二・七ミリ弾が敵の主翼に当たっているが、火を噴かない。雲を隠れ蓑に攻撃をくり返すうちに、藤沢中尉は僚機が離れて単機の飛行に変わり、さらに逃げ場の雲が見あたらなくなった。

ここへ、新手のＦ６Ｆ編隊が後方から上がってくる。上昇力が劣る三式戦ではふり切れず、藤沢機は射弾を浴びた。浜松を出るまえに、対戦闘機戦用に背部の防弾鋼板を付けていたため、弾丸は彼の両脇を斜めにかすめ、エンジンを撃ち抜いた。プロペラが止まり潤滑油を噴く三式戦を、利根川べりに胴着させた中尉は、Ｆ６Ｆの上昇力のよさと編隊空戦のうまさを痛感した。

調布飛行場から出動する二百四十四戦隊の三式戦一型丙。全武装と耐弾装備を付けた通常攻撃の機なので、重い一型丁ではF6F、F4Uとの交戦は不利をまぬがれなかった。

実戦部隊の三式戦のエンジン故障は、整備隊の奮闘にもかかわらず、相変わらず続いていた。二百四十四戦隊では戦隊長・小林照彦大尉以下が、調布に降りては五度にわたって出撃するうちに、つぎつぎに故障を生じ、発進不能の機が数を増す。

最後の出撃で戦隊長についてきたのは、新垣(しんがき)安雄少尉、鈴木正一伍長の二名だけ。

群馬県館林の上空で、カーチスSB2C急降下爆撃機を掩護するF6F約二〇機に向けて、三機は突進。F6Fを攻撃する小林大尉が他のF6Fにねらわれるところへ、有効弾を送って急を救った鈴木伍長は、新垣少尉とともに挟撃され、両機とも被弾して火が流れ出た。伍長は火ダルマと化した三式戦を、最後の力で人家のない地域へ持っていき、力つきて足利市郊外の水田に突入、四日後の二十歳の誕生日を前に散華した。

一月二十七日の少飛同期生・安藤伍長の戦死について、日記に「必ズ誓ッテ君ノ後ヲ追ハン」と決意を記した鈴木伍長は、三中隊員から戦隊長僚機へと変わった一月二十九日、虫が知らせたのか「モウ八機撃墜破シテオル故、死ンデモ本望ナリ」と書いていた。まっしぐらに突進する小林戦隊長の僚機は、危険の度合も大きい。命に代えても、伍長は大尉を守るつもりだったのだろう。覚悟どおりの戦死だった。

戦闘空域と時刻から、彼と新垣少尉の二機を落としたのは、軽空母「サン・ジャシント」を発艦した第45戦闘飛行隊のロバート・R・キッドウェル少尉機と思われる。

徹底した連係プレーで機動する多数のF6F、F4U戦闘機との戦いで、三式戦は苦戦を余儀なくされた。霞ヶ浦上空で多数機を認めた一中隊の斉藤昌武少尉は、単機では交戦のしようもなく、接敵を思いとどまった。無理に攻撃に向かえば、まず撃墜されていただろう。

二百四十四戦隊は新垣少尉、鈴木伍長のほかに、釘田健一伍長と元・震天隊員の遠藤長三軍曹を失い、機材も八機を喪失して、部隊編成いらい最大の損失をこうむった。

軍、官、民の「飛燕」の戦い

この二月十六日は、十八戦隊残置隊でも江良吉雄伍長と、十二月三日に角田政司中尉の僚機でB－29を攻撃した日見田友一伍長が、撃墜されて帰らなかった。フィリピンにいる主力には一月十五日付で内地への帰還命令が出ていたから、柏飛行場の戦力は書類上は「残置隊」ではなくなっていたけれども、戦隊長が帰らない以上、実質的にはこれまでと同じ立場にあった。

役所であって軍隊ではない審査部からも、戦闘隊の三式戦、四式戦が出動する。複戦班のトップながら三式戦に乗った岩倉具邦少佐、熊谷彬技術大尉とともに、三式戦班の竹澤俊郎少尉はマウザー砲の一型丙で福生飛行場を発進。

東京都西部の上空、高度九〇〇〇メートル近くで東方の鹿島灘をにらみつつ哨戒中に、南の平塚方向から入ってきた敵戦闘機群（おそらく最上層のＦ６Ｆ）に不意を突かれ、下方から主翼下面を撃たれた。敵は六〇機ほどもいて、多勢に無勢で勝負は無用と離脱、竹澤少尉は福生へ向かう。無理のない空戦、勝てる空戦をめざすのがベテランの本分だ。

さいわい飛行場付近に敵影はない。脚出し操作をすると、出状態を示す計器盤の青灯が右だけしか灯らなかった。主翼上面の脚出入指示棒は、左脚のほうはわずかに顔を出しているにすぎない。右脚は完全に出て、左脚は中途半端な半開状態であると判断。右膝の記録板にざっと状況と自動車の来援要請を書いて投下したあと、竹澤少尉はできるだけ三式戦を壊さないよう、右翼が地面をこする手前まで傾けて、スロットル・レバーを加減しつつ推力着陸に入った。

このようすを、飛行場で固唾をのんで見つめていたのが、三式戦班の整備にあたる機付兵や工員たち。竹澤少尉を「審査部の至宝の一人」と形容する彼らは、操縦者の秀でた腕まえを充分に知ってはいながらも、特異な降着なのと整備上の責任を感じて緊張した。

健全な右主脚が接地し、三式戦は右傾のまま滑走する。速度が落ちるとともに徐々に左へ傾いていく。プロペラが地面をかじり、左翼端が着いて、最後の余力で尾部が持ち上がってから停止した。

飛行実験部戦闘隊の竹澤俊郎少尉は被弾して右主脚が出ない三式戦一型で、福生飛行場にみごとな降着で生還した。暗緑色の機体にはプロペラと左翼端のほかに目につく破損はない。

プロペラが曲がり左翼端が少し壊れただけの、実にみごとな不時着ぶりで、もちろん竹澤少尉は擦傷一つ負わなかった。左主脚の故障は整備の不手ぎわではなく、敵弾に油圧系統をやられたためと判明し、それぞれが胸をなでおろした。

静岡県西端部にまで来攻した一部の敵機に、民間の臨時組織・川崎戦闘隊が立ち向かった。

指揮官は各務原航空廠監督官の宇野十郎少佐。緒戦時に捕獲したB－17を空輸した宇野少佐は、重爆分科の出身で、殉職した片岡操縦士より二歳年長の三十五歳。それでも果敢に出動を決意し、蓑原、水口両操縦士を僚機に、キ六一－Ⅱ改を駆って敵影を求め、浜松上空にいたる。F6F七〜八機を下方に認めて突進し、空戦に入ったが、さすがに高技倆とくり返しの演練を要する対戦闘機戦は困難で、三機とも各務原に帰れた（僚機二機は被弾）だけでも幸運だった。

十飛師の各戦隊は不充分な態勢ながら健闘し、撃墜六二機を報じたけれども、自爆または未帰還三七機を数えた。このまま敵艦上戦闘機との交戦を続ければ、対B－29用はもちろん、本土決戦用の戦力がどんどん消耗する。そこで防衛総司令官は十六日の夜、十飛師のなかで最も戦力が充実した二百四十四戦隊と二式戦の四十七戦隊を、第六航空軍（十九年十二月新編。本土の航空作戦を担当）の直接指揮下に入れてしまった。

艦上機群は翌二月十七日も、早朝から昼すぎまで四波にわたって来襲し、ラジオはほぼ一〇分おきに敵情を民間に伝え続けた。有力な二個戦隊を欠く十飛師は、それでも各隊よく反復出撃して、未帰還一四機と引き換えに三六機の撃墜を報じた。

二百四十四戦隊が抜けて、十飛師隷下に残った唯一の三式戦部隊・十八戦隊はふたたび出撃する。上空に三層のF6F、その下方にF4Uという強力な敵にたちまち編隊を崩され、立川上空で萩原英男少尉が落とされて戦死。F6Fと交戦した中村武少尉機は、被弾ののち離脱でき、東京・成増の水田に胴体着陸している。

飛行第十八戦隊の萩原英雄少尉と機付整備の3名。後ろの一型丙は少尉の固有機。

前日にサーカスばりの着陸を見せた審査部の竹澤少尉は、こんどは三式戦二型を駆って熊谷技術大尉と邀撃に上がった。立川の航空技術研究所を銃撃中のF4Uを認めて接近すると、敵機は千葉方面へ逃げ始めた。これを追撃したが、高度をかせぐ前なので速度が足りず、射程内まで迫り切れなかった。

六航軍の直接指揮下に組み入れられた二百四十四戦隊と四十七戦隊の任務は、防空戦闘から一転して、対機動部隊の艦船攻撃に変わった。

二月二十五日にも敵艦上機群は大挙して関東各地を襲ったが、二百四十四戦隊は出動を命じられず、内陸部へ空中避退している。さらに三月十日、機動部隊攻撃の第三十戦闘飛行集団に編入され、十九日には小林戦隊長のもと、かつて「はがくれ」隊長だった四宮徹中尉らが乗った振武隊二個隊の爆装一式戦三型を掩護して、敵空母群をめざし熊野灘まで飛んだけれども、雲が多く会敵できずにもどっていった。

しかし、四十七戦隊が完全に邀撃任務を解かれたのにくらべ、二百四十四戦隊は四月に十飛師の指揮下へ一時的に復帰し、ふたたび対B－29邀撃を展開する。

伊丹の整備状況

東京への初空襲以来、工場に対し高高度からの昼間精密爆撃を続けていたマリアナの第21爆撃機兵団は、出撃規模のわりに薄い効果を検討し、投弾内容の一八〇度逆転を決意した。すなわち、日本軍の邀撃戦力が少なく、偏西風の障害を受けず、二倍以上の爆弾を搭載でき、火炎による広範な延焼を期待しうる作戦——夜間、低高度からの無差別焼夷弾空襲である。

江東地区を灼熱のるつぼに変えた、B－29二七九機による三月十日未明の東京大空襲で、大都市市街地への連続夜間爆撃は始まった。第21爆撃機兵団は間を置かず、第73、第313、第314の三個爆撃航空団のB－29二八五機で十二日未明に名古屋を、二七五機で十三〜十四日にかけての夜に大阪を襲った。

原則として夜間は複座か三座の夜間戦闘機だけを出撃させる海軍と異なり、陸軍は双発の二式複戦のほかに、単座の戦闘機もそれぞれの部隊から夜間邀撃に参加する。逆に、夜間戦闘が可能でなければ、熟練操縦者を示す技倆甲の認定をもらえないのだ。

兵庫県伊丹飛行場を本拠地に定める飛行第五十六戦隊。三個中隊分の合計定数四八機に、予備機と戦隊本部小隊を加えて五十数機が規定の装備機で、昭和二十年の初めにはその九割以上を保有し、七割の可動率を実現していた。エンジンを作る川崎・明石工場に最も近く、技術陣の助力を受けやすい有利さを考慮に入れても、三式戦の三機に二機を使えるのは誇り

伊丹の飛行第五十六戦隊も三式戦一型丙と丁を装備し、手前の丁が主用機材だった。地上後方に多数機を配し、上空遠くには4機編隊を飛ばす、手のこんだ画面構成である。

うる整備実績である。

各中隊（中隊長は置かないが便宜上の区分）にそれぞれ整備小隊が付き、ほかに初心者の訓練用機をあつかう整備第四小隊があった。一個小隊の機付（きづき）整備は三〇名ほど。彼らの補助の雑用係がほぼ同数いるから、整備隊長・谷本政武中尉の指揮下に入るのは、本部小隊も含めて二百数十名におよぶ。

小福田正之少尉がトップを務める整備第一小隊の長谷川国美（くにみ）見習士官は、三重県鈴鹿の航空整備教育隊でハ四〇の整備を覚え、昼間邀撃戦たけなわの一月初めに着任した。部隊の整備状況を、長谷川さんはこう記憶する。

「多かったのは冷却器の水漏れ。ていねいにいじっている時間がないので、例えば馬力が出なければ点火栓（プラグ）を全部換えるなど、部品交換で対処しましたが、水冷却器は交換部品がないので、〔破裂部の〕ハンダ付けと試運転をくり返して直した。高高度、急機動時の圧力変化に対応するため、滑油や水関係のパイプの増し締めを怠らず、操縦索の切断修理では大わらわでした」

早朝の暖気運転がすむまで、食事を摂れない。その食事も一汁一菜、おかずは鯖、鰯など青魚が付けばいいほうで、なければタクアン。芋ばかりの肉ジャガや薄いカレーライスなら大ごちそうだった。

整備兵たちの疲労を理解する長谷川見士はまた、激戦に直接に身を投じる操縦者を見上げる気持ちを、つねに抱いていた。そして、彼ら五十六戦隊の操縦者たちが苦闘する夜が、関西の空に訪れた。

夜空が戦場

三月十三日の夜、大阪一帯は雲が低く垂れこめたうえ、下降気流が激しく、離陸すら困難な天候だった。五十六戦隊では、飛行隊長・緒方醇一大尉が空中で率いる第一中隊からの選抜者が、警急任務についていた。緒方大尉、鷲見忠夫曹長、真下静作軍曹、高向良雄軍曹の四機である。

まず発進に移った緒方大尉が、乗機の故障で離陸を断念。続いた真下軍曹機は離陸直後に緒方機に接触して落ち、軍曹は重傷を負った。さらに高向軍曹は、飛行場西側に建つ食品工場の煙突にぶつかって死亡した。

残る鷲見曹長の三式戦だけは、下降気流にうち勝って飛行場端すれすれで浮き上がり、きわどく煙突を避けて上昇した。雲の下を飛ぶB－29を見つけた曹長は、一撃を加えようとしたが弾丸が出ず、急いで着陸ののち別機に乗り換え、ふたたび邀撃に向かう。

午後の逆光ポジションから撮ったため、夕暮れどきの出動感を彷彿とさせる。伊丹飛行場の周辺には市街地や工場施設が存在し、上昇が遅い三式戦には向かない面もあった。

すでに大阪の市街は火の海に変わっていた。雲の中から降ってくる焼夷弾と味方高射砲弾の炸裂を見て、「大阪は生き地獄だ！　俺は今晩死んでもかまわんぞ」と、闘志をかき立てて雲中に突入した。地上の火に照らされた赤黒い層雲のあいだを、B－29が巨鯨のように進んでいく。「こいつをやってやる！」の一念で、鷲見曹長は敵機を捕捉して撃ち続け、層雲を二つ突破してひと息入れた。

雲上でさらに一機を追撃すると、鷲見機の燃料はもう残り少なかった。地上と交信して帰方位（飛行場のある方向）を教えられる。自機の位置を大阪と奈良の境にある生駒山上空と推定したとき、エンジンが息をつき出した。ただちに降下に移ったが、プロペラは止まり、厚い層雲はさらに続いている。

スイッチを切り、計器盤に足をかけて身体をひねる。息を止め、思い切って操縦席からとび出した曹長は、尾翼に当たり肩を砕いて気を失った。幸いにも開傘のショックで意識がもどり、水田に降りたのち、救助に来た警防団に助けられた。

単機Ｂ－29を追い続けた鷲見曹長の敢闘は、師団司令部の屋上で傍若無人な敵の航過をにらんでいた、第十一飛行師団長・北島熊男中将の目に焼き付いた。曹長が入院後、北島師団長の上申を受けた第十五方面軍司令官・河辺正三大将から、「醜敵四機ニ致命的損傷ヲ他ノ三機ニ大ナル損傷ヲ与ヘテ七機ヲ撃破スルノ偉功ヲ樹テタリ」と記された、生存者に対しては異例の個人感状が武功徽章甲をそえて授けられた。

焼夷弾攻撃はさらに続く。三月十七日未明、三〇六機が神戸を爆撃した。永末昇大尉以下の五十六戦隊警急小隊四機は、ただちに発進。あとを追うように緒方大尉の第二陣が出撃に移ったが、二番機・津田三五郎軍曹は離陸時に転覆して戦死し、川本忠義軍曹もＢ－29と交戦して散った。

関西の夜空に奮戦した五十六戦隊一中隊の鷲見忠夫曹長（准尉に進級後）。左胸に武功徽章甲を佩用している。

緒方機を担当する長谷川見士が翼上に立って待っていると、ピストから駆け出た大尉が操縦席に乗りこんだ。

「見習士官、エンジンの調子はどうか」

「はい、異常ありません！」

うなずいた飛行隊長は神戸の方向をにらみ、「やるぞ！」とひと言を残して出発線へ三式戦を走らせていった。

離陸から三〇分ほどのち、緒方大尉は「一機撃墜、攻撃続行中」の無線連絡を最後にＢ－29

体当たりで散華した五十六戦隊飛行隊長・緒方醇一大尉。

に突進し、体当たりを決行した。探照灯の光芒が交差したところに白く浮き出たB－29をめざして、光の点がまっしぐらに突っこんでいき、赤い火の玉がふくらむのが、伊丹飛行場から認められた。

摩耶山に落ちた敵機の残骸内に見つかった、緒方機の部品と彼の名入りの飛行靴が、激烈な最期を示す証だった。

戦隊がよみがえる

続く三月十九日未明には、二九〇機による名古屋への二度目の夜間空襲で一九〇〇トンの焼夷弾が降った。

このとき、夜空の主力であるべき二式複戦の五戦隊は関東へ進出しており、愛知県・清洲飛行場に不在だった。主力がフィリピンに移動した四ヵ月間を中京防空に努め続けた、学鷲少尉たちが主体の五十五戦隊・留守隊も飛行団命令により、滑走路を新設の兵庫県三木飛行場で静養をかねて待機ののち、小牧に帰ってきたばかりで出動がかなわなかった。

愛知県・明治基地にいた第二一〇海軍航空隊・丙戦隊（夜戦隊）の行動は、これまでどおり低調と思われ、十九日未明の撃墜四機、撃破八二機の大半（あるいは全部？）は、地上対空砲火による報告戦果だったようだ。撃破数のやたらな多さからもそれを知れる。

レイテ湾攻撃時に戦死した岩橋重夫少佐の後任として、二代目五十五戦隊長の小林賢二郎大尉が小牧に着任したのは、空襲前日の三月十八日。留守隊（残置隊）の空中指揮を二ヵ月半とってきた遠田美穂少尉にとって、軽からぬ肩の荷を下ろせた日だった。

次席の飛行隊長には叩き上げのベテラン・関一郎中尉が任命されたが、まもなく若い前田茂大尉と交代した。ゆとりなき厳しい戦況への対応として妥当な人事とみなせよう。

すでに五十九戦隊・飛行隊長の立場で、大陸からのB－29への邀撃経験をもつ小林大尉は、部隊の再構築と練度の維持・向上にかかった。月間三〇時間の飛行訓練を、まず確保したい。同時に、操縦者をふくめてごく一部のほかはフィリピンに残留だったから、相当数の転入者を加えて員数を満たす必要があった。

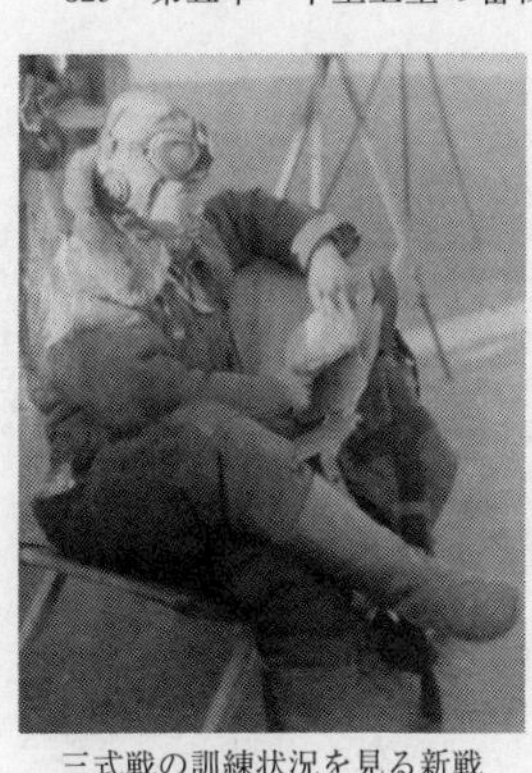
三式戦の訓練状況を見る新戦隊長の小林賢二郎大尉。

戦隊長直率（じきそつ）の第一中隊を「はやて隊」、関中尉指揮の二中隊を「やまびこ隊」、前田飛行隊長指揮の三中隊を「とどろき隊」に区分し、操縦者も中隊ごとの固定メンバーを決めた。戦力は各中隊とも三個小隊、一二機である。どの部隊にも見られる本部小隊（四機）は設けなかった。戦隊長と飛行隊長がおのおの中隊長を兼ねる方式も、ほかの戦闘隊では使われていなかった。

機付整備兵が主体の整備隊には、整備隊長にベテランの反田（そった）七郎中尉が着任。留守隊の整備をひきいた次席の増田政十少尉と連携して、三式戦一型丁の補充と維持、ハ四〇を知らない転入者たちへの教育に努め始めた。

「操縦はサーカス的なものではない」「戦闘隊は隊長先頭が必須条件」との意思をもつ小林大尉を、軍歴九年の増田少尉は、陸士出身で「筋金入りの軍人」と認め、文句なしの従属を続けていく。

ともかくもこれで、悪夢のような三月の連続焼夷弾空襲は終わったが、三式戦部隊には新たな戦場での任務が待っていた。

第六章　遅すぎた五式戦の開花

空冷化を阻むもの

三式戦の最大の特徴である液冷エンジン・ハ四〇は、これまで述べてきたように、実戦部隊から歓迎される存在とは言えなかった。部隊配備が始まってから一〇ヵ月とたたない昭和十八年の暮れ、航空審査部飛行実験部長の今川一策大佐らは、早くもエンジンの換装を航空本部に進言したほどだ。十九年後半に入ると、川崎・明石工場におけるハ四〇の生産遅延（完品の不足）から三式戦一型の〝首（エンジン）無し機〟が、岐阜工場の屋外に多数たまっていた。

十八年夏に試作品が完成した出力向上型のハ一四〇は、ハ四〇よりもさらに完品の割合が少なくなりそうな雲行きだった。試作部長を兼務する土井武夫技師は、十九年初めを迎えて「これは空冷化しなければいけないな」と思う気持ちに傾いた。

内容はやや異なるが、ＤＢ601を海軍用に国産化した愛知航空機（十八年二月に愛知時計電

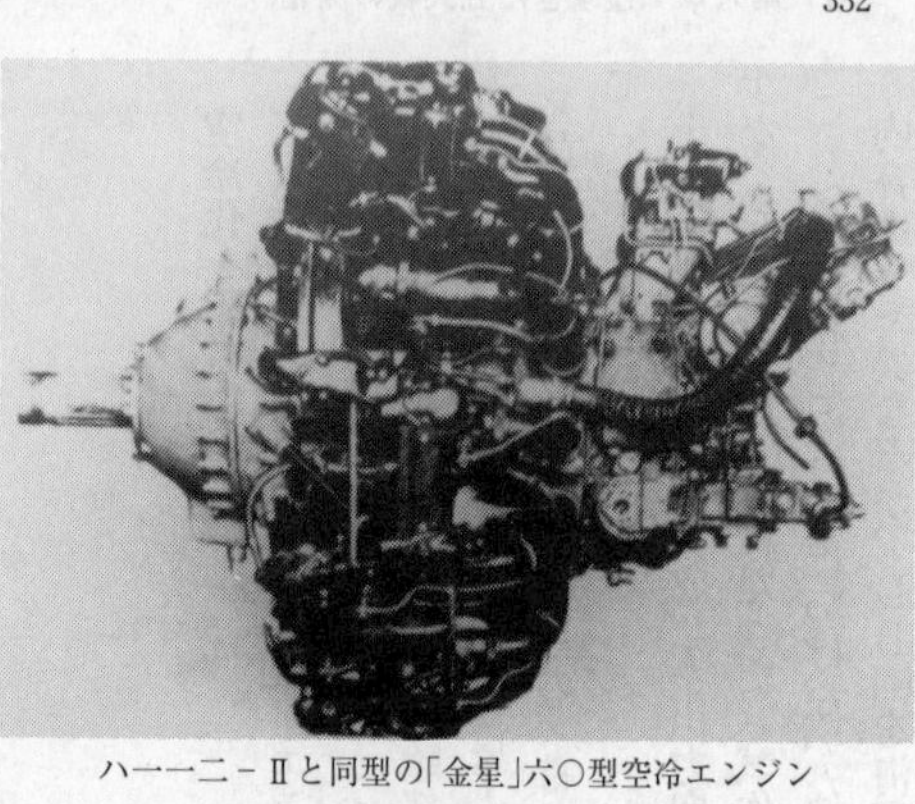

ハ一一二－Ⅱと同型の「金星」六〇型空冷エンジン

機から独立）でも、エンジンのあつかいに変化が生じていた。

愛知の「熱田」三二型（ハ四〇に相当）の故障頻度の高さは、「彗星」艦爆部隊の整備の不なれによる部分が大きかった。ところが出力向上型の三三型（ハ一四〇に相当）では、あいつぐ設計変更と、原料不足による材質の変更がわざわいして、生産開始時の完品台数が一向に増えなかったため、応急策として「彗星」の空冷化が十九年の初めから検討されていたのだ。候補にあがった空冷エンジンは、三菱製の「金星」六一型および六二型である。

「金星」六二型を、陸軍ではハ一一二－Ⅱと呼ぶ。ハ一一二－Ⅱは百式司偵の三型に装備されており、信頼性の高さはすでに実証ずみだ。一〇〇〇馬力級のスタンダード版空冷エンジン中島「栄」にくらべて、同じ一四気筒で直径が一〇センチほど大きいが、それだけ構造と気筒容積にゆとりがあり、離昇出力一五〇〇馬力、公称一速一三五〇馬力、同二速一二五〇馬力と、ハ一四〇と同等のパワーを出せた。また、ハ一一二－Ⅱは吸入管への燃料噴射式で、噴射装置はハ四〇、ハ一四〇のもの（もともと三菱製）と基本的に同一構造である。さらに、ハ一四〇と同様に、水・メタノール噴射による出力向上が図られていた。

海軍の「彗星」空冷化計画を知った航空本部総務課の技術主任・岩宮満少佐は、土井技師に面会して三式戦のハ一一二-Ⅱ装備を提案した。しかし、自身も空冷化案に傾いていた土井技師や、前年末から換装を航空本部などへ進言している今川大佐らの、行動をはばむ二つの要素があった。

一つは、主として航空兵器の増産促進のために昭和十八年十一月に設置（業務開始は十九年一月）された、軍需省の意向である。三式戦の空冷化に踏みきれば、その間、川崎・岐阜工場の生産はとどこおり、液冷エンジンを作っている明石工場の遊休化につながる。数の充足を最大のノルマとみなす軍需省が、完成機の減少に反対するのは当然だった。加えて、ハ一一二は台数不足の状況にあり、航空本部整備部からもこれ以上の需要増への反対意見が出された。

もう一つの要素は社内事情にあった。明石工場ではエンジン設計課長・平岡欽吾技師の指揮で、ハ四〇の生産ノルマ達成とハ一四〇の実用化をめざして、血のにじむ努力が続けられていた。機体部門とエンジン部門に分かれてはいても、大もとは同じ川崎航空機だ。徴兵による熟練工の不足と材質の低化に悩みながら、製造に苦闘している明石の状態を見れば、これをばっさり切って放棄し、他社エンジンにすげ替える決断は、人情からも容易に下せるものではなかった。

後継エンジン・ハ一四〇の試作品が故障を完治できないようすに、しびれを切らした審査部の今川大佐は昭和十九年四月、「エンジン換装以外に解決策はない」と腹を決め、内々にキ六一空冷化の検討を川崎に依頼した。おもて立って提案すれば、軍需省や航空本部から反対論の横槍が入るからだ。

ハ一四〇の量産型エンジンは、十九年六月から納入され始めた。ところが完品のできる割合がハ四〇をずっと下まわり、七月の予定数二〇台のところが八台、八月の予定四〇台が五台しか納められない。軍需省はこの状態を見て、三式戦二型の大規模生産をあきらめ、八月に予定生産機数を大幅に減らすよう川崎に通達した。

同月、航空審査部飛行実験部の部員でキ六一-Ⅱ、Ⅱ改を担当する坂井菴少佐と名取智男（としお）大尉らが、川崎および航空本部のメンバーと今後の対応について会議をもよおした。明石工場でハ一四〇の生産状況をつぶさに調べ、品質と耐用度の低下を見てとった名取大尉は、実用機としての部隊配備には不適と言明。坂井少佐も同意見だったため、航空本部は折れてキ六一-Ⅱ改の生産は一〇〇機程度と決められた。三式戦二型完成機の生産数が九九機なのはこのためで、偶然の数字ではない。

減産指示が出る前に作りかけていた機体もあり、九月のハ一四〇の完品はたった一台だった惨状から、二型の〝首なし機〟は九月末日で二七機にまで増え、さらに増加をたどるのは確実だった。ここにいたって、ついに軍需省も航空本部も空冷化を呑み、十月一日付で川崎にハ一一二-Ⅱ装備機キ一〇〇の試作を命じたのである。

空冷「飛燕」、初飛行に成功

念願がかない、さっそく本格的な設計作業に入った土井技師、設計計画主任・大和田信技師、エンジン艤装課長・小口富夫技師らが、まずぶつかった難題は、胴体幅八四センチの機体に、どうやって直径一二一・八センチのエンジンを取り付けるかであった。

輸入されたフォッケウルフFw190A－5。カウリング後縁と胴体のすき間に排気管の後端部がならんで渦流を生ませない。

けれども、土井技師自身が「天佑」とまで述べているように、胴体の四本の主縦通材から伸びたエンジン架を防火壁（第一円框）の直前で切断、除去すれば、エンジンの後部に付いた補機類の位置などをいじらなくても、ハ一一二－IIの鋼管製エンジン架を主縦通材に結合できると分かった。

続く問題は、カウリングをかぶせると、頭部が胴体よりも片側二十数センチずつも膨らむため、そのまま接合すればカウリング直後の段差により、飛行時に渦流を生じる事態だ。胴体を全面的に太くすれば渦流は生じないが、既存の三式戦二型の胴にさらに全面的なフェアリング（覆い）を施すのだから、重量が著しく増加してしまう。

十一月初めに土井技師らは、前年にドイツから潜水艦で輸入した、フォッケウルフＦｗ190Ａ－５が参考になりそうだと、明野飛行学校（教導飛行師団に改編後）へ見に出かけた。Ｆｗ190Ａはカウリング後縁の左右に排気管を集め、その直後に胴体部分をへこませて、排気を後方へ噴き出す処置をしている。この方式ならば、カウリング後縁と胴体に多少の段差があっても、排気のロケット効果によって渦流は吹き飛ばされてしまうし、排気管の設置上、逆にその段差が生きてくる。「ああ、こりゃいいな」「これでやろう」と決まって、翌日から変更作業に着手した。

そのままでは段差が大きすぎるので、胴体前部側面に大型のフィレットをかぶせ、その内部には桁を入れて補強した。冷却機とそのカバーはもちろん除去し、やはり段差をなくすため胴体前部下面にもフェアリングが施された。空冷化によってプロペラ軸の位置（推力線）が下がったため、同じハミルトンの油圧式ながら直径で一〇センチ短い、先端部まで幅広の三翅（さんし）プロペラを採用した。

改修箇所は機首と、それに関連した前部胴体のみで、後部胴体と主翼、尾翼は三式戦二型のままだった。燃料およびメタノール・タンクの配置と容量も同一である。

技術陣は芋と豆の粗食に耐えて、泊まりこみの突貫作業を続け、昭和十九年十二月末にエンジン換装設計を終えた。

二型の一機を改造した〝空冷三式戦〟キ一〇〇の試作第一号機は、翌二十年一月下旬に完

川崎・岐阜工場の駐機場に置かれたキ一〇〇試作1号機。いきなりまとまったスタイルを見せており、「初めからこうすればよかった」と評された。

成、二月一日（十一日ともいわれる）に各務原での初飛行が決まった。操縦は、航空審査部で二型の審査主任になっていた坂井菴少佐。本来なら片岡載三郎飛行士が担当するところが、一月十九日の事故で殉職しており、審査部に初飛行を依頼したわけである。

操縦歴一八年におよぶ超ベテランの坂井少佐は、難なく初飛行をこなし、まもなくでき上がった試作二号機を加えて試飛行を続けた。両機で見出された若干の不具合は、続いて完成の試作三号機で改修され、二月末までに福生の審査部へ運ばれて実用テストに入った。機体もエンジンもすでに定評を得ていたものなので、空戦、射撃、航続力などの各テストは順調に進んだ。

審査主任を務めた坂井少佐をはじめ、キ一〇〇を飛ばした操縦者らを驚かせたのは、予想外の高性能であった。

高度六〇〇〇メートルでの最大速度は五八〇キロ／時。正面面積の増大により、三式戦二型より三〇キロ／時ほど下がりはしても、一型丁とは同じ速さだ。高度五〇〇〇メートルまで六分の上昇性能は二型と同等、一型丁より一分も早く、四式戦をも上まわった。

空戦能力（運動性）は格段に向上し、機首が短縮されて前方視界が広がったから、離着陸の容易化につながった。なによりも「燃料と潤滑油さえ入れれば、いつでも飛べる」と評されたほどの可動率の向上と、未熟練者でも乗りこなせるバランスのよさは、人員、機材が不足している状況下では大変な魅力だった。

三式戦二型にくらべてキ一〇〇の空中性能が向上した原因のうち、上昇力については、冷却器と関連機構が除去され機首部も軽くなって、自重で三三〇キロもの軽量化に直結したためだ。また空戦性能が高まったのは、軽量化や機首の短縮に加えて、ハ一四〇の重量増加にともなって装着されていた尾部の鉛バラストが取り除かれて、機体の重量分布が理想的な状態に落ち着いたからだった。

すなわち、液冷エンジン装備に固執したために生じたさまざまな〝病巣〟が、空冷化という〝特効薬〟によって一気に消しとび、キ六一試作機当時の〝健康体〟を取りもどした、と形容できるだろう。

すぐさま量産化へ

キ一〇〇はその高性能から実用審査の終了を待たず、二月中に五式戦闘機（キ一〇〇）として制式採用が決定。航空本部および軍需省は川崎に対し、三式戦二型の量産合計を、前述

三式戦二型の最終生産分は水滴型風防に変更された。エンジンが好調なら捨てがたい機材だったはずだ。伊丹飛行場での飛行第五十六戦隊の装備機。

のとおり一〇〇機までに抑えて、五式戦の全力生産にかかるよう命じた。川崎・岐阜工場では、生産ライン途上にあった完成前の三式戦の機体を五式戦用にまわすとともに、ハ一四〇の不足から野ざらしのままの“首なし機”（二月の時点で約二〇〇機）を、急遽五式戦に再生する処置を決めた。

のちに高高度タイプに二型の型式付与が決まった時点で、この最初の量産型は五式一型戦闘機（キ一〇〇−I）として名称が確定する。しかし三式戦一型の場合と同様に便宜上、以後五式戦一型と記述する。

試作機にたずさわる現場の反応が、実情の心理をものがたる。

社内で試作機、試作エンジン、試作機構などをあつかう従業員のうち、動力関係で数名しかいない伍長の、一段上級職が工手だ。その上はトップの職長（工長）だから、昭和七年雇用の見習工からたたき上げた真鍋幸蔵工手の、力量と存在感を知れる。岐阜工場で動力関係の実務を受けもちDB601Aa到着ののち機構や取り扱いにも習熟。ひ弱な国産エンジンにくらべ、緻密さに加えて手入れ不要の堅固な精度に「すごいエンジン。よくぞ作った」と驚嘆したものだった。

キ六一-IIのハ一四〇は彼にとって「分かる人が扱えば、特にひどい故障は出ない」メカニズムであっても、軍に売る飛行機である以上、武人の蛮用に耐えられるのは大きな条件の一つだ。キ一〇〇に動力が製品として上で「三菱の〔空冷〕星型に替えられて、部隊がやりやすいのは間違いない」と確信した。メーカーの一従業員だが土井技師の見地に通じる本音である。日本の兵器には液冷よりも空冷が向く、と認めているから、真鍋工手は五式戦の生産ライン化に異議をもたなかった。

五式戦の量産化を進めるかたわら、土井技師らは大小二つの改設計に取りかかる。「小」の方は、航空本部の要請によって着手された風防の水滴型化だ。三式戦各型を通じての特徴である、背部ラインと一体になったレイザーバック式風防は、抵抗減少をねらって採用されたが、軍としては視界の向上をも意図して改造を望んだのだろう。だが、これは杞憂にすぎなかったように思われる。三式戦で戦った操縦者のほとんどは、レイザーバック式の風防で「後方視界は確保できる。どうせ空戦中に真後ろは見られないのだから、別段さしつかえない」としているのだ。

ともあれ、水滴風防化には後部胴体の円框の高さを変えるだけでよく、新機生産分〔当初から五式戦として作った機体〕からただちに着手された。同時に、少量生産が続いている三式戦二型にも水滴風防を採り入れている。キ一〇〇試作一号機が水滴風防機だったのは、三式戦二型への導入の方が早かったからとも考えられよう。

レイザーバック式風防の五式戦が一型甲、水滴型が一型乙と表記される場合もあるが、これは制式の区分ではなく、正しくはどちらも単に一型と呼ぶ。ただし、水滴風防は空冷機によくマッチし、「二型乙」はいちだんと美しい外形に仕上がった。また、空気抵抗はほとんど変わらず、機体重量はいくらか軽くなったはずである。武装はどちらの一型も三式戦二型と同様、二〇ミリ機関砲ホ五を胴体に二門（弾丸各二〇〇発）、一二・七ミリ機関砲ホ一〇三を主翼に各一門（弾丸各二五〇発）装備した。

改造の「大」のほうは、二月の制式採用後すぐに設計を始めた高高度戦闘機型で、ハ一一二-Ⅱエンジンにル一〇二ターボ過給機を付けた、ハ一一二-Ⅱ-ルの装備をはかった。胴体砲用の空薬莢受けを除去すると、うまくル一〇二過給機を納められた。スペースの関係上、中間冷却器の設置はあきらめたが、タービンの駆動時間が限られているので、なくても可と判断された。過給機用空気取り入れ口は左翼前縁の付け根部に設けられ、操縦席前方の滑油タンクは胴体後部に移された。

五式戦二型（キ一〇〇-Ⅱ）の呼称がつく、この高高度戦闘機の設計は昭和二十年四月に完了し、実機の製作に入った。

「四式戦三機より一機の五式戦を」

試作機三機に続く五式戦の量産機は、早くも二月に一機が完成。三月に三六機、四月に八九機と増えていく。

完成機は川崎・岐阜工場に隣接した、各務原陸軍航空廠へ引きわたされる。ここで航空廠付として納入時の検査飛行を担当したのが、ニューギニアの七十八戦隊当時、敵機の追撃を逃れて九死に一生を得た武山一郎准尉だった。

ウエワクにいたころ、空輸される三式戦のうち五機に三機は使えない、といった悲惨なありさまを実体験で知る武山准尉は、三式戦の検査飛行のおり「私が乗って納得しなければ、航空廠は受け取らない」と、真剣にチェックを進めた。だが五式戦が入り始めると、心配は吹きとんだ。どの機も実に見事に可動する。なにより空中性能が抜群だ。「こんないい飛行機はない」と感じ入った。

量産当初の数機は直接、福生の審査部にわたされた。そこへ、部隊として初めて五式戦を受領に行ったのが、柏にいた飛行第十八戦隊である。フィリピンへ出た主力はほとんど壊滅し、二月中旬に戦隊長・磯塚倫三少佐と副官・藤波準中尉、整備隊長・岡部梅高大尉ら、ついで操縦者で最先任の川村春雄大尉が三月十日ごろまでにルソン島から帰ってきて、これから戦力の建て直しという状態だった。

三月初め、角田(すみた)政司中尉、中村武少尉、角田(つのだ)広少尉らに、明野教導飛行師団から転属してまもない池本愈(まさる)少尉と酒井康夫少尉が加わった五〜六名で福生へおもむき、未修教育を受けた。空冷機に変わるから、整備隊も十数名が別動で技術修得に行く。

角田中尉は五式戦に乗って「これなら、いける」と判断した。「三式戦とは上昇力がまったく違う。運動性も抜群だ。劣るのは、急降下の初動の突っこみが緩い点だけ」と池本少尉も大いに好感を抱いた。

中村さんの感想は「旋回性能が良好で対戦闘機戦闘はやりやすく、エンジンの信頼性も高い」と、戦闘機としては三式戦より上なのを認める半面、他の機では操縦桿から手を離せば水平姿勢にもどるのに、五式戦は上下の振れが大きくなる点を指摘する。また、「操縦感覚が軽くなったほか、液冷の欠点が消えて安心して乗れる。しかし、顕著な差を感じるほどではない」との角田さんの評価もあり、乗り手の個人差は存在した。

千葉県柏飛行場でくつろぐ十八戦隊二中隊の角田政司中尉（座る）と中村武少尉。少尉の袖の日の丸は不時着時に民間人に示すため。海軍と違って両袖に付けた。

未修を終えた彼らは、審査部から五式戦一機を譲り受けた。「審査部で一～三号機を使っていて、私が乗って帰ったのは四号機」と角田中尉は述べている。この点でも記憶の差はあって、池本さんは「風防の形の異なった機（いわゆる一型甲と乙）が一機ずつで、未修飛行ののち二機とももらって帰った」のを思い出す。

三月、草地の柏で東内暲純少尉が寝そべる。遠方の五式一型戦闘機は垂直安定板に14(4号機か？)が大書され、飛行実験部からの受領機と思われる。右の四式戦は他隊機だろう。

それからまもなく、フィリピンでさんざん苦戦をかさねてきた川村大尉が柏飛行場に着いたときには、十八戦隊への五式戦配備が始まっていて、すぐに搭乗。地上で滑走中の段階で早くも三式戦にくらべて軽さを感じ、空中では思うような機動に入れられた。「九七戦を高性能にしたような、ぴったりくる感じで、空冷エンジンだから非常に安心感があった」という彼の言葉はちょうど、海軍の零戦搭乗員が二〇〇〇馬力の新鋭戦闘機「紫電改」に乗ったときの感想に合致する。

五式戦で飛んだ経験をもつ元操縦者は、ほとんど全員が「どの機とくらべても最良」と答えている。これについてのエピソードはいくらもあるけれども、ここでは二つだけ掲げておこう。

飛行第二十四戦隊を率いてノモンハン事件を戦った、陸軍屈指の名操縦者・檮原秀見中佐は、フィリピンから帰還して明野教導飛行師団の司令部付を命じられた。四月初め、審査部の坂井菴少佐が明野に持ってきていた五式戦を操縦して、たちまち惚れこんだ。

さっそく航士五十四期卒業の操縦者を四式戦に乗せ、五式戦との性能比較にかかる。このころ五十四期はすでに戦隊長要員で、ベテランの域にあり腕はいい。ところが、一対一ではもちろん、五式戦一機が四式戦三機を相手にしても有利に戦闘を展開できた。「思わぬ拾い物をしたような戦闘機」が檮原中佐の五式戦評だ。

四式戦「疾風（はやて）」は量産当初こそ高速ぶりを発揮したが、しだいに粗製の傾向が強まり、エンジン出力が落ちて機体のみ重い、歓迎されざる飛行機に変わっていた。のちに十八戦隊に着任する竹村鉝二（しょうじ）大尉は正直なところ「バランスがとれていて高高度性能のある一式戦三型の方が、ずっとまし」という判断で、「大東亜決戦機」の名はすでに過去の賛辞にすぎなかった。

檮原中佐は常陸教導飛行師団・教導飛行隊長として転任の途上、航空本部に立ち寄り「五式戦一機は四式戦三機以上の価値がある。即刻、五式戦の生産に全力を注いで下さい」と課長に訴えたところ、大量産中の四式戦をけなせば士気に影響する、五式戦はすぐには機数がそろわない、と叱られ相手にされなかった。

これ以前に、檮原中佐の赴任先の常陸教導飛行隊では、ともに中隊長の真崎康郎（やすろう）大尉と小松豊久大尉が、新着の五式戦と四式戦の性能比較を実施していた。二人は航士五十四期の同期生出身、真崎大尉は飛行第四十七戦隊で、小松大尉は二百四十四戦隊で中隊長を務めており、腕は互角と見ていい。

結果は、真崎大尉の言葉を借りれば「文句なく五式戦が上」だった。両大尉が交互に乗っ

常陸教導飛行隊の小松豊久大尉と真崎康郎大尉。航士の同期生で高技倆の2人は五式戦の優秀さを実感、手放しで喜んだ。

てくらべたところ、高位戦（優位戦）なら自在に攻撃をかけられ、低位（劣位）からでも二〜三回の上昇で五式戦が四式戦を迎えこむ。突っこみだけは四式戦が速いが、上昇や旋回性能は五式戦がずっと優れていた。

常陸教飛師は二月に艦上機の空襲を受けたのち、沿岸に近くて危険度が高い水戸を離れ、栃木県北部の金丸原飛行場へ、さらに四月末には群馬県太田西方の新田へ再移動。ここに、前任の牟田弘国少佐に代わって檮原中佐が着任し、教飛師の実戦用組織である教導飛行隊の編制は、本部小隊と四個中隊から構成される戦隊形式に変わった。

津川二郎大尉、小松大尉らがメンバーの戦隊本部の四機には五式戦が配備され、四個中隊の隊長と使用機は、真崎大尉が四式戦、高杉景自大尉、高橋文男大尉、黒野正二大尉が一式戦で、一式戦は逐次五式戦に改変していく予定だった。

常陸教導飛行隊は編制変えを機会に、「天誅戦隊」と自称する。「天誅」とは天に代わって罰を下すの意味で、米軍に神の鉄槌を加えてやる意気ごみを表わした。

明野の「飛行戦隊」

常陸教飛師のもともとの生みの親である明野教導飛行師団でも、転科者の錬成が主体だった教導飛行隊が、四月に実戦即応の編制に移行した。

前任・牧野靖雄中佐に代わる隊長は、戦争前半に飛行第五十戦隊を指揮してビルマ方面で戦い、ついで審査部飛行実験部の戦闘隊長を務めた石川正中佐。その下に「加藤隼戦闘隊」の六十四戦隊に勤務した二人の大隊長がつく。第一大隊長はつい先ごろまで戦隊長だった江藤豊喜少佐、第二大隊長が二中隊付で加藤建夫中佐の僚機も務め、その後三中隊長に任じられた檜與平（ひのきよへい）大尉だ。

檜大尉は三中隊長当時の十八年十一月、ラングーンでのP－51Aとの空戦で被弾、負傷し、右足を切断せねばならなかった。しかし、持ち前の不屈の闘志で超人的な努力をかさね、日本陸海軍を通じてただ一人の隻脚の操縦者として復帰、明野教飛師・高松分校の教官を命じられた。

長いブランクと大きなハンディにもかかわらず、九七戦、一式戦を常人以上にあやつって周囲の人々を瞠目（どうもく）させた彼に、新鋭機・五式戦の未修飛行を、審査部実験部長から明野の師団長の椅子に座った今川一策少将が指示した。

大尉にとって、キの一〇〇（ひゃく）と呼ばれた五式戦に乗るための難題は、方向舵操作の踏み棒（海軍でいうフットバー）の上部に付いたブレーキペダルにあった。中島製戦闘機のペダルとは違って、小型でくぼんだ三式戦／五式戦のそれは、義足の航空靴では操作不能なのだ。可能性があるとすれば、鉄製の義足を切断し先端を丸めて、靴をはかず、むき出しでペダルに当てるやり方だ。それには鉄脚を衆目にさらすという、二十五歳の若者にとっては辛い代償を払わねばならない。明野には軍属の若い女性も少なくなかった。

逡巡(しゅんじゅん)する彼を覚悟させたのは、次から次へと大空に散っていった戦友たちの顔だった。「彼らの分も自分が戦うのだ」と心を決めると再び迷わず、鍛冶屋へ出向いて義足を切断し、福生の審査部へ飛んだ。

福生では、六十四戦隊で上官だった坂井少佐と黒江保彦少佐が待っていた。

「こんな飛行機、すぐ乗れるよ」「乗ってみな」

義足のハンディを技倆と気力で克服したはずと確信している二人は、ろくに説明もせず檜大尉に試乗をすすめた。名手は名手を知る。これほどの信頼を受けられれば、操縦者冥利(みょうり)につきるというものだ。

着陸速度だけ聞いてから操縦席に入り、発進にうつる。離陸速度は速く、小気味よく上昇する。「非常に楽な飛行機だ」が、大尉の第一印象だった。操作になれてくると、五式戦をまるで分身のように自在に機動させられるのが分かってきた。

彼には三式戦の経験がない。したがって、液冷エンジンの故障多発と上昇力不足をなげいた操縦者たちが、この空冷機に乗り替えてその差に驚喜したのとは異なり、当初からある一個の完成機として高い評価を与えたのだ。運動性はいいし、突っこみも利く。速度は一式戦二型より一割以上速い。「これならやれる」。しばし大尉はこみあげる喜びにひたった。

あっというまに未修を終えた檜大尉に、審査部戦闘隊長から明野の教導飛行隊長に転出する石川中佐が「戦局が苦しいから明野で『戦隊』を作るんだ。俺のところに来ないか」と聞いた。ところが、大尉には異存はなくとも、航空本部が許可を出さない。教官ならともかく、実戦部隊の幹部に隻脚の操縦者は充てられないというわけだ。ここで黒江少佐がひと役買い、「彼なら大丈夫」と保証したため一転して許可が下りた。

こうして、屋台骨ができた明野教導飛行隊の陣容は、江藤少佐の第一大隊に多田一郎大尉と家田西行大尉の二個中隊、檜大尉の第二大隊に杉山克二大尉と西村光義大尉の二個中隊の、合わせて四個中隊編制で、大隊にはそれぞれ本部小隊が付属した。装備機については〝本家〟だけに常陸教導飛行隊よりも恵まれ、五月にかけてほぼ定数に近い五式戦をそろえていた。

四名とも航空士官学校で同期生の中隊長たちは、多田大尉と杉山大尉がもとからの戦闘分科、家田大尉は偵察機、西村大尉は重爆からの転科だった。

九七重爆で大陸から北千島をめぐった西村中尉（当時）は、昭和十八年後半の戦闘機超重点方針により、十二月から明野（当時は飛行学校）で戦闘機操縦者への〝変身〟に取りかかる。士官学校と海軍兵学校の両方に合格し、「海は危険だから」との父の指示で陸士予科に入った彼の行き着いたさきが、「海」よりもずっと危険度の高い戦闘機乗りというのは、いかにも皮肉だった。

西村大尉は明野で九七戦、一式戦、三式戦、四式戦に搭乗した。重爆からの転科者はどっしりして操舵が重い四式戦を気にいるケースが多いのに、彼は四式戦を嫌って一式戦を好み、戦闘法は逆に単機格闘戦よりもロッテ戦法を得意とした。爆転（ばくてん）、すなわち爆撃機からの転科者が、乗りやすい一式戦と、操縦容易なロッテを選ぶのは納得できよう。

五式戦については「上昇力はあるし降下速度も大きいから、高速の敵にも追いつける。運動性も充分。やはりエンジンは三菱がいい」と最高点を付けている。

第二大隊長・檜大尉は、一個小隊を二機ずつの二本の槍に使って戦うつもりでいた。四機を二機ずつに分けても、一撃離脱を旨とするドイツ流ロッテ戦法とは違う。攻撃する長機と掩護（えんご）の僚機が連係しての二機単位による格闘戦法である。

米戦闘機と同様の編隊空戦をやったところで、機数は敵がずっと多いし、優速なうえ、高性能無線機を使って緊密なチームプレイでかかってくるから、どのみち苦戦は明白だ。対抗策は、敵が及ばない運動性をフルに活用する手しかない。単機戦闘を根底に置いての、言うなれば「ロッテ式格闘戦」をめざして錬成を進める檜大尉の意図に、五式戦の性能はぴたりと合っていた。

強敵P－51、日本上空へ

二月十九日に硫黄島に上陸した米軍は、立てこもる栗林兵団を制圧しつつ、飛行場の整備を進め、日本軍玉砕の十一日前の三月六日、第7航空軍第Ⅶ戦闘兵団のP－51D「マスタング」が進出し始めた。硫黄島〜日本本土を往復可能な高性能戦闘機Ｐ－51の到着は、二月以降の艦上機侵入とともに、防空戦闘機隊をいっそうの苦戦へと追いこんでいく。

四月七日午前十時ごろ、Ｂ－29群が東京西方の工場地帯の上空に侵入した。来襲高度は四〇〇〇メートル前後と、昼間空襲にしてはいつになく低い。待ち受ける第十飛行師団と海軍の各防空部隊は、「今日は落とせるぞ」と勇み立った。

第498爆撃航空群のＢ－29を掩護してノースアメリカンＰ－51Ｄの編隊が日本内地をめざす。接近する日本機が相手にならず、Ｂ－29クルーにとって最高に頼もしい存在だった。

邀撃した日本軍の戦闘機乗りはＢ－29の上方に、機首がとがり胴体下をふくらませた、液冷の小型機が飛んでいるのを見た。「三式戦だな」と誰もが思ってＢ－29に接近していくと、その小型機は突然、日本機に襲いかかった。

これが護衛戦闘機をともなった、初めてのＢ－29空襲であった。テスト時の最大速度七〇三キロ／時（高度七六〇〇メートル）、中高度でも確実に六五〇キロ／時は出せるうえ、運動性にも優れたＰ－51Ｄの威力は大きかった。

十八戦隊では三月十日未明の東京大空襲時に、角田（すみた）中尉が初めて五式戦で出撃していたが、昼間

乗機三式戦一型丁に戦果マークを描き入れる前田滋少尉。固定風防内に新型の三式射撃照準器が見える。

邀撃に使うのは今回が最初だった。飛行隊長・川村大尉、小宅光男中尉らは三式戦、角田中尉と平馬康夫軍曹が五式戦で発進した。

編隊を作りつつ上昇していくと、上空にいたP-51が降ってきて、後上方から撃ち出した。川村大尉、酒井康夫少尉は旋回してかわしたが、角田中尉の僚機・坂井平八郎少尉の三式戦が被弾して墜落。その後、P-51の射弾かB-29の防御火網に平馬軍曹機も撃墜され、軍曹は五式戦で初めての戦死をとげた。小宅中尉はP-51に迫られながらも、B-29の尾翼部に体当たりし、落下傘で生還。病気から回復してまもない小島秀夫少尉が、田無上空でB-29に激突して散った。

第六航空軍の直接指揮下から第三十戦闘飛行集団に編入されて、邀撃戦を禁じられていた三式戦の二百四十四戦隊も、二日前の四月五日には出動の許可が下りていて、十飛師師団長の指揮下に入って全力で発進した。P-51の攻撃をかいくぐってB-29に向かったが、茨城県まで追撃した前田滋少尉と、戦隊長僚機の松枝友信伍長が被弾、戦死した。

すでに震天隊の編成を解いていた二百四十四戦隊で、この日、第二中隊の二名が体当たり攻撃をかけた。河野敬少尉は東京西部上空でB－29に数撃を加えたのち、体当たりを敢行して乗機と運命をともにした。エンジン不調で編隊から離れた古波津里英少尉は、調布飛行場上空で哨戒中、来攻するB－29編隊を発見し、接敵ののち二番機に前下方からの射弾を放ちつつ、尾部に突っこんだ。古波津少尉は右翼を失って錐もみ中の三式戦から落下傘降下。衝突された第875爆撃飛行隊のB－29「ミセス・ティティイマウス」は、左翼をもがれて調布に墜落し、クルー一一名のうち一名だけが助かって捕虜にされた。

B－29に先導されて太平洋上を日本内地へ飛ぶP－51Dの集団。教科書どおりの4機編隊を組んでいる。

二百四十四戦隊の体当たりは、その後も続く。四月十五～十六日にかけての夜、三中隊の市川忠一中尉が二機撃墜、一機撃破ののち体当たり、落下傘生還という奮戦ぶりで、個人感状と、戦隊でただ一人の武功徽章甲を授けられた。同日、三中隊の藤沢浩三中尉も一機撃破後にもう一機を捕捉、火を吐かせた直後に左主翼を尾部銃座にぶつけ、落下傘で降りている。

四月二十二日の来襲はB－29掩護のためでは

なく、第15、第21戦闘航空群のP－51約一〇〇機が鈴鹿海軍基地を第一目標、明野飛行場を第二目標に、戦闘機掃討戦（ファイター・スウィープ）をかけるのが目的だった。接近する敵編隊をレーダーが探知できず、来襲の一五分ほど前にいたってようやく「小型機編隊、北上中」の情報が明野教導飛行隊に入り、檜大尉指揮の第二大隊の選抜一二機が出動する。

主翼と胴体に隊長マークの青帯を入れた五式戦に乗る大尉は、四〇〇〇メートルの高度を飛ぶうちに、伊勢から松阪にかけてをおおった雲の切れ間から、超低空を横隊を組んで明野飛行場に侵入する十数機のP－51を目撃。志摩半島の鳥羽上空あたりまで追って、高位戦の有利な態勢をつかんだ。

いよいよ攻撃にかかるとき、大尉が明野の方向を見やると、飛行場から黒煙が立ちのぼっている。別の編隊がすきをついて銃撃したのか。追いこんだ敵機を見逃すのは惜しいけれども、本務は飛行場の防空にある。

絶好のチャンスを捨ててもどると、先ほどの敵編隊の銃撃でドラム缶が燃えているだけと分かった。松林の中に引きこんだ機材は無傷で、かわりに囮（おとり）の偽飛行機が敵弾を受けていた。

この作戦の指揮をとった第21戦闘航空群付のデヴィット・S・スペイン中佐が「二式戦三機に命中弾を与え、一機は翼が吹き飛んだ」と述べるのは囮機の誤認で、そのとき僚機のディック・ロング少尉機が地上火器に落とされたのは事実だった。

B－29に随伴のP－51Dは、その高性能ゆえに、防空部隊にとって新たな一大脅威だった。

そこで審査部では、二月に中国大陸で捕獲した不時着機P－51（これはC型だが飛行性能は

華中・随県郊外で捕獲した第26戦闘飛行隊のＰ－51Ｃは、福生の航空審査部にもたらされた。飛行実験部戦闘隊が巡回訓練のため柏へ空輸する。

同二）一機を、各戦隊の対Ｐ－51戦闘の訓練のため、黒江少佐らの操縦で手合わせさせる算段をつけた。

四月中旬、Ｐ－51が柏に到着、十八戦隊の五式戦に川村大尉、小宅中尉らが搭乗して模擬空戦を試みた。全般的に五式戦有利の判定が出て、自身も「高位からならやれる」と思った川村大尉は、あとで黒江少佐からこう言われた。

「Ｐ－51は全力を出していないんだ。八割がたの力でやっている。実戦のときには気をつけろよ」

しかし、旋回性能は五式戦に分があり、角田中尉は「ねらわれたら軸線をはずせばいい。落とせなくても落とされない」と判断した。

三式戦二機による低位戦を挑んだのが池本少尉たち。前上方から迫るＰ－51を回避し、逆に追いこもうと試みたが、上昇力に大差があって捕捉できなかった。「敵のパイロットがよほど下手でないかぎり、逆転できない」が少尉の感想だったが、黒江少佐からは「三式はよく動いた（機動した）よ」と講評してもらえた。くじけさせないための、少佐の配慮だったようだ。

沖縄戦への備え

硫黄島の守備隊は三月十七日未明に音信を絶った。大本営は、続いて米軍が三月末までに沖縄方面へ来攻するのを確実視し、陸海軍協同（海軍主導）の天一号作戦計画を進めていた。沖縄戦を最終決戦とみなす海軍に対し、陸軍は本土決戦準備のための時間かせぎと考えていたが、投入予定の戦力は少なくなかった。

せまい沖縄が主戦場だから、島内に航空兵力は展開できない。当然、九州南部（南西諸島を含む）と台湾が航空作戦の基地に使われる。両地域への戦力集中を始めた陸軍の、攻撃力の中核はフィリピン決戦を上まわる特攻機群だった。

沖縄戦には、十八戦隊と、のちに二式複戦から五式戦に機種改変にかかる五戦隊をのぞき、本土に既存のすべての三式戦／五式戦部隊が参加する。このうち九州側の第六航空軍隷下が四個飛行戦隊、台湾側の第八飛行師団隷下が三個戦隊と一個独立飛行中隊である。

台湾側の八飛師の三式戦部隊のうち、最も初期から隷属していたのが独立飛行第二十三中隊だ。昭和十九年十月十日の米艦上機による沖縄空襲で、全滅に近い損害をこうむったのち、隊長・馬場園房吉大尉は各務原で新機を受領し、十一月初めに沖縄から台中へ移動。フィリピン空輸の途中で台湾にとり残された故障機を集めて修理をほどこし、操縦者の補充も受けて戦力を建て直した。

続いて八飛師師団長の隷下に加わったのが、ニューギニアで潰滅した六十八、七十八両戦隊の生存者をふくむ前線の残存操縦者を加えて、十九年八月上旬に台中で編成を始めた飛行第百五戦隊だった。しかし、機材も足りず未熟練者も多いので、九月中旬から明野に移動して十月上旬まで錬成と機材受領に従事した。十月下旬、戦隊長・吉田長一郎少佐以下の全力は台湾へもどり、装備機二七機（うち可動一九機）で台中に展開。三式戦五機、一式戦四機を持つ独飛二十三中隊を、一時的に指揮下に入れた。

十二月に入って独飛二十三中隊は台湾南部の屏東に移動し、フィリピンから高雄へ単機で夜間侵入するB－24の邀撃にあたった。二機ずつ交代で哨戒し、狭い照空圏内での単座機による夜間邀撃は容易でなかったが、金井溢夫軍曹が一機撃墜、馬場園大尉が一機撃破を記録。高雄にいた海軍の「月光」夜戦隊（戦闘第八五一飛行隊。一機撃破のみ）をこえる戦果は、敢闘と呼ぶに価する。

翌二十年一月に大陸からB－29が昼間空襲をかけたときには、情報が遅く、爆音が聞こえてから発進する

台中飛行場で機付整備兵が暖機運転を続ける飛行第百五戦隊の三式戦一型丁。東方はるかに台湾山脈の山なみがかすむ。

飛行第十七戦隊の三式戦一型丁が花蓮港北飛行場で待機中。20年5月末日の撮影で、翼根上に立つ松村護軍曹はこの日の夕刻、不時着機の支援に上がって石垣島上空で戦死する。

状態で、こちらは戦果があがらなかった。その後、一月末に特攻隊掩護を予定して石垣島への前進を命じられ、P－38の銃撃で左足貫通の重傷を負った馬場園隊長に代わり、先任の安西為夫大尉が率いて二月上旬に進出した。

三番目の三式戦部隊は、第四章で述べた飛行第十九戦隊である。既述のように、フィリピン戦ののち小牧で戦力回復にあたりながら、中京防空に加わった十九戦隊は、二十年一月初めに台中まで前進したが、一部の機を除いてフィリピンへは行けず、そのまま台湾に残留。二月十六日付で、上部組織の第二十二飛行団ともども八飛師師団長の隷下に編入され、在台湾の戦力へと変身して、東部ニューギニア戦を七十八戦隊で戦った新戦隊長・深見和雄大尉を迎えた。

二十二飛団のもう一つの三式戦部隊・飛行第十七戦隊は、十九戦隊と入れ違いにフィリピンから小牧に帰って、新戦隊長・高田義郎大尉のもと戦力回復に努め、中京防空にもたずさわった。二十二飛団の八飛師編入で十七戦隊も自動的に台湾進出が決定、二月末に小牧を離れ、三月七日に台湾北部の花蓮港北飛行場に進出した。

部隊の台湾到着の数日前に、屏東で十七戦隊付を命じられた正岡照吉兵長と山崎昭男兵長は、少飛十五期卒業の操縦要員で、すでに七〇〜八〇時間の飛行経験をもちながら、整備隊に編入された。作戦即応をめざす十七戦隊には、三式戦に乗れるまで教育する余裕などなかったのだ。

こうして三月上旬までにそろった八飛師の三式戦四個部隊は、邀撃戦を制限され、機材を分散、秘匿して、天一号作戦発動まで戦力の温存を命じられた。

これら三式戦部隊をはじめ、台湾所在の航空部隊はフィリピンからの引き揚げが多く、地上勤務者の過半数を残置してきたため整備力が弱い。沖縄戦が始まれば内地からの機材空輸を望みにくいと予想され、その意味からも整備力の向上が望まれた。

そこで決まったのが、高い技倆をそなえる航空審査部整備中隊付の現地派遣である。戦闘隊からは、かつてキ六一試作機の面倒をみた佐浦祐吉中尉をトップに、一式戦、二式複戦、三式戦各班の担当者が二名ずつ指名を受けた。

三式戦班からの台湾行きは、疋田嘉生少尉と斉藤文夫曹長。荒川の河原に胴着したアルコール燃料使用の三式戦を解体中の二月十一日、飛行機から投下された通信筒で帰隊命令を知らされ、急いでもどると整備将校室に「明日、台湾へ出発せよ」のメモと飛行服が置いてあった。

翌日、審査部の四式重爆撃機で出発する。宮崎県新田原（にゅうたばる）で一夜をすごしたさい、フィリピンから脱出してきた同期生が疋田少尉に語った。「台湾へ行くのは大変だぞ。俺は比島から逃げてきたところだ」。彼の口からフィリピン航空戦のもようを聞いた少尉は、負け続ける戦況のひどさを初めて知った。

十三日、新田原を出た四式重は沖縄付近の上空で敵戦闘機に追われ、雲中に突っこんでふり切ったのち、台中の飛行場に降着した。十四日に台北の八飛師司令部に到着を申告してから、疋田少尉と斉藤曹長は巡回の整備指導を開始。台中の百五戦隊、花蓮港の十七戦隊、屏東の十九戦隊（三月八日に台中から移動）を巡って、それぞれの整備隊に修理、手入れのノウハウを教え、対応力の向上に協力した。

台湾派遣は一ヵ月の予定だったので、審査部のメンバーは三月中旬に帰途についたが、疋田少尉だけが八飛師司令部付の転属命令を伝えられ、台北に残留が決まった。八飛師の戦闘機戦力の主力は約三・五個戦隊の三式戦（ほかに一式戦が二個戦隊、二式複戦が一個戦隊）だったため、八飛師が審査部に転属を頼んだものと思われる。

特攻機を掩護

沖縄戦を前にして米第58任務部隊の艦上機は、三月十八〜十九日に西日本の航空施設を攻撃。二十〜二十一日には追撃する海軍の第五航空艦隊・基地航空部隊と交戦ののち、二十三日に沖縄に空襲をかけた。続いて三月二十五日、米軍は慶良間（けらま）列島に上陸を開始する。連合艦隊司令長官・豊田副武（そえむ）大将は天一号作戦の発動を下令し、ここに沖縄決戦の幕は切って落

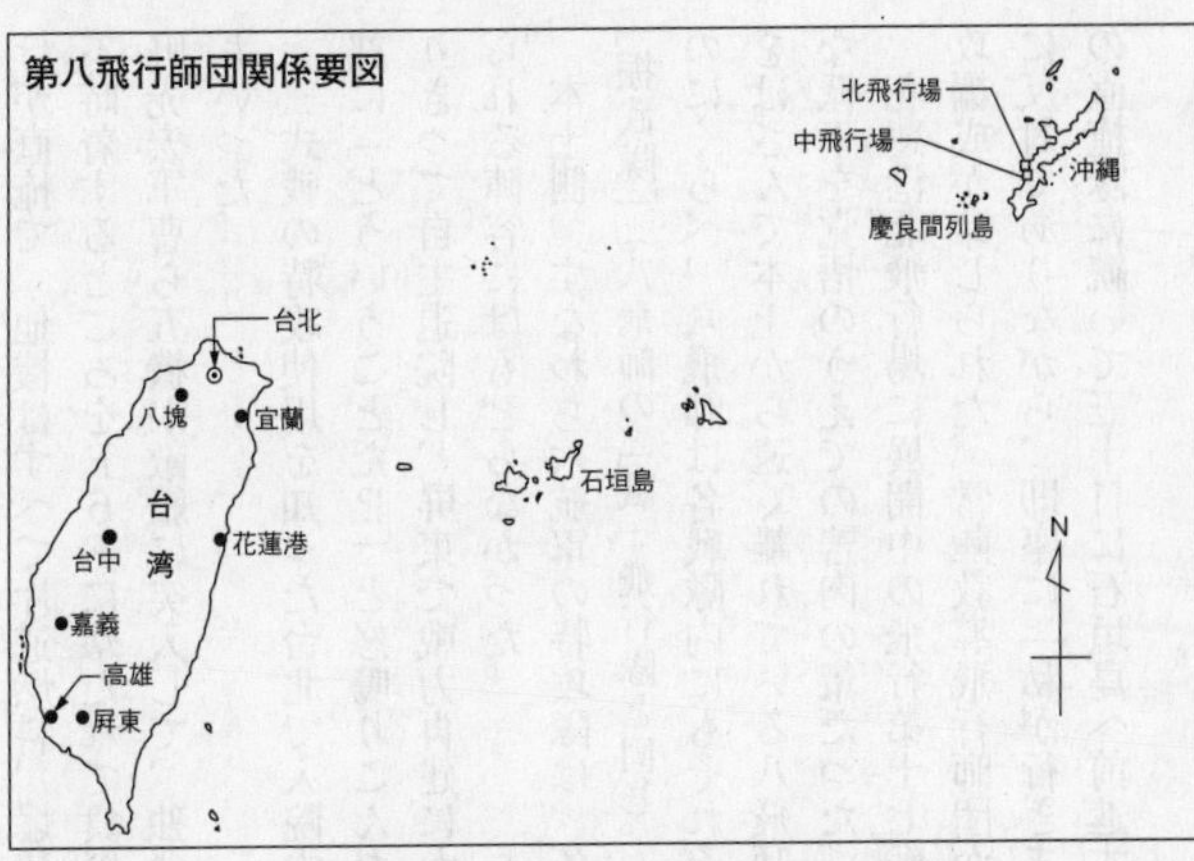

とされた。

本土の第六航空軍は九州進出が遅れたため、陸軍の航空攻撃はまず台湾の八飛師が始めるかたちがとられた。そのなかでも、沖縄への最短距離にある石垣島にいち早く前進していた、独飛二十三中隊と特攻隊の「誠」第十七飛行隊が第一撃をかけた。

両隊は、台湾・宜蘭(ぎらん)から先島諸島までを担当する第九飛行団司令部の命令を受け、三月二十六日未明に三式戦八機と、九九式襲撃機四機が石垣島を発進。同島出身の伊舎堂用久大尉に率いられる「誠」第十七飛行隊と、編成このかた台湾、沖縄方面にあった独飛二十三中隊の戦意は高く、敵空母一隻撃沈のほか三隻撃破を報じた。

しかし、九飛団司令部から出された命令には疑問が残った。本来、独飛二十三中隊の三式戦は全機とも直掩(ちよくえん)機を務めるべきだったが、飛団命令により石垣島派遣隊長・安西大尉と阿部久作少尉だけが直掩で、他機はすべて片道燃料、爆装とされたからである。結局、安西大尉は徳之島へ不時着するところをF6Fに撃たれて負傷、阿部少尉は帰還せず、ほかに須賀義栄軍曹、長野光宏軍曹ら五機が敵艦に突入して、独飛二十三中隊の石垣島の戦力は、ほぼ全滅状態においった。

三式戦の特攻使用を知った台北で入院中の馬場園大尉は激怒し、癒えぬ身体で八飛師司令部に「どういうことだ⁉」と怒鳴りこんだが、あとの祭りであった。大尉は軍医の制止を振りきって自主退院し、屏東で戦力再建にかかったけれども、ふたたびまとまった攻撃をかけられる陣容にはもどらなかった。

本土側、すなわち六航軍の特攻隊は、各部隊からの選抜者により特別編成された小規模の「振武隊」（八飛師の「誠」飛行隊と同じ。両者を「と」号部隊と総称する）がほとんどだったのにくらべ、八飛師は各戦隊内にもそれぞれ特攻戦力を用意させた。これは、主戦場の沖縄をはさんで本土から遠く離れている八飛師の、装備兵力の少なさによるもので、戦力の急速な低下を覚悟のうえでの苦肉の策だった。

花蓮港北飛行場に展開中の飛行第十七戦隊にも、三月二十六日に八飛師から戦隊内での特攻編成が命じられた。常陸教導飛行師団から転属してきた平井俊光中尉は、本心は特攻作戦に反対でありながら、即座に「私が行きます」と進み出て隊長に任命され、小野文男中尉らの直掩隊に続いて三十日に石垣島へ前進する。

台湾から沖縄への特攻攻撃

米軍は三月末に九州の航空施設へ、第58任務部隊の搭載機群による連続空襲を加えた。続いて四月一日の朝、沖縄本島に上陸を開始し、同日正午には早くも北飛行場と中（なか）飛行場を占領した。

その前夜に第八飛行師団司令部は、慶良間（けらま）列島付近の敵艦船を目標に定め、石垣島からの一日早朝の特攻攻撃を下命。第九飛行団長は十七戦隊に、特攻七機と同数の直掩機の出動を命じた。

未明に赤飯の朝食をすませた操縦者たちは、暗いなかで互いに名を呼んで握手し、先頭の平井中尉機に続いて離陸していった。特攻七機と直掩八機の三式戦は二隊に分かれ、高度九〇〇メートル付近に張りつめた雲の上と下を飛んだ。

十七戦隊の特攻隊員選出に平井俊光中尉は即時志願した。

視界不良で予定どおりに空中集合できなかったにもかかわらず、特攻機は全機進撃を続け、直掩のうち小野中尉ら三機も目標付近まで到達した。平井機をはじめ国谷弘潤少尉、勝又敬少尉、照崎善久軍曹らの特攻機は、七機とも敵艦船に突入して帰らず、直掩の柱本等曹長も未帰還だったかわりに、六隻に被害を与えたと判定された。

三月二十五日に台中から宜蘭（ぎらん）に前進していた百五

花蓮港北飛行場で十七戦隊の操縦者がつどう。右手前は戦隊長の高田義郎大尉。状況が分からないが、薄暮訓練あるいは黎明時の特攻出撃かも知れない。

戦隊も、四月一日の午後五時半、二〇機で石垣島に到着。翌二日未明、戦隊の三式戦は特攻攻撃に発進したが、視界が不良で集合がかなわず、飛行場にもどって衝突するなどの事故が起きた。結局、出撃は中止され、その後に来襲した英海軍・第57任務部隊の空母「インドミタブル」搭載の「ヘルキャット」戦闘機（F6Fと同型）と、松永知雄曹長機、谷川吉次軍曹機が空戦に入って、両名は東方洋上に墜落、戦死した。

翌三日、払暁に特攻八機、爆装（通常攻撃）一機、直掩四機で再出撃し、長谷川済少尉、永田一雄軍曹、丸林仙治伍長らの特攻六機と直掩の山口敏行中尉機が未帰還だったが、駆逐艦六隻の撃沈を記録した。

沖縄の重要部を完全に制圧されれば、敵陸上機が進出し、空母群は周辺海域を離れていく。陸上基地への特攻攻撃は効果がうすく、そのうえ空母撃沈の機会を逃してしまう、と判断した連合艦隊は、四月六日に航空総攻撃の菊水一号作戦を開始した。天号作戦に関しては海軍の指揮に従う陸軍ゆえ、これに同調する。しかし敵の特攻防御もしだいに堅固さを増してきて、沖縄本島以北は米第58任務部隊が、先島諸島周辺は英第57任務部隊が戦闘機を放ち、特攻機の制圧に努めた。

四月九日に石垣島を離陸した百五戦隊の特攻三機と爆装直掩二機は、沖縄の手前でF6Fと遭遇。かつてウエワクの六十八戦隊にマウザー砲の三式戦をもたらした、直掩の関口寛中尉は、爆弾を捨てて低位戦の態勢にうつる。このとき後方にいた内藤善次中尉は直掩機だったのに、突入しうる状況にあるのは自分だけと判断し、関口中尉に翼を振って掩護を頼み、そのまま中城湾の敵艦船へ突進していった。

彼我の戦力差、圧倒的な敵の物量を最もよく知っていたのは、実際に突っこまねばならない空中勤務者たちだった。もちろん、それで闘志を失いはしないが、二十歳前後の若者が自己の生死、戦争のゆくえを一度たりとも考えぬはずはない。

沖縄への攻撃がますます困難化していた第三次総攻撃（海軍では菊水三号作戦）の最終日の四月二十七日、百五戦隊の中村伊三雄中尉は、日華事変、ノモンハン戦以来のベテラン関口中尉の部屋を訪れた。中村中尉はいつもの明朗さに似合わず、あらたまった口調で切り出した。

「おい関口！　この戦争は勝つだろうか、負けるだろうか」

航士五十六期卒業の中村中尉は年齢は下でも、少尉候補者二十三期の関口中尉よりも先任である。関口中尉は「そんなこと、私に分かるはずがないでしょう」と答えはしても、沖縄戦の苦戦を肌で感じている以上、勝てるとは思えない。

沖縄沖で護衛空母「サンガモン」の右舷艦尾に突進する百五戦隊の三式戦特攻機。両翼下に付けた100キロ爆弾2発を識別できる。20年5月4日の薄暮のころ。

「本当のところを言えよ。おれは明日、沖縄に突っこむんだ。今まで見たかぎり、とてもあの防御網を突破できないだろう。命が惜しくて言うんじゃないが、それで負けたらどういうことになるんだ?」

彼は自分の特攻戦死の意義を問いかける。関口中尉は言葉に詰まった。それは、彼自身が誰かに尋ねたい疑問であった。

「私たちが死んでも、国民の何人かは残るでしょう。その人たちを信じて戦死するほかはない」

「そうか。よし!　生き残った人々を信じよう」

抱きついた中村中尉の肩に、関口中尉の涙が落ちた。

中村中尉は納得すると、ふたたび明朗な青年に立ちもどり、関口中尉とともに、診察を受けて親しくなった宜蘭の青木医院を訪れた。青木家の人々に中村中尉は翌日に特攻出撃する旨を告げ、「飛び立つとき、青木家の上空を旋回していく」と語った。

翌二十八日、青木医院の長男で国民学校（小学校）三年だった、青木崇栄（たかしげ）の日本名をもつ李汝浩さんは、日の丸の旗を持って弟と屋根に上がった。しばらく待っていると三式戦の三機編隊が現われて、そのうちの一機が青木兄弟の頭上で旋回し、翼を振りつつ飛び去っていった。これが中村中尉機だった。

彼は爆装の三式戦五機の長として出撃。小堀忠雄少尉、飯沼浩一軍曹、横溝慶三軍曹とともに、慶良間列島の南西海域を遊弋(ゆうよく)する敵艦船に突入、散華した。

台湾の三式戦部隊のうちで、最後に動き出したのが飛行第十九戦隊である。四月六日、屏東から宜蘭へ向けて主力の第一陣二二機が発進したのち、先頭を飛ぶ戦隊長・深見大尉機は油漏れからエンジンが故障し、花蓮港北方のタッキリ渓谷に不時着。負傷した大尉は花蓮港の病院に入院した。

4月6日、宜蘭へ向けて屏東飛行場を出る飛行第十九戦隊長・深見和雄大尉。この一型丙は故障を生じて不時着し、大尉は負傷により入院にいたる。

宜蘭で第九飛行団長の指揮下に入った十九戦隊は、翌七日に特攻隊を編成する。天候待ちののち十一日、大出博紹少尉、山県徹少尉、新屋勇軍曹の特攻三機に、それぞれ一機ずつの直掩をつけて薄暮の宜蘭から攻撃に向かった。特攻機は全機、直掩機は田原直人曹長、堀喜万太曹長の二機が帰らず、大出少尉機を直掩した渡部国臣少尉だけが、大出機の巡洋艦への命中を見届けて帰ってきた。

だが、その渡部少尉も四月二十二日の出撃では特攻隊長を務め、愛用の黒マフラーを付けて宜蘭を離陸。薄暮、超低空で洋上を飛び、敵艦船に突入していった。

この間に深見大尉は全快し、宜蘭に到着したが、重傷との誤判断により交代の新戦隊長・栗山深春大尉が発令されていたので、第二十二飛行団部員に転じた。

十九戦隊特攻機は当初、一〇〇キロ爆弾二発を装備していた。しかし、これでは威力不足なので、同じ宜蘭飛行場に間借りしていた海軍の第二〇五航空隊から融通してもらった二十五番（二五〇キロ）爆弾一発に変更した。これは百五戦隊でも同様である。

三式戦部隊の九州進出

沖縄戦の陸軍側の攻撃主力である第六航空軍は、遅れながらも九州への戦力集中を進めた。防空三個飛行師団が有する三式戦部隊も、特攻隊の掩護と飛行場防空のため逐次、西へ向かった。

第十一飛行師団・第二十三飛行団の飛行第五十五戦隊では、整備の増田政十少尉を先遣ののち、三月三十一日に戦隊長・小林賢二郎大尉がまず八機の二個小隊で小牧から福岡県芦屋に移動、第十二飛行師団長の指揮下に入った。同じく十一飛師隷下にあった伊丹の五十六戦隊も同日、戦隊長・古川治良少佐以下の主力二十七機が芦屋に進出した。瀧（たき）恒郎中尉の指揮する整備派遣隊がこれに従う。

もともと九州にいた第十二飛行師団の五十九戦隊は、三月三十一日から福岡県蓆田(むしろだ)飛行場を発進して、鹿児島県知覧(ちらん)に前進。第一攻撃集団の一隊として、沖縄までの制空と特攻掩護をになう命令を受けた。三式戦の航続力では、空戦時間をふくむ沖縄南部までの往復ができないから、台湾の八飛師部隊が石垣島に前進したように、奄美大島付近の喜界島か徳之島まで出なければならない。

玄界灘上空で機動する飛行第五十九戦隊の三式戦一型を、九九式軍偵察機の後方席から報道班員が撮影した。僚機なしの単機空撮か。距離が遠いゆえに、かえって躍動感を覚える。

そこで四月二日から四日のあいだに、戦隊の可動一五機のうち、一中隊長・井上早志(はやし)大尉以下が徳之島、三中隊長・緒方尚行中尉以下が喜界島に到着した。しかし、圧倒的な敵の防御にはばまれて直掩は困難なうえ、飛行場も連日の空襲にさらされた。

特攻機の第二回出撃の七日、まだ暗いうちに緒方中尉以下四機が、離陸時の上空掩護に発進。夜明けごろには僚機があいついで故障で降りて、ベテラン・緒方中尉の機だけが空中に残った。ここでF6F四機ずつの三個編隊が来襲し、追撃された中尉は降下、二〇分間の超低空飛行で逃げ切った。

喜界島には交換部品がないため、車輪がパンクしただけでも出動不能におちいる。五十九戦隊の機材はたちまち壊れていった。飛行機を失った徳之島の一中隊も舟艇で喜界島に集まり、四月二十七日までに操縦者は知覧へ引き揚げた。この日、井上大尉が便乗する重爆の一番機は行方不明で未着。また、第二中隊長・岡順造大尉はすでに四月六日に、知覧から出撃して、F6Fとの空戦により戦死をとげていた。

芦屋で沖縄戦の準備を進めつつ防空にあたっていた五十五戦隊は、四月上旬のうちに小牧からの移動を終え、受け入れ態勢が概成した鹿児島県万世（ばんせい）へ四月九日に移動。第一攻撃集団の指揮下に入り、特攻隊の掩護を開始した。

一型丙を使う小林戦隊長が毎回率先し、薄暮、払暁の空を島伝いに与論島付近まで飛ぶのだが、F6Fの防御は厚みを増すばかり。「敵をこちらに引きつけて特攻機を突っこませたいが、相手の数が多すぎる。少しでも敵艦隊追撃のかたちをとれたのは一〜二回でした。特攻機が落とされないように、連れていくだけで精いっぱい」という戦隊長の述懐どおり、五十五戦隊の直掩は困難をきわめた。

それでも押し寄せる特攻機に手を焼いた米軍は、その根拠地を叩くべく、四月中旬から数十〜百数十機のB‐29で九州の陸海軍航空施設を爆撃し始めた。芦屋にいた五十六戦隊はこれに対抗するため、四月二十九日に一四機で大分県佐伯海軍基地へ移動、B‐29の集合空域にみなされている足摺岬上空での防空戦をめざした。

五月三日の邀撃戦で上野八郎少尉が一機撃墜、ほかに数機の超重爆を撃破したが、翌四日、出撃準備の燃料・弾薬補給中にB－29の空襲を受けた。三式戦の列に直撃弾が落ちて、五機炎上、五機被弾の大損害を受け、地上勤務者も整備派遣隊長の瀧中尉、貞島操見習士官、河合大伍長ら七名が爆死。邀撃に上がった上野少尉も一機爆破ののち被弾し、足摺岬西方に落ちて戦死した。

編成以来の最大の痛手を受け、可動機がわずか三機に激減した五十六戦隊は、三日後に芦屋へ下がり、さらに伊丹に帰還して戦力回復に入った。

伊丹飛行場で三式戦一型丁の前に立つ吉岡巌少尉。二型の向上性能を知った。

ようやくの機種改変

これまで三式戦一型丙および丁から機種改変していたナンバー戦隊は、沖縄戦に参加せず東京防空を継続中の十八戦隊だけだったが、五月に入ると三式戦二型または五式戦を導入する部隊が続いた。

飛行第五十六戦隊に三式戦二型がもたらされたのは、主力が九州へ移動したあとの四月。航空審査部の操縦者が伊丹に来て、飛行隊長・船越明大尉以下の残置隊員（操縦者は一〇名前後）への伝習教育を担当した。離着陸時のデータや操縦特性を教わった一人が、学鷲・特操一期の吉岡巌少尉。

教育飛行隊から戦隊に来た同期生にくらべ、南京の第五錬成飛行隊で三式戦の未修教育と戦技訓練を受けたため、五ヵ月遅れの昭和二十年一月初めに着任した吉岡少尉は、作戦用の編組（搭乗割）に加われないまま、三式戦二型に試乗する日を迎えた。何度か飛ぶうちに、一型にくらべて上昇力が大きく、高度八〇〇〇メートルまで四五分かかったのが二五分へと大きく縮み、急加速時にはメタノール噴射の影響で排気管から黒煙を噴くなど、新型の特徴を覚えこんだ。

本隊が九州で戦っているあいだ、伊丹でも機会あるごとにB－29、F－13への邀撃を試み、船越大尉、南園清人軍曹らとともに、吉岡少尉も三式戦二型で四〜五回出動。うち二回はB－29編隊を捕捉できた。

一度目は大阪上空、高度六〇〇〇メートル、敵編隊の後尾機をねらって全門斉射の後上方攻撃をかけ、右翼内側エンジンから黒煙が流れるのを認めた五月十一日。この日、飛行隊長・船越大尉は果敢な交戦のうちに、頭部に敵弾を受けて戦死した。四〇〇機以上のB－29が名古屋北部に焼夷弾をまき散らした五月十四日が、二度目の会敵だったが、滑油冷却器に被弾し油圧が急激に下がったため、急いで伊丹に降着した。三式戦二型での空戦例は珍しく、吉岡少尉の戦いは単なる撃破一機以上の価値を有している。

二型の未修訓練のため永末昇大尉をひと足さきに帰したあと、五十六戦隊主力は五月二十日に伊丹飛行場にもどってきて、機種改変にかかった。二型には検査に合格した八一四〇を積んでいるので、概して好評だった。

高木幹雄少尉の感想は「旋回性能だけは一型の方がいいが、全般的に二型が上。エンジンの故障もなく、高度一万一〇〇〇メートルで確実な飛行ができる」。古川戦隊長も「故障は見受けられるけれども、同条件ならP－51に引けは取らないのでは」と高い評価を与えた。

続いて万世で沖縄作戦に参加中の五十五戦隊が、三式戦二型を受領し始めた。とりあえず八機を入手し、戦隊長、飛行隊長をはじめ将校操縦者が搭乗、主力の一型と混用した。

スマートで頑丈な三式戦に好感を抱いていた、戦隊長の小林さんの談話は「一型よりは確かに速いし、高度もとれる。しかし、五式戦です。万世に降りてきたのに乗ってみました。高性能が調和した、ものすごくいい飛行機」。小牧にいたとき、学徒の挺身隊が作る三式戦一型の機内に、ドライバーやスパナが入っていて驚いた少尉の増田政十さんも、「整備面では〔二型も一型と〕いっしょ。ちゃんと動いた」と液令エンジンへの対応を語る。

一方、十飛師の指揮下に復帰して対B－29防空戦を続けていた、調布の二百四十四戦隊は五月十二日、沖縄戦参加を前に隷属する第三十戦闘飛行集団長の指揮下に再編入され、同時に五式戦への全面的改変を実施。用ずみの三式戦一型四〇機弱は、調布にいた五個隊の特攻隊用にまわされた。

五式戦の優秀さはすでに述べたとおりで、藤沢中尉が「本当に傑作。こんないい飛行機が、もっと早く出ていれば」と語る言葉は、隊員に共通の感想だった。

5月17日、沖縄戦への参入のため、落下タンク装備で調布飛行場を離陸した二百四十四戦隊の五式一型戦闘機。大阪・大正経由で大刀洗飛行場へ進出する。

二百四十四戦隊は改変を終えた五月十七日、大阪の大正経由で大刀洗に前進し、さらに鹿児島県知覧へ移動後、六航軍の直接指揮下に組みこまれて特攻隊の掩護を開始。ニューギニアで戦った戦隊本部付の大貫明伸大尉は、調布にもどって三式戦特攻隊の突入訓練を担当したが、燃料不足で学科を主体にせざるを得なかった。

三式戦二型と五式戦への機種改変を進める実戦部隊の動きとは別に、川崎・岐阜工場での完成機をテストし、ときには空輸にも加わる、各務原航空廠飛行班の状況を見てみたい。

経歴がばらばらで下士官主体の、二〇名ちかい操縦者がいた。十九年三月に着任した増田辰三軍曹の担当は一日一機。一時間ほどの試験飛行は直線飛行に始まり、最大速度、失速速度、上昇時間を試した。冷却水が沸騰するから暖機運転は最小限ですませ、離陸して酸素マスクがいらない高度五〇〇〇メートルまで上昇する。

合計一〇〇機ほどテストした三式戦（おもに一型丁）は、なべて機体が重い。ところが二十年の四月に、できたての五式戦に乗ってみて「すごい！」と驚嘆した。上昇力があって、どんな機動でもこなせる。飛行試験にたずさわった一ヵ月半は、未経験の充実感を増田軍曹にもたらした。

五式戦一型を作る岐阜工場は被爆して壊れ、もはや多数機の量産は望めなかった。完成機も引きわたす前に破損していく。

沖縄決戦、敗北

五月中旬に入ると沖縄は敗色が濃さを増したが、特攻攻撃はなお盛んに続けられていた。十四日、鹿児島県鹿屋から出る海軍特攻隊の出撃時の上空掩護を、知覧の五十九戦隊と万世の五十五戦隊が受けもった。

五十九戦隊では、緒方尚行中尉、澤地栄一少尉、熊谷省三曹長らの三式戦一型五機が鹿屋上空に進出。やがて緒方中尉は、北方から迫る黒点を発見し、「五十五戦隊にしては高度が高い。敵だな」と判断して上昇、高度をかせぐ。敵機は、空襲を終えて帰る第82戦闘飛行隊のF6Fと第112海兵戦闘飛行隊のヴォートF4Uを合わせて数十機だった。桜島上空で空戦が始まり、中尉が一機撃墜、ほかにもう一機を落としたが、西尾輝彦少尉と末松勉軍曹が戦死した。

万世飛行場に進出した飛行第五十五戦隊の操縦幹部。左から指示を与える戦隊長・小林賢二郎少佐（後ろ向き）、飛行隊長・前田茂大尉、小林逸郎少尉、水飼三郎少尉、藤沢得祥少尉、伊藤少尉。後方は三式戦一型丁の準備線で、二型が来始めた。

この空戦ののち五十九戦隊は、戦力回復のため芦屋に帰還して、五式戦への機種改変が決まった。五月二十一日には最初の一〇機が到着し、常陸教飛師から伝習教育に訪れた小松豊久大尉の指導で未修飛行を進めた。

本土決戦を最終戦とみなす陸軍は五月下旬、沖縄戦を敗北と判断して、二十八日以降六航軍を連合艦隊の指揮下から抜いたが、沖縄で地上戦を続ける第三十二軍を援助するため、航空作戦そのものは継続の態勢をとった。

第十次航空総攻撃（海軍では菊水九号作戦）初日の六月三日朝、空母「シャングリラ」から発艦した第85爆撃戦闘飛行隊のＦ４Ｕ群が薩摩半島を襲い、これを万世から五十五戦隊の三式戦二型と、知覧から二百四十四戦隊の五式戦が邀撃した。

五十五戦隊はまっ先に発進した飛行隊長・前田茂大尉機が溝に脚を入れて転倒したが、小林逸郎少尉と遠田美穂（とみほ）少尉の二個小隊七機はＦ４Ｕと交戦に入って、相川治三郎少尉が一機を落とした。しかし、同時に相川少尉も後上方から撃たれて落下傘降下し、敵機に傘の紐(ひも)を切られて墜死。ほかに小林逸郎少尉も戦死した。

小林照彦大尉ひきいる二百四十四戦隊は、本多一夫軍曹、山下巍軍曹、藤井軍曹を失いながらも、七機撃墜を記録。生田伸少尉がエンジンに命中弾を与えて落とした機は、万世の海岸に不時着した。救命ボートで逃げようとする敵パイロットを、少尉は機銃掃射で浜辺へ追い返す。そこへ五十五戦隊の整備兵・神崎喜八郎兵長が駆け寄って取り抑え、捕虜にする一幕もあった。

この日、対戦したＦ４Ｕのパイロットたちは五十五戦隊の三式戦は識別したが、二百四十四戦隊の五式戦の存在を知らず、戦果報告にトージョー（二式戦「鍾馗」）またはゼロ（零戦）と記入しているのは面白い。

六月上旬から中旬にかけての六航軍の作戦は、天候不良にはばまれて低調だった。天号作戦最終日の二十二日午後、万世を発進予定の特攻機を掩護するため、二百四十四戦隊二中隊長・竹田五郎

護衛空母からのカタパルト発艦を待つ海兵戦闘飛行隊のチャンスヴォートF4U－1D。沖縄戦ではF6Fにくらべて扱いにくいこの艦戦を、空母、基地部隊ともに完全に使いこなした。

大尉以下の五式戦四機が、知覧から万世上空へ向かった。

高度一五〇〇メートル、うすい雲から出て目的空域に達したとき、中隊長僚機の平沼康彦少尉がふと後方を見ると、後続の浅野二郎曹長機とその僚機が火を噴いた。忍び寄ったF4U二機の射弾を浴びたのだ。平沼少尉は竹田大尉に知らせてすぐ高度をとったが、敵機は空戦に入らず逃げていく。F4Uは五式戦より速いから、追撃しても追い付けない。火に包まれた二機から落下傘が一つ出て、万世に近い海に落ちたけれども、そのまま行方不明に終わった。平沼少尉は「これが、泳ぎのできない浅野曹長ではなかったか」と推定している。

五式戦二機を落としたF4Uは、沖縄・読谷(よんたん)基地(旧・北飛行場)から来襲した第224海兵戦闘飛行隊の所属機だ。米側の撃墜時刻は午後四時五十分、戦果はF・W・ドウアティ中尉による一機だけで不確実、機種を「三式戦」にしているのには合点がいく。

翌六月二十三日、第三十二軍司令官・牛島満中将の自決によって、沖縄の地上戦に終止符が打たれ、同時に航空戦もほぼ終了した。

沖縄戦に散った三式戦は特攻だけでも、六航軍が四三機、八飛師が五四機にもおよび、陸軍特攻機の一割を占める。これに通常戦闘での損失を加えた百数十機の三式戦、五式戦の消耗を見れば、ニューギニア、フィリピンに続く悲劇の戦場だったと分かるだろう。

P－51の跳梁に苦しむ

陸軍は沖縄戦が始まる以前の昭和二十年二月から、決号作戦の名で本土決戦準備を進め、内地の航空部隊、地上部隊の再編成にふみ切った。

航空部隊に関しては、それまでの内地で頂点にあった防衛総司令部を廃止し、かわりに航空総軍を設けて、その下に第一航空軍（近畿、四国以東）、第六航空軍（中国、九州）、第三十戦闘飛行集団（機動部隊攻撃用）の三組織を置いた。内地の三式戦、五式戦部隊は、このいずれかに所属する決まりである。

猛烈な地域空襲で日本の継戦意識を打ち砕くB－29編隊。5月の大都市はいずれも400～500機の超重爆から、一度に2500～3500トンの焼夷弾を投げこまれて灰燼に帰した。

航空総軍の編成は四月十五日に完結した。その最終目標として、本土決戦時に敵輸送船団へ全機が特攻攻撃をかけ、上陸軍を粉砕する。したがって、戦力温存のために徹底した隠蔽（いんぺい）をはかり、防空戦闘にもむやみに使わないよう定められた。

沖縄戦のさなかの五月十四日から米第20航空軍は、三月以来の大規模焼夷弾空襲を再開する。名古屋、東京、横浜、大阪、神戸の順で六月十五日まで九回にわたって、昼間および夜間に四〇〇～五〇〇機台のB－29が襲いかかり、各都市を焼きつくした。

明野教導飛行隊が受領した五式戦一型の水滴型風防タイプ。垂直安定板の数字は仮記入した製造番号の下二桁だろう。

芦屋から伊丹飛行場に帰還した五十六戦隊は、関西来襲の敵機群を邀撃。六月五日の昼間戦闘で安達秀雄少尉、羽田文男軍曹、小野伝軍曹の三機を失い、七日には腹部を射抜かれた石井政雄少尉が落下傘降下ののちに戦死した。

明野の教導飛行隊がB－29と初手合わせしたのは六月五日である。大阪空襲を終えて帰途についたB－29を、紀伊半島東部の空域で、檜大隊の五式戦が待ち受けた。敵編隊を発見した檜與平大尉が攻撃にかかろうとしたとき、乗機が激しく振動し、空中分解寸前の状態にみまわれた。揺れる機で無理に一撃をかけてから明野に降りてみると、方向舵の修正タブがちぎれとんでいて、振動の原因が判明した。

次々にやってくるB－29のうち、二機の編隊に中隊長・西村光義大尉が僚機とともに迫り、向かって左後方の二番機を前上方から攻撃する。中高度なので五式戦の能力をフルに生かす機動ができ、大尉は同一機に前上方攻撃を三回くり返した。

三度目の射撃でB－29から白煙が流れ出たとき、西村機も被弾し、斜め前下方から入った敵弾が右足の膝(ひざ)をつらぬいて、座席の後ろの燃料タンクに穴をあけた。おびただしい出血と噴き出すガソリンにも大尉はひるまず、右手で右足の鼠蹊部(そけいぶ)を押さえ、左手で操縦桿をにぎって飛行場をめざしながら僚機と飛んだ。とにかく落下傘降下できる平野部まで行ければ、と考えていたが、意識が薄れないまま西村機は明野まで到達。無事に着陸したとたん、右足が動かなくなり、滑走の操向（ブレーキを使う）は無理と判断し、スイッチを切ってプロペラの回転を止めた。

先に帰っていた檜大尉は、着陸のようすを見て西村中隊長の負傷に気づき、始動車を走らせる。止まった五式戦の翼根上に駆け上がった大尉が見たのは、血だらけの操縦席に座ったままの部下だった。

「おい、西村！　しっかりしろ！」「やられました」

自分と同じように隻脚になるのでは、との檜大尉の心配ははずれ、膝の皿が無傷だったため切断はしなくてすんだ。

明野教導飛行隊の初交戦の戦果は、撃墜六機、同不確実五機と大きくはあっても、阿部司郎少尉と日比重親少尉が体当たり攻撃で散っていった。

五個航空団、約九〇〇機のB‐29を擁する第21爆撃機兵団は、こうした大空襲のかたわら、百数十機による航空機工場／航空施設へ爆撃を加える余力を有するまでに成長していた。これに、手ごわいP‐51約一〇〇機がついてくる。

六月十日、群馬県新田飛行場から、檮原(ゆすはら)中佐が率いる常陸(ひたち)教導飛行隊「天誅戦隊」の五式戦十数機が発進、立川上空でB－29を邀撃した。このうち菊地守知大尉は交戦で滑油系統に被弾して戦列を離れ、新田に降りようと速度を落としたところをP－51に襲われた。あらたに射弾を浴びた五式戦は、たちまちエンジンから火を噴き、翼内タンクが爆発する。だが、菊地大尉はあきらめず、降下しても消えないと分かって初めて脱出準備にかかり、操縦桿を蹴とばして機外へ逃れた。

邀撃の主力を占める防空三個師団の各部隊も、小型機と戦えば被墜機が出て戦力低下に直結するため、師団司令部から出動を制限されていたが、伊丹の五十六戦隊は敵がB－29であれば、P－51の有無にかかわらず、よく攻撃を命じられている。

六月二十六日に戦爆連合が中京、関西地区に侵入したおりも、古川戦隊長以下の全力で迎え撃った。三重県名張上空でB－29を捕捉した古川少佐は、四機編隊による夕弾攻撃を実施。戦隊では初めて夕弾による撃破を果たしたが、撃墜は確認できなかった。この空戦で中川裕少尉はB－29に体当たりして戦死、浜田芳雄少尉はP－51の射弾を受けた乗機から落下傘降下で生還した。

中川機が激突した相手は、第28爆撃飛行隊だった可能性が大きい。搭乗クルー一一名のうち一人だけが助かって、捕らえられている。(巻末のイラストを参照)

飛行隊長・永末大尉は三式戦二型を駆って大阪上空へ向かったのち、潮岬上空が敵の集合空域と判断して単機で進出。案の定、層雲のあいだにB－29を見つけ、前下方攻撃で黒煙を吐かせると、敵は急速に高度を下げ雲中に没した。

大尉は明野に降り、弾丸の補充を受けて再出撃。師団の無線情報を得て奈良上空へ向かい、向き合うかたちの対進攻撃で一機に白煙を噴かせた。このとき乗機に被弾の衝撃を感じたが、異常がないのでそのまま岐阜へ先まわりし、同一機にもう一撃を加えて致命傷を与えた。しかし永末機は、さきの交戦で滑油系統に被弾したのが漏洩につながり、やがてエンジンが停止、木曽川河畔に不時着して傷を負った。

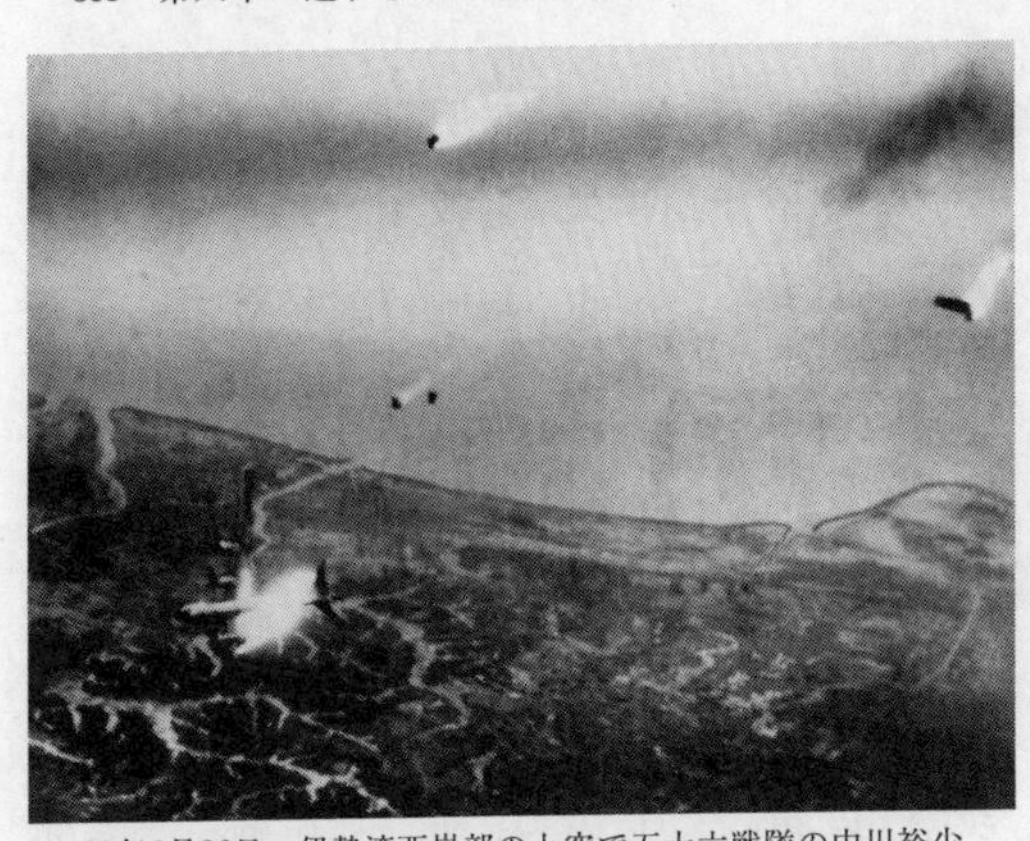

20年6月26日、伊勢湾西岸部の上空で五十六戦隊の中川裕少尉が、第19爆撃航空群のB－29を体当たり攻撃で撃墜、戦死した。激突直後のすさまじい画像。〈巻末のイラスト参照〉

続いて七月九日、敵機捕捉のレーダー情報が五十六戦隊に入ったけれども、来襲機種を知らせてこない。敵が戦闘機だけのときは、交戦を避けるのが航空総軍の建前だが、漫然と待機していては、B－29だった場合に遅れをとる。

三式戦二型四個編隊の合計一七機が伊丹から上がって、淀川上空で高度を取りかけたとき、生駒山方向からP－51編隊が降下、来襲した。古川少佐は射撃しつつ急旋回をうち、下方へ離脱したが、まったく不利な態勢だったので、第三編隊長・藤井智利曹長、第四編隊長・野崎和夫中尉と僚機・中村純一少尉の三機が撃墜されてしまった。

五式戦の健闘

こうした対戦闘機戦闘の苦戦は、小型機との交戦制限命令や情報伝達の不手ぎわが大きく影響しており、好条件下でとりわけ五式戦ならば、対等以上の戦闘が可能だった。その好例が七月に発生した二つの空戦だ。

明野教飛師の教導飛行隊は飛行場を明野から高松に移したのち、邀撃戦力を集中してB-29の撃滅をはかる制号作戦（七月十日から）のために、大阪府佐野飛行場へ移駐した。ところが、大都市を焼きつくした米第20航空軍が、続いて中小都市への夜間爆撃に専念し始めたため、関西への昼間来襲がとだえて制号作戦の機会を得られず、待機のまま七月十六日の午前を迎えた。

「敵小型機大編隊、北上中」の情報を得て、第一、第二の両大隊から各一二機の五式戦が出動する。出撃制限による戦意の低下を考えた航空総軍は、七月中旬に入って一時的に対小型機戦闘のブレーキを緩めていた。

伊勢の上空で、江藤少佐の第一大隊と檜與平少佐（六月十日付で進級）の第二大隊の間隔が、ひどく開いてしまっていた。先行の江藤大隊はかなりの高速なので、檜大隊が追っても距離が詰まらない。檜大隊の中隊長・杉山大尉の四機編隊が、右へコースを変えた。下方にP-51三機を発見したためで、まもなく降下突入にうつった。檜少佐が杉山編隊を掩護しようと全速でその上空に達し、周囲を見張っていると、P－51一二機が増援に引き返してくるのが見えた。高度差は三〇〇メートル、檜編隊が優位にある。

檜少佐にとってP－51は、六十四戦隊三中隊長当時にビルマ方面で指揮官機を撃墜し、ついで右足を奪われた因縁の深い機だ。敵愾心がむらむらと湧いてくる。

僚機の藤井中尉機が後方にいるのを確かめてから、三機縦列で飛ぶP－51の最後尾機にねらいを定めた。だが義足では、高速で降下する五式戦を制御しきれない。なんとしても仕留めたい少佐は、やや焦りを感じつつ、あえて速度を殺してじりじりと接近し、ついに二〇メートルの至近距離まで迫って、後上方からの短い一連射で火を吐かせ、空中分解にいたらせた。ここに、義足による強敵P－51撃墜の唯一無二の戦果が記録された。

後方の藤井機は敵に付かれて射弾を浴び、中尉は落下傘降下。杉山中隊の新婚の鈴木甫道大尉と、岡次郎中尉、高野栄穂中尉が戦死し、ほかにもう一機が落下傘降下して、教導飛行隊は三名、五機を失った。この日のP－51は中京地区の飛行場を主目標に、九六機が硫黄島を発進。損失は第457戦闘飛行隊のジョン・W・ベンボウ大尉機だけで、これが檜少佐の獲物だったに違いない。

一方、沖縄戦終了後の七月十五日に滋賀県八日市へ下がった二百四十四戦隊は、完全な本土決戦用部

P－51撃墜者、明野教導飛行隊・第一大隊長の檜與平少佐。

420リットル落下タンク2個を付けた第457戦闘飛行隊のP－51Dを、誘導機B－29の同側窓から撮影。垂直尾翼を赤く塗るのが部隊マークだ。任務は対地攻撃。

隊に決められて、対小型機戦闘を許されず、翌十六日に訓練の名目で発進した一部の機がP－51と空戦したため、「出動禁止」とクギを刺されていた。

だが、戦意あふれる小林照彦戦隊長と隊員たちは、潜んでいるのが残念でたまらない。七月二十四日に艦上機が八日市を銃撃したことから、小林少佐（六月十日に進級）は「今日も必ず来るぞ」と待機し、翌二十五日早朝の「小型機侵入」の報を受けると出動を決意した。

「これより戦闘訓練を行なう。飛べる機は全部飛ばす！」の命令一下、三〇機をこえる五式戦が、砂塵を上げて八日市飛行場を離陸する。和歌山上空から大阪方面へ向かうF6F群に、飛行場上空、高度四〇〇〇メートルにいた五式戦が襲いかかり、有利な空戦を展開した。

二月十六日の艦上機初来襲のおり被弾・不時着した藤沢大尉は、一機に火を吐かせて雪辱したが、航空士官学校で同期の小原伝大尉が一機撃墜ののち、F6Fに激突するのを目撃した。小原大尉は衝撃で機から放り出され、落下傘が開いたときにはすでに死亡していた。

戦隊は他に生田仲中尉を失いながら、一〇機を撃墜、三機を撃破し、五式戦では最大の、そして日本戦闘機部隊にとって最後の大きな戦果を報じた。

同じ戦いを米側から見ると、内容は逆転する。対戦したのは、空母「ベロウ・ウッド」に積まれた第31戦闘飛行隊のF6F－5一〇機。各務原、小牧両飛行場への攻撃が任務の彼らは、八日市飛行場の真上で「四式戦（フランク）」一三機、「三式戦（トニー）」一機（どちらも五式戦の誤認）と交戦し、撃墜八機、不確実撃墜三機、撃破三機を記録した。F6Fの損害は、損失二機と被弾六機。損失のうち、エドウィン・R・ホワイト少尉は小原中尉機との空中衝突で戦死、もう一機のハーバート・L・ロー少尉は地上に降りて日本軍につかまった。

つまり、損失をつき合わせれば二機対二機の五分。ただし、被弾のF6F一機は主翼の交換が必要な中破だから、やや五式戦の戦果がまさったと言えよう。ただし、めずらしく機数は五式戦が三倍の多さだ。

二百四十四戦隊長・小林照彦少佐と乗機の五式戦一型。撃墜マークは三式戦以来の数が描いてある。

この空戦を八日市飛行場から見つめていたのが、五月に五十六戦隊の三式戦二型でB－29を邀撃した吉岡巌少尉。その後、特攻隊員の指名を受け、七月に入って三式戦二個隊・合計一二機で八日市に移ってきた。空戦のもようは地上からよく見えた。少尉の目には、五式戦が縦の旋回を生かしてF6Fを圧しているように映った。F6F側の飛行隊戦闘詳報にも「日本機は有効な戦法を用い、捕捉しにくかった」と記載されており、数の優勢とあいまって、昭和二十年の夏には皆無に近いとも言える、日本側が押し気味の対戦闘機戦を展開できたのだ。

だが小林少佐は戦闘後、出動禁止令を破ったかどで、大阪の十一飛行師団司令部へ呼ばれて叱責を受けた。大阪の司令部から帰隊した少佐は「これでいいんだ」と祝杯をあげ、ついで入電した天皇の御嘉賞の言葉で、軍規違反は吹き飛んでしまった。

数を増す五式戦部隊

敵戦闘機が飛びまわる昼間には、まったく用をなさなくなった二式複戦「屠龍」を持つ愛知県清洲の飛行第五戦隊は、五月下旬から五式戦への機種改変を進めた。隊員たちは「やっと敵戦闘機と戦える」と喜んだが、鈍重な複戦での対爆攻撃を続けてきたため、まず機動訓練から始めねばならない。

率先して五式戦を未修した飛行隊長の馬場保英少佐は、六月中旬に一〇機ほどを率いて、波状で清洲に来襲したP-51四〇~五〇機と戦い、数撃を浴びせた。各機の連係がとれないうえ、まともに戦闘機とわたり合えるのが三~四名の状態では戦果はあがらず、空戦はこの一回だけで終わった。

ほかに複戦部隊では、山口県小月の四戦隊が四~五機を導入し、西尾半之進少尉や藤本清太郎曹長がF6Fと数回交戦したが、撃墜をはたすまでには至らなかった。

六月には、台湾でも五式戦部隊が作られつつあった。

沖縄戦の終焉(しゅうえん)が近づいた六月五日、十七戦隊の佐藤信男大尉は、稲森静治少尉、富永幹夫

上：離陸ののち軽やかな上昇にうつる五戦隊の五式戦一型。米戦闘機とは戦いようがない鈍重な二式複戦からの改変なので、操縦者たちの喜びはひときわ大きかった。下：5～6月の清洲飛行場で暖かな陽光を浴びる五式戦一型。五戦隊飛行隊長・馬場保英少佐が使う39号機には特別なマークは塗られていない。左遠方に置いてあるのは旧主装備機の二式複戦。

7月初め、台湾・八塊飛行場で十七戦隊員と五式一型戦闘機。しゃがむ3名の中央は佐藤信男大尉、その後ろが苫米地寛治軍曹、左へ西川錦作准尉、川崎清少尉。敵機にめだたないように日の丸の白ふちを汚してある。

少尉ら学鷲四名の特攻機を誘導空域まで直掩した。これが八飛師の三式戦四個部隊で最後の特攻隊であり、以後は待機の日々が続いた。

花蓮港に本部があった十七戦隊は、六月二十日ごろに台北の南西の八塊（はっかい）に移り、ここで五式戦への機種改変に入った。まず、内地から六〜七機が空輸され、これと前後して小野文男大尉以下五名が、重爆に便乗して内地へ受領に向かった。

機種改変を進められたのは十七戦隊だけ。入れ替わって花蓮港に移動した十九戦隊や、宜蘭の百五戦隊、花蓮港の独飛二十三中隊はいずれも、旧機材の三式戦一型丁のままで、新型機材導入の通達はなかった。

さっそく戦隊長・高田義郎少佐から順に、五式戦の未修飛行を開始。米川光春少尉はその離陸ぶりを「浮きが遅い三式戦の感じで発進。ぼちぼち高度一〇〇〇メートル、脚（あし）を抱く（入れる）か、というあたりで、実際は四〇〇メートルほどの高度を稼いでいる」と語る。

内地へ向かった小野大尉らは、各務原の岐阜工場で五機をもらい、小牧から発進した。済州島〜上海経由の予定が、機動部隊の来襲情報と僚機の不調のため、鳥取県米子に不時着。そこをF6F、F4Uに襲われて被弾し、可動機は二機に減ってしまった。大尉は二機で出発したが、不調で朝鮮に降り、大邱で部品を探しているうちに手間どって、八塊に帰ったのは終戦の二〜三日前だった。

八月九日から十日にかけて、十七戦隊と十九戦隊には本土決戦のための内地移動命令が出ていたが、その準備中に終戦を迎える。

大阪・佐野飛行場に飛行第百十一戦隊の五式一型戦闘機が点在する。手前は第二大隊付の廣瀬侃（つよし）中尉。

ふたたび話を内地へもどす。

明野、常陸の両教導飛行師団は七月十八日付で、実戦部隊と教育部隊とに二分された。同日、明野の実戦用戦力である教導飛行隊は飛行第百十一戦隊、常陸のそれは第百十二戦隊に改編され、四日後に編成を完結。ともに五式戦四個中隊（前者は四式戦一個中隊を付加）の大規模戦隊として、両部隊で第二十

明野飛行学校のマークを垂直尾翼に大きく描いた百十一戦隊の五式戦一型。爆弾架にロケット弾発射筒用のアームを付けている。強い陽光が濃い影を落とす敗戦がまぢかの7～8月。

戦闘飛行集団を構成した。

百十一および百十二戦隊の将校操縦者の多くは、実戦に参加した最後の航士卒業者である五十七期生だった。彼らは乙種学生を終えて一年しか経たないけれども、急速錬成によって技倆は予想以上に高い。

百十一戦隊では競点射撃で二回もトップをとった辰田守中尉や、檜少佐から「俺の僚機だ」と指名された冨永信良中尉らが、中隊長要員教育の甲種学生を終え、一式戦三型や四式戦でのB-29邀撃の経験をもっていた。百十一戦隊の本部付は、ウエワクでの大火傷を一三回もの整形手術で乗り越えた浅野眞照少佐。ようやく空中勤務にもどれる体調にまで回復した少佐は、空戦はひかえて地上指揮にまわった。

教導飛行隊の〝骨格〟を引きついで、石川正中佐を戦隊長、江藤、檜両少佐を大隊長とする百十一戦隊は、大阪府佐野で本土決戦に備えて機材を分散、温存した。また、敵上陸時の舟艇攻撃用に、ロ三弾と呼ばれる筒内発射式ロケット弾の装備を予定して、大阪湾でプロペラが水を叩くほどの超低空飛行訓練を試している。八日市の二百四十四戦隊からも、古波津里英少尉、斉藤昌武少尉らがロケット弾の講習を受けに来た。

終戦直前の航空戦

百十一戦隊は八月十三日に小牧へ移動し、終戦を迎える。編成着手から一ヵ月弱のあいだに一度も空戦は実施せず、温存に徹していた。

これに対し、檮原中佐が戦隊長、津川三郎少佐が飛行隊長を務める百十二戦隊は、群馬県新田で錬成するかたわら、八月五～六日の前橋への夜間空襲のさいには十数機が出撃した。また、敵大型機が関東沿岸に飛来するのを、上陸地点の偵察飛行と判断。九日に第三中隊長・高杉景自（けいじ）大尉以下の五式戦四機が、千葉県八街（やちまた）飛行場に前進して追撃したが、捕らえられなかった。

翌十日、早乙女栄作大尉以下の四機が交代し、午後「大型機二機」の情報で八街を発進、銚子沖で敵を見つけ追いかけた。敵四発機は高度一〇〇〇メートルで逃走し出したため、早乙女大尉は翼下のタ弾を捨てて増速ののち捕捉し、前上方攻撃で撃ち合いを開始。敵機は煙を吐いたが早乙女機も滑油タンクに被弾し、横芝飛行場にすべりこんだ。この敵に後上方から第二撃を加えて火をつけた梅崎武兵衛中尉も、被弾して落下傘降下、そのまま行方が分からなかった。

敵機は大きな一枚垂直尾翼だったので、B-17ともB-29とも判断された。だが、単機～

飛行第五十九戦隊の五式戦一型が敗戦後の芦屋飛行場にならぶ。主脚カバーや方向舵下部でなく、胴体に数字(製造番号の下三桁のようだ)を大きく書くのは日本機では珍しい。

少数機の低空行動なので、おそらく硫黄島または沖縄から船舶攻撃に飛来した、コンソリデイテッドPB4Y-2「プライバティア」哨戒爆撃機だったと思われる。

これ以前の八月六日と九日に原子爆弾を投下されたことから、百十二戦隊では本土決戦を前に機材を爆風から守る手段を考えた。小松剛中尉によれば、地面に穴を掘って主脚を入れ、主翼を接地させたという。

五月下旬に知覧から芦屋にもどって、五式戦に改変した五十九戦隊は、軍の温存方針下でも邀撃を続けた。ただし、「以前は戦隊全力で出たが、知覧から帰ってからは一出撃一個中隊に減った」との澤地栄一元少尉の回想のように、作戦規模を抑えていた。

他戦隊と同様に、五十九戦隊の操縦者たちは敵戦闘機の性能を、P-51、F6F、F4Uの順に評価していた。総合性能が優れたP-51はやはり対戦するのに難度が高く、良好な運動性を発揮し上昇力のいいF6Fは、三式戦では侮りがたい。旋回能力がさえないF4Uが最も与しやすかった。

五式戦を手の内に入れた彼らは、敵機への評価を三式戦のときから一ランクずつ下げ、「グラマン（F6F）は問題ではない。シコルスキー（F4U）ならカモだ」と低く見て、強敵P－51とも対等にやれると喜んだ。しかし、来襲情報の不足や機数の少なさが足を引っぱった。

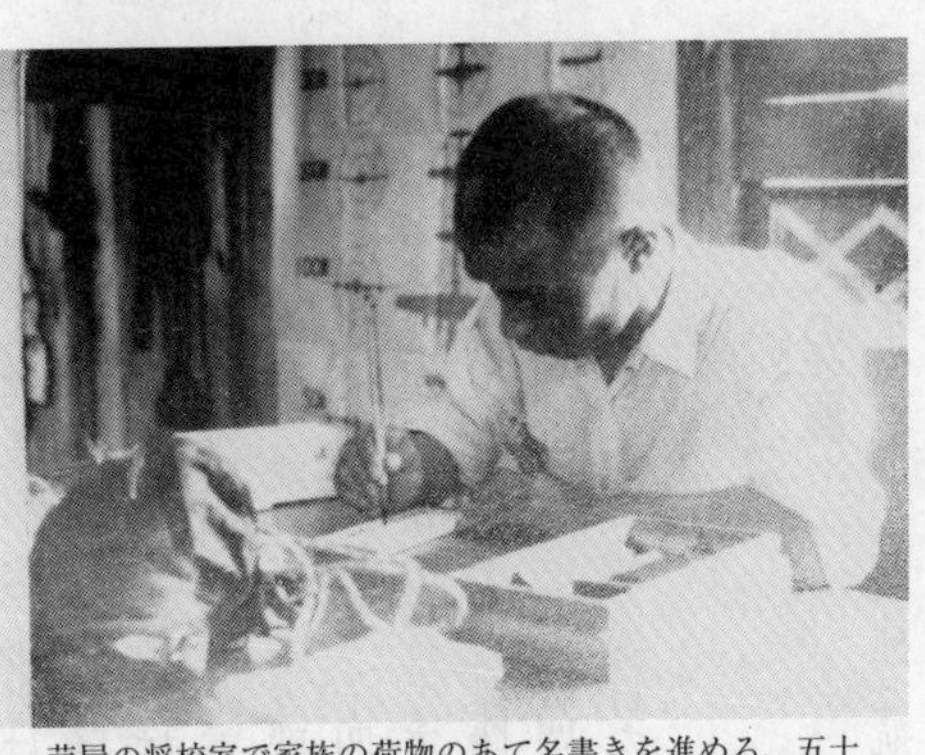

芦屋の将校室で家族の荷物のあて名書きを進める、五十九戦隊三中隊長の緒方尚行中尉。壁には、照準器から距離ごとに見えるB－29の大きさの資料が貼ってある。

敗戦前日の八月十四日、五十九戦隊が戦った相手は難敵度一位のP－51だった。熊本から入った情報では、敵機は沖縄からのB－25とのことで、当直の三中隊は滞空時間を増やすため落下タンクを付けたうえ、対戦容易とみて、手練れ（てだ）の中隊長・緒方尚行中尉が若い操縦者をつれて発進した。

高度二〇〇〇メートルで、緒方機以下の二個小隊八機が右旋回に移ったとき、地上から「アカ（敵機）攻撃、アカ攻撃」の無線が入った。第二小隊長・大和善一（やまとよしかず）少尉は「えっ⁉」と後方を見ると、P－51が迫っている。すぐに僚機が撃たれて発火、落下傘がとび出した。下方に緒方小隊がいるので、危なくて落下タンクを落とせない。そのまま敵機を追って混戦にもつれこみ、被弾した大和機は左翼から煙を噴いた。少尉は降下して消そうとしたが火を発し、作動油がもれてフラップを出せない五式戦で飛行場に降着し、火傷を負った。

緒方中尉が一機を撃墜し、戦隊は二機を失っても戦死者は出なかったから、情報ミスを考慮すればほぼ互角の戦いだったと言えるだろう。

七月中旬に万世を離れた五十五戦隊は、小牧に帰って半月ほど中京防空に加わったのち、八月九日に大阪府佐野へ移動。十四日に沖縄・伊江島から来襲した第7航空軍のP-47Nを邀撃に上がったが、情報が遅れて主力は交戦にいたらなかった。

飛行場の警戒担当で、早期に離陸していた四機のうち、飛行隊長・前田茂大尉は三式戦二型で多数のP-47と戦い、第463戦闘飛行隊のジョセフ・ソーカップ少尉機に蜂の巣のように撃たれて、戦隊最後の戦死を遂げた。また、僚機の丸物(まるもの)弘光軍曹も被弾し、奈良県の大和(やまと)海軍基地に不時着した。

岐阜工場への空襲

エンジンがネックで、審査部と航空本部の決定により九九機しか作られなかった三式戦二型と異なり、岐阜工場における五式戦一型の生産は尻上がりに伸びて、三月の三六機が四月に八九機へと増し、五月には一三一機に達した。この月から宮崎県の都城工場での完成機(五機)も出始め、月産二〇〇機を目標に川崎側の努力は続いた。

しかし、航空機工場をシラミつぶしに叩いていくB-29が、岐阜工場を見逃すはずはない。

六月二十二日に三四機、二十六日に八五機が襲いかかり、合計七六五トンの爆弾で工場施設の過半を破壊。六月の完成数は八八機に落ちこんだ。さらに七月九〜十日に岐阜市が、二十八〜二十九日に愛知県一宮市が夜間爆撃を受け、疎開工場、分工場も燃えて、七月生産分は二三機に激減した。三式戦一型の月産が二五四機のピークに達した一年前の七月とは、比すべくもない状況に変わっていた。

空襲による損壊が進んで廃墟状態の岐阜工場で、敗戦を迎えた五式二型戦闘機の3号機。機体の破損部分は少ない。ターボ過給機用の空気吸入口は左翼前縁の付け根にあいている。

　優秀機五式戦を作り上げた功績により、川崎航空機は七月十四日付で、陸軍大臣・阿南惟幾大将から感謝状を授与された。「新鋭戦闘機『キ一〇〇』一度戦場ニ天翔ルヤ真ニ見敵必殺寡兵克ク米戦闘機群ヲ邀撃粉砕」など勇ましい言葉がならぶ文面ながら、土井技師らが参加して授与式が催された岐阜工場の本館は被爆、被弾して壊れ、日本の戦局を如実に示していた。

　五式戦一型の生産は、八月の一〇機で終止符を打つ。試作の三機を含めて三九〇機にすぎない。「せめて一年前にできていたら」という操縦者たちの声は、川崎の設計陣や生産従事者の声でもあった。

一方、五式二型戦闘機、すなわちターボ過給機を付けた高高度戦闘機型は、五月に試作一号機が完成、初飛行および試飛行は一型と同様に審査部の坂井少佐が担当した。自重で一七五キロ増加し、中高度までの諸性能は一型よりいくらか劣っても、高度が増すにつれて排気タービンの威力を発揮。一万メートルまでわずか一八分で上昇でき、そこでの最大速度は五六五キロ／時と、三〇キロ／時も向上した。

続いて二号機、三号機が作られ試飛行を続行。中間冷却器がないせいか、ターボ過給機使用時には、タービン関係の温度がやや過昇の傾向があった程度で、問題も少なく、九月からは量産機が完成するはずだった。

だが皮肉にも、試作一号機を製作中の四月以降、P－51をともなうB－29はすでに来襲高度を六〇〇〇メートル以下に落としており、防空用の高高度戦闘機はほとんど意味がない存在に変わっていた。

十八戦隊、最後の戦闘

三式戦／五式戦部隊が沖縄戦のため、次々に九州へ向かったのちも、関東にとどまって第十飛行師団長の隷下で防空戦に従事していた、飛行第十八戦隊の状況を記して、五式戦の戦闘記録を終わろう。

千葉県柏にいた十八戦隊は六月、松戸に移動して五式戦への機種改変を終え、航空総軍の温存策が進むなかで、なお地道に邀撃戦を続行した。空中指揮は最先任の飛行隊長・川村春雄大尉がとっていたが、ニューギニア帰りの竹村鉊二大尉が七月二十七日に明野から転属し、新飛行隊長を務めた。続いて戦隊長・磯塚倫三少佐は十飛師司令部へ転出し、やはりニューギニアで辛酸をなめつくした黒田武文少佐が明野から着任した。このころの保有機数は二〇機弱だった。

敗戦ののち誘導路わきに置かれたまま、まだプロペラを外されていない五式戦一型。右後方には艦上機の爆撃から逃れるため、屋根や外装をはがした骨組みだけの格納庫が建つ。確証はないが、八日市飛行場の二百四十四戦隊機とも思える。

将校操縦者には、士官学校出で地上兵科から転じた小高滋中尉と豊田博通中尉が加わっていた。重砲から転科の小高中尉の場合、「もう航空しかない」と判断して進路変更に応募。航空士官学校にうつって（当時は見習士官）、いきなり単葉の九九式高等練習機で基本操縦教育を受ける〝荒行〟に耐え、着任後は五十七期転科四〇〇名の最先端とも言うべき、五式戦による夜間離着陸訓練まで体験していた。

八月一〜二日の八王子夜間空襲で、邀撃に上がろうとした竹村大尉は、降りてきた七十戦隊の二式戦に接触されて発進を中止。中隊長にもどった川村大尉は、照空灯につかまった、白煙を噴く手負いのB－29を追撃した。接近し下方にもぐると、敵機からなにかが落ちた。左へ滑らせてこれを避けたとき、川村機は命中弾を食い、「やられた！」と思った直後に刺し違えのかたちでB－29に激突。失神した大尉は機外へ放りだされ、これが落下傘での生還につながった。

ついで八月十日、艦上機来襲に備えていたところへB－29が襲ってきたため、十八戦隊は逐次、邀撃に発進した。竹村大尉らは護衛のP－51六機に攻撃され、まず後続の野中利三少尉が被弾、墜落した。大尉は敵の波状攻撃をかわしているうちに命中弾を受けたが、一二回ものキリモミを打って逃れ、雲下を飛んで離脱する。だが、滑油タンクをやられていたので、プロペラが停止、油圧が利かずフラップも開かない五式戦の滑空をたくみに操って、埼玉県飯能付近に不時着した。

本土決戦を九月と想定する十八戦隊は、攻撃目標を上陸用舟艇に置いていた。まず特攻隊を掩護して出撃ののち、第二撃、第三撃は自隊で編成の特攻機を掩護、第四撃で残存の全機が突入する覚悟だった。

米第38任務部隊の艦上機群は八月十三日、関東を空襲。翌十四日、敵艦隊は仙台を襲うもよう、との情報により、中村武少尉ら一部隊員は特攻機直掩のため、埼玉県児玉飛行場へ飛んだ。艦隊攻撃では直掩機もまず生還はかなわないから、出発前に非常食糧や恩賜のタバコが特別支給されていた。しかし十四日は何ごともなく、いったん松戸にもどったのち、十五日の朝ふたたび児玉へ向かった。

早目の昼食を終え、天皇の重大放送があるというのでラジオの前に集合する。督戦の言葉を予想していた彼らの耳に響いたのは、まぎれもなく敗戦を告げる詔勅だった。

しかし、十八戦隊はなおも緊張を解かず、遺骨代わりに小指の先を軍刀で切って郷里へ送った小高中尉は、爆装の五式戦による機動部隊への突入を提案。戦争継続のビラを北関東へ撒(ま)きつつ抗戦の姿勢を保ったが、数日後にプロペラを外され、万事は休した。

総計三二八〇機におよぶ三式戦と五式戦の、五年にわたる生涯はこうして幕を閉じた。それは、小は日本が空冷エンジン王国であった事実から、大は国力の限界にいたるまでを、われわれに教えこむ。

そうした機材にまつわる諸問題を離れても、三式戦は太平洋戦争における日本唯一の液冷戦闘機として、五式戦は予想外の高性能を発揮した名機として、両機に関わった幾多の人々の名とともに、永く日本航空史を彩(いろど)り続けるだろう。

取材・資料協力

本書をまとめるにあたり、左記の方々から談話、資料、写真などをご提供いただきました。ご協力に深く感謝致しますとともに、記述の責任の一切は著者にあることをお断りしておきます。

相原庄作、浅野眞照、荒蒔義次、有川信男、有滝孝之助、飯島正矩、池田芳彦、池本愈、磯塚倫三、稲見靖、上田秀夫、宇野一紘、大久保致、大西彰、大貫明伸、大保安造、大和田健次、大和田信、緒方尚行、小野文男、角舘喜信、片岡孔一、加藤政雄、亀田正雄、刈谷正意、川久保博孝、川村春雄、川村博、菊地守知、鬼頭寛治、木村栄作、喜代吉忠男、久下惣作、黒田武文、小島修一、小高滋、古波津里英、小林賢二郎、小林千恵子、小松剛、小松通員、小山進、斎藤直康、斉藤昌武、佐浦祐吉、坂井勉、佐々木和代、沢田八郎、澤地栄一、島榮太郎、島野誠、下山登令、陣内健光、杉山弘一、鈴木茂、鈴木四郎、鷲見忠夫、角田二三子、関口寛、高木幹雄、高杉景自、高田謹吾、田形竹尾、高原忠敏、竹澤俊郎、竹村鉱二、武山一郎、辰田守、田中四郎兵衛、角田広、手塚博文、寺島一彦、寺田忍、土井武夫、遠田美穂、冨永信良、中川鎮之助、永末昇、中村武、名取智男、西門啓、西村光義、芳賀佐明、長谷川国美、馬場保英、馬場園房吉、原強、東井伍郎、疋田嘉生、平岡欽吾、平沼康彦、深見和雄、藤沢浩三、藤野光寿、藤本清太郎、檜與平、古川治良、正岡照吉、真崎康郎、増田辰二、増田雅久、松本武治郎、真鍋幸蔵、水口国彦、宮島芳郎、明道俊策、村岡英夫、安田晋一、大和善一、吉岡巌、吉田英夫、吉田昌明、吉田好雄、米川光春、米満毅、李汝浩、渡辺章、渡辺三郎（敬称略、五十音順）、川崎重工業株式会社

Boeing Commercial Company, Gordon S. Williams, National Archives, US Army, US Navy, US Marine

文中の階級は断りのないかぎり記述する時点でのもので、最終階級ではありません。

あとがき的陸軍航空雑感

陸軍航空の人気は海軍航空にくらべて、かなり低いようだ。旧軍の関係者は別にして、使用機材でも組織面でも海軍ばかりもてはやされ、「俺は陸軍のほうが好きだ」という航空ファンの声を聞くことはあまりない。

出版物にこの結果が端的に表われる。旧軍機や航空機についての単行本は海軍ものが大半を占め、戦記雑誌や飛行機雑誌にとりあげられる率も海軍航空が圧倒的に多い。この傾向は航空だけではなく、軍全般についても同様で、ビジネス雑誌までが経営戦略の参考に持ち出すのは「連合艦隊」であり「機動部隊」であり「零戦」「大和」なのだ。

ごく大まかに見て、一般ファンの関心度は海軍航空を一〇とするなら、陸軍航空は三か四にすぎないのではないか。内訳は、機材（とくに飛行機）に関しては一〇対六、作戦については一〇対三、組織にいたっては一〇対一以下、と見て大きな間違いにはならないだろう。これでは出版社も、陸軍航空ものの企画を躊躇するはずで、実際、たまに出しても陸軍の本は、海軍の本よりも出足がにぶいという。

陸軍と海軍はほぼ同数の飛行機を装備し、ともに矢玉がつきるまで戦ったのに、どうしてこれほどの差がついてしまったのか。陸軍航空の実力と戦功は、人気と同じく海軍に大きく劣るのか。このあたりを私なりに、ごく独善的に解析してみたい。

そのまえに、私が陸軍航空びいきでも海軍航空のファンでもないことを、はっきり表明しておかねばならない。論評に「ひいき目」は厳禁である。

『日本本土防空戦』と題して初めての本を書いたとき、陸軍と海軍を均等に登場させたつもりなのに、海軍の搭乗員だった方から「陸軍中心に書いてあるので、陸軍にいた弟にわたした」との手紙をもらった。そんなはずはないのだが、と読み直していると、新たに届いた陸軍の空中勤務者だった方からの手紙には「海軍航空ばかり出てくる。もっと陸軍を出してもらいたい」と書いてあった。

これで納得がいった。「ひいき目」で見ると、灰色は黒にも白にもとれてしまうのだ。

〈イメージ〉

太平洋戦争開戦にからんで、陸軍＝悪玉、海軍＝善玉説はいまなお根づよい。陸軍が強引に開戦へと持っていき、海軍はそれに抵抗したがやむなく屈した、というものだ。同じ人間の集合体である以上、それほど単純に割り切れるものではないのに、この時代劇のような設定を日本人は好んで（？）受けいれてしまう。これに内外への政治的な横暴や、憲兵、内務班などの弱い者いじめ、敵性語廃止や思想統制に見る文化への無理解、といった暗い要素が絡んで、どうしても陸軍のイメージはマイナスにかたよる。

反対に、海軍のイメージは明るい。小は兵学校や予科練のスマートな制服から、大は艦隊を自在に駆使する高度な技術力にいたるまで、選ばれた者たちによる組織を思わせる、プラスの要素がただよいがちだ。陸軍の内務班の初年兵いじめと同じ、人間性を無視した制裁がいくらもあったのに、海軍の人数がはるかに少なくて表面に出にくいうえ、「海」という言葉にあるロマンチックな感覚が、これを覆い隠してしまう。

こうしたイメージの良し悪しが、直接には関係がないはずの軍航空の人気に、かなりの影響をおよぼしているのは否めない。

〈飛行機〉

大戦機、現用機を問わず、軍用機ファンの九〇パーセント以上が、戦闘機に最大の興味を持っている。軍用機ファンすなわち戦闘機ファンと述べて過言ではない。

この点で、海軍航空は絶対に有利である。日本軍の兵器の代名詞的な存在と言っていい零戦があるからだ。このごろでこそ、だいぶメッキがはげて、太平洋戦争前半期の無敵神話もかすんできたが、それでも日本機の人気投票をやれば、よほどのヘソ曲がりをそろえないかぎり、第一位にランクされるのは、まず確実だろう。これに空母機動部隊が加わって、陸軍機との人気の差は格段の広がりを見せる。

本書は戦闘機をあつかった本だし、せっかく零戦に登場してもらったのだから、陸海軍機の比較を戦闘機にしぼって書いてみよう。

零戦の長所としてつねに列記されるのは、軽快な運動性、大航続力、二〇ミリ機銃の三点セットだ。けれども、運動性と航続力は一式戦「隼」にもあり、二〇ミリだってスイス製品のお下がりで、それほど大威張りするほどのものとも思われない。もし陸軍が一二・七ミリ機関砲の多門装備に移行していたら、対戦闘機戦闘ではどちらが有利だっただろうか。

対大型機なら二〇ミリは確かに有効で、頑丈な米軍機を相手にするには格好の武器だが、導入時は七・七ミリからの〝二階級特進〟に、皆こぞって反対した。ごく少数の人たちが押しきって使用にこぎつけ、いったん戦果をあげたとなると、海軍全部の手柄にして、出遅れた陸軍を見下すのは身勝手にすぎよう。

別の面で零戦に有利なのは、海軍戦闘機隊が終始これ一本で戦った存在感だ。「雷電」と「紫電」「紫電改」は付け足し的な機材にすぎない。ところが、陸軍では一式戦、二式戦、三式戦、四式戦の四種もがそれぞれに歴戦の機材なので、人気もイメージも分散してしまう。「海の零戦、陸の〇〇」の〇〇が人によって異なるのだから、どうしてもインパクトが弱い。

どちらにせよ、飛行機を設計し生産するのはたいてい民間会社だ。軍は要求仕様を提示するにすぎない。仕様の提示は難しそうに見えるけれども、ある程度の知識があれば軍が出すぐらいの数値はならべられる。零戦への高い評価は、設計陣の血のにじむ努力はさておいて、内外事情のみごとなタイミングが作り出したものと言えまいか。

〈作戦と運用〉

日本にとっての第二次大戦は、「大東亜戦争」ではなく「太平洋戦争」だった。つまり、主戦場が大陸を主体とする陸地ではなく、海であったのだ。これが海軍機にくらべて、陸軍機の活動を低調に見せる最大要因だろう。大陸での戦いに主眼を置いて作られた陸軍機が、まったく環境の違う太平洋の海域で働きにくいのは当たり前だ。

一式陸攻が九七重爆よりも航続力が大きいのは、はるか洋上に進出して艦隊決戦に加わるのが目的だから、なんの不思議もない。

陸軍航空をけなすのに、しばしば引き合いに出されるのが、洋上航法技術の欠落である。事実、羅針盤と地文航法を常用の陸軍機は、海に出るのを苦手にしたが、海の上を飛ぶために訓練してきたのではないから、これで当然なのだ。逆に、海軍機で洋上航法ができなければ、使いものになるまい。

陸軍航空にも海軍航空にも、それぞれの存在意識や性格からくる得手・不得手がある。戦闘機部隊について、陸軍がやって海軍がやらなかった、あるいは出遅れたことがらを二、三書いてみよう。

▽夜間出撃　陸軍の単座戦闘機は昼も夜も飛ぶのが原則だ。一人前の操縦者を示す「技倆甲」は、夜間飛行をこなさなければもらえない。海軍では零戦が例外的かつ限定的に夜間作戦に上がった程度で、全体から見ればごくわずかなケースだった。夜のラバウルに来襲する

米軍の四発重爆を歯ぎしりして睨むだけだった海軍航空隊は、複座の夜間戦闘機「月光」が来て初めて確固たる対抗手段を用意できたのだ。これが陸軍なら、一式戦が体当たりによってでも撃墜しただろう。

▽空中指揮官　海軍戦闘機隊では編隊を率いて出撃するのは、ほとんどが大尉どまりであり、少佐に上がると多くは地上職の飛行長に補任される。ところが陸軍戦闘隊は、戦隊長たる少佐が先頭を飛ぶ場合が頻繁にある。飛行団長の大佐、中佐までが、苦戦の空へ離陸するケースも見られた。上級者が出るから偉いというわけではないが、率先垂範は評価されるべきである。

▽編隊空戦　ドイツ空軍のメルダースが案出した編隊「シュヴァルム」は、いまもなお各国空軍に生きている。陸軍がロッテ戦法と呼んだ、この二機、二機の編隊による空戦法は、海軍の採用・実施が半年も遅い。また、乗る人によっても差はあるが、陸軍のほうが編隊機動に忠実だったように思われる。

米軍の反抗の火の手が上がり、最大の消耗戦が展開されたソロモン、ニューギニアの戦い。海軍が「南東方面」と称し、陸軍からは「ソロモン、東部ニューギニア方面」と呼ばれたこの戦場への、陸軍航空の貢献度が低いと指摘する記述をしばしば目にしてきた。だが、そもそも南東方面は海軍の担当域だったのだ。敵の攻勢にネを上げた海軍が応援を頼んで、陸軍航空に来てもらった次第である。

そのあと、ソロモンは海軍、ニューギニアを陸軍が受けもって戦った。東部ニューギニアにおける陸軍航空の戦いの激しさは、ラバウル航空隊のそれに決して劣りはしない。

〈著述と評論〉

一般の人々は軍航空の知識を、市販の書籍や雑誌を通じて得る。それらの本の旧軍関係の著者、筆者の内訳は、海軍がらみが圧倒的に多かった。彼らは懐旧の念も手伝ってか、海軍航空の長所を書きつらねている。

そこで問題なのは、対比上、陸軍航空のマイナス面を例に出す場合がしばしばあった点だ。陸軍を見下して海軍の印象を美化するこうした書き方は、海軍参謀や技術関係者などの文章に付きものと言っていい。敵弾をくぐって迫る搭乗員や、油にまみれて可動をめざす整備員の回想記には、陸軍航空への批判はまず出てこない。

反対に、数少ない陸軍航空側の著述者は、旧職域の如何にかかわらず、海軍批判をしないか、してもごく遠慮がちである。「『海軍至上なり』の自意識に反駁しても、世論を陸軍理解へ導けない」と苦笑いしていたのであろうか。

規模の大小はともかく、海軍航空技術廠と陸軍航空技術研究所の質にそれほど差があったのか。海軍搭乗員と陸軍空中勤務者の平均技倆は、優劣がつくほどに開きがあったのか。陸海軍の航空本部の能力差が判然としていたのか。航空戦隊にくらべて飛行師団の活動が低調だったのか。

とてもそうとは思えない。

調べれば調べるほど、知れば知るほど、陸軍航空と海軍航空がそなえる力の差は見えなくなってくる。同じような人間の集団が同じような目的に邁進して、そんなに差がつくはずがない。「米英のパイロットは腰抜け」と笑った愚を、身内でやり取りした視野のせまさはもう改めて然るべきだろう。

あとがき

三式戦闘機「飛燕」は液冷エンジン装備機に特有のスマートなスタイルから、太平洋戦争を戦った陸軍の制式戦闘機のうちで、四式戦「疾風（はやて）」とともに人気が高い。そのため、戦記雑誌や航空雑誌にしばしば取り上げられ、主題にあつかった本も出されていた。

一九八二年に、三式戦の開発・生産と戦闘を一冊にまとめようと思い立ったとき、これほどいくたびも活字になった飛行機でも、自分流のやり方で取り組めば、既存の記事よりもずっとコクのある、かつ新鮮な全体像を再現しうる確信を持っていた。いまよりも強靭な体力と向こう見ずなファイトが、その裏づけだった。

関係者の手記の引き写しや、既存記事の焼き直しをできるかぎり避け、直接取材に重点を置いて書き進めた。翌年の初めに脱稿し、校正刷りを読んだとき、前作の『月光』や、のちに書いた『屠龍（とりゅう）』『雷電』ほどの達成感を得られなかったのを、いまだに覚えている。やはり、未発掘の部分がそれだけ少なかったからだろう。

とは言え、深い満足を味わえたところもある。それはニューギニア戦を描いた第三章、とりわけ飛行第六十八戦隊のラバウル進出シーンだ。

トラック〜ラバウルの洋上飛行で三式戦があいついで海没し、新兵器の門出を翳(かげ)らせたこの事故はよく知られていても、なぜ、どんな具合に起きたのか、正確に記述した著作は皆無だった。『飛燕』執筆を決めたとき、これだけは納得できる記録をものにしたいと考えた。

成否の鍵は、戦隊長だった下山登(みのる)さんだ。下山さんは手記を書いておらず、直接に話をうかがう以外に当時の状況を知るすべはない。

若き日には「陸軍戦闘隊の三羽烏」とまで呼ばれた、天性の操縦者。有名な加藤「隼(はやぶさ)」戦闘隊長と士官学校が同期だが、名声の点で正反対に位置してしまった最大要因が、この洋上飛行にあったように思われた。そうであるのなら面談を願うのは不可能ではなかろうか。あるいは、もし会えたとしても、痛恨の出来事の記憶をいまさら掘り返していいものか、と悩んだ。

意を決して電話をかけ、面談に応じてもらえると決まったあとも、心の重さは変わらなかった。このときばかりは、断わられたほうが楽な気持ちが半分以上あった。取材旅行の新幹線の中で、弁当を食べるとすぐ眠ってしまう習慣にも、完全に裏切られた。

けれども、対面した下山さんの表情は穏やかで、同様に言葉にも深い落ち着きがあった。こうしたかたちのインタビューを受けるのは初めて、が前おきだった。

経歴をうかがいつつ話を進め、六十八戦隊の編成から機種改変、そしてとうとう洋上飛行事件にいたった。下山氏の表情にも語調にも、これといった変化は見られない。静かに、乗機の調子、自身の判断と対処、部下への配慮などを語ってもらえた。

取材のお礼を述べて外に出、駅へ歩く途中、これでこの本は書ける、と直感できた。下山戦隊長の代わりを誰が務めても、あれ以上の結果を得られる可能性はほとんどなかったに違いない。それを書き記す役目を自分が果たすのだ。頭の上の重しがはずれた気分だった。

数年後、下山さんは亡くなった。戦時中の氏を知る人々に、高い人格と技倆の卓抜さを聞かされ始めたのはそのころからで、三式戦のつぎに搭乗した二式戦についても、もっと詳しく尋ねるべきだったと悔やまれた。

一九九八年四月　　　渡辺洋二

〔付記〕

『「飛燕」―苦闘の三式戦闘機』と題して、サンケイ出版から刊行したのが一九八三年二月。八八年十二月には朝日ソノラマで文庫に取り入れられ、タイトルも『液冷戦闘機「飛燕」』

に変わった。この種の本としては比較的順調に版を重ねたため、四年後の十月には同じ文庫サイズで改訂版が出された。さらに一九九八年五月には、判型（はんがた）を広げた単行本にもどして再刊されている。

これをもういちど文春文庫版で改訂して、ライセンス生産のエンジンを取り付けた特徴から、副題を「日独合体の銀翼」とした。あちこち手を加えて写真も増やし、本自体にはそれなりに満足できたけれども、私が預けたカバー用写真が使われず、思いがけないトラブルを生じたのは、いまも残念な思い出だ。

戦争終結からすでに四分の三世紀。設計・製造に関わった技術者、実戦に加わった操縦者や整備兵のほとんどが幽冥の境を異にし、追加取材をしようにも本人との対話はかなわない。生存者がまれにいたとしても、記憶の精度を信頼しきれないから、新たな回想の聴取には二の足を踏んでしまう。

このたび、一五年ぶりに再刊の機会を用意された。渡辺版「飛燕」の五番目の改訂版を作るにあたって、新規に追加の被取材者はわずかでしかない。だが、取材ノートからの未記述のデータや行動の付加、文献資料との比較結果などを採り入れて、旧版とはひとあじ違う、より正確な中身の濃さを実現できたと思う。また、視覚による理解も大事だから、写真の点数は大幅に増した。

四〇年に近い刊行経過と内容の向上諸点は、昨夏に世に出したNF文庫版「局地戦闘機『雷電』」と軌を一にする。小野塚康弘さんの的確明解な編集力量によって姿を現わした本書を、作ったかいがあったと読者各位に認めていただけるなら、著者にとっては何よりありがたい。

二〇二一年四月

渡辺洋二

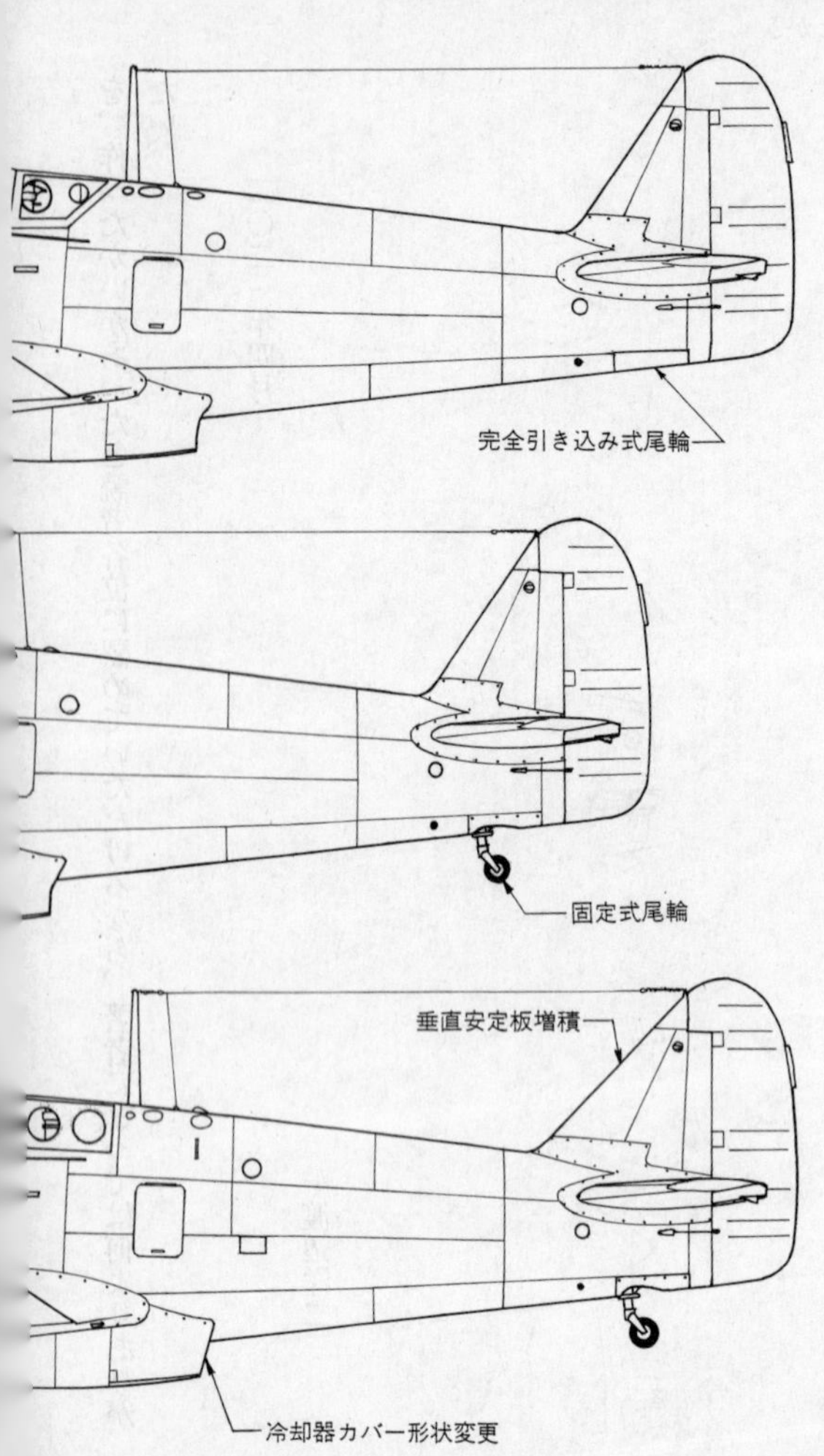
完全引き込み式尾輪
固定式尾輪
垂直安定板増積
冷却器カバー形状変更

三式戦闘機の外形の変遷

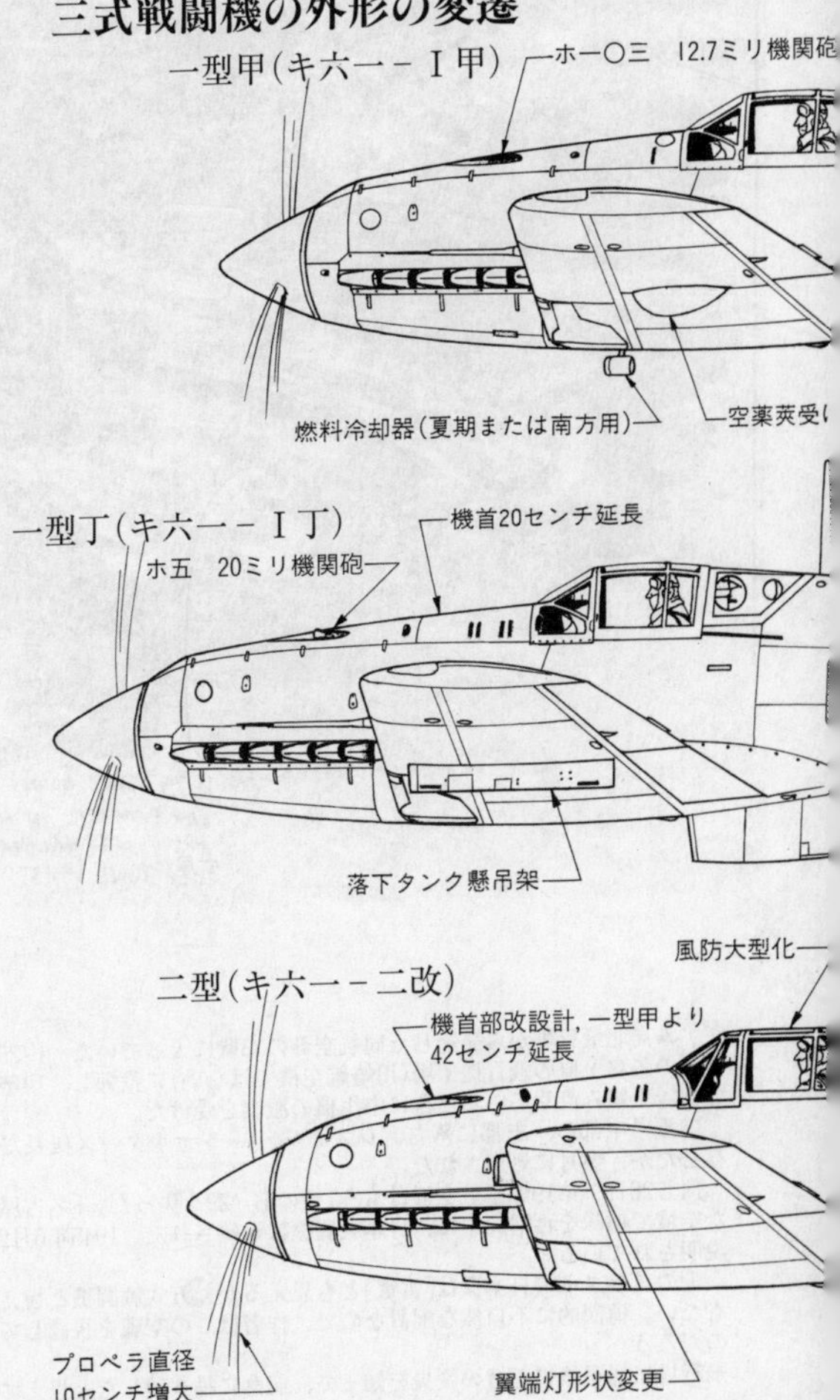

グアム島北飛行場から発進した同航空群の35機に入っていた。内25機が主目標の各務ヶ原の飛行機工場(川崎航空機ではない)に投弾し、伊勢湾上空で編隊を組み直しているときに中川機の激突を受けた。

三重県中部の一志郡に落ち、レスター・J・シェルターズ伍長だけが生存したが、翌月に処刑された。

同じ26日、第19爆撃航空群はもう1機のB−29を失った。「名古屋を離れた空域で編隊を再構成中に、日本戦闘機に撃墜された。1945年6月26日」と説明されている。

上のイラストの日本機は「雷電」とも思えるが、五式戦闘機と言えないでもない。構図的に不自然な配置なので、作者はこの空戦を視認していないのだろう。

飛行場に帰還後に両機の喪失を知って、記念に描き残したと思えてくる。

NF 文庫で既刊の「局地戦闘機『雷電』」にも掲載した、第314爆撃航空団・第19爆撃航空群のB－29搭乗クルーが描いた、自機あるいは自隊による日本空襲時の状況イラストだ。原画は着色してある。

左ページの描写は、本書の第6章383ページの写真と類似している。と言うよりもこの写真を見て描いたのは、B－29や地表の景色が同一だから間違いない。つまり交戦そのものを目撃しなかったか、遠くに見たのではと考えられる。

突入した三式戦闘機の操縦者は特別操縦見習士官を終えて飛行第五十六戦隊付に任命された中川裕少尉だ。昭和20年6月26日、伊丹飛行場を出撃し、三重県名張（なばり）上空でB－29に体当たりを加えて戦死した。

イラストの右下に「コーダス大尉機　日本戦闘機の体当たりを受けた。45年6月26日」「伊勢湾西岸部」の説明がある。B－29の製造番号は44－69873、第19爆撃航空群・第26爆撃飛行隊の所属機（13号機）で、この日に

五式一型戦闘機（キ100-Ｉ）データ

全幅：12.00m，全長：8.9245m（水平姿勢），全高：3.75m（三点姿勢，プロペラ先端まで），主翼面積，水平尾翼幅，主車輪，轍間距離：三式戦闘機一型乙に同じ，自重：2525kg，全備重量：3495kg，エンジン：三菱ハ一一二-Ⅱ空冷二重星型14気筒（四式1500馬力発動機），離昇出力：1500馬力，公称出力：第1速1350馬力／2600回転／分／高度2000m，第2速1250馬力／2600回転／分／高度5800m，機内燃料容量，落下式燃料タンク，メタノール・タンク容量：三式二型戦闘機に同じ，プロペラ：住友ハミルトン式ペ二六定回転3翅（直径3.00m），最大速度：580km／時／高度6000m，巡航速度：400km／時／高度4000m，上昇力：高度5000mまで6分，8000mまで11分30秒，実用上昇限度：高度1万1000m，航続時間：機内燃料のみ3時間30分，落下式増加タンク装備5時間30分，武装：三式二型戦闘機に同じ，乗員：1

三式一型戦闘機乙「飛燕」（キ61-Ⅰ乙）データ

全幅：12.00m，全長：8.74m（水平姿勢），全高：3.70m（三点姿勢，プロペラ先端まで），主翼面積：20.0m^2，水平尾翼幅：3.80m，主車輪：直径60cm×厚さ17.5cm，轍間距離：4.05m，自重：2380kg，全備重量：3130kg，エンジン：川崎ハ四〇液冷列型倒立12気筒（二式1100馬力発動機），離昇出力：1175馬力：2500回転／分，公称出力：1100馬力／2400回転／分／高度4200m，機内燃料容量：555ℓ（第1タンク190ℓ×2，第2タンク175ℓ），機内増加タンク（第3タンク）：200ℓ，落下式燃料タンク：200ℓ×2，プロペラ：住友ハミルトン式定回転3翅（直径3.00m），最大速度590km／時／高度4760m，巡航速度：400km／時／高度4000m，上昇力：高度5000mまで5分31秒，8000mまで10分48秒，実用上昇限度：高度1万1600m，航続時間：機内燃料のみ3時間40分，機内増加タンクおよび落下式増加タンク装備7時間40分，武装：胴体内12.7mmホ一〇三（一式十二・七粍固定機関砲，弾数各250発）×2，主翼内12.7mmホ一〇三×2（弾数各500発），乗員：1

三式二型戦闘機「飛燕」（キ61-Ⅱ改）データ

全幅：12.00m，全長：9.1565m（水平姿勢），全高：3.75m（三点姿勢，プロペラ先端まで），主翼面積，水平尾翼幅，主車輪，轍間距離：一型乙に同じ，自重：2855kg，全備重量：3825kg，エンジン：川崎ハ一四〇液冷型倒立12気筒，離昇出力：1450馬力，公称出力：第1速1350馬力／2650回転／分／高度2000m，第2速1250馬力／2650回転／分／高度5700m，機内燃料容量：595ℓ（第1タンク170ℓ×2，第2タンク160ℓ，第3タンク95ℓ）落下式燃料タンク：200ℓ×2，メタノール・タンク容量：95ℓ，プロペラ：住友ハミルトン式ペ二六定回転3翅（直径3.10m），最大速度：610km／時／高度6000m，巡航速度：400km／時／高度4000m，上昇力：高度5000mまで5分，8000mまで11分50秒，実用上昇限度：高度1万1000m，航続時間：機内燃料のみ3時間35分，落下式増加タンク装備6時間，武装：胴体内20mmホ五×2（二式軽量二十粍固定機関砲、弾数各200発），主翼内：12.7mmホ一〇三×2（弾数各500発），乗員：1

NF文庫

液冷戦闘機「飛燕」完全版

二〇二一年六月二十二日 第一刷発行

著 者 渡辺洋二

発行者 皆川豪志

発行所 株式会社 潮書房光人新社

〒100-8077 東京都千代田区大手町一-七-二

電話/〇三-六二八一-九八九一(代)

印刷・製本 凸版印刷株式会社

定価はカバーに表示してあります

乱丁・落丁のものはお取りかえ致します。本文は中性紙を使用

ISBN978-4-7698-3217-1 C0195

http://www.kojinsha.co.jp

NF文庫

刊行のことば

第二次世界大戦の戦火が熄んで五〇年——その間、小社は夥しい数の戦争の記録を渉猟し、発掘し、常に公正なる立場を貫いて書誌とし、大方の絶讃を博して今日に及ぶが、その源は、散華された世代への熱き思い入れであり、同時に、その記録を誌して平和の礎とし、後世に伝えんとするにある。

小社の出版物は、戦記、伝記、文学、エッセイ、写真集、その他、すでに一、〇〇〇点を越え、加えて戦後五〇年になんなんとするを契機として、「光人社NF（ノンフィクション）文庫」を創刊して、読者諸賢の熱烈要望におこたえする次第である。人生のバイブルとして、心弱きときの活性の糧として、散華の世代からの感動の肉声に、あなたもぜひ、耳を傾けて下さい。